# 完美的对称

# 完美的对称

## 富勒烯的意外发现

[英] 吉姆·巴戈特 著

李涛 曹志良 译

世纪出版集团 上海科技教育出版社

# 出版说明

自中西文明发生碰撞以来，百余年的中国现代文化建设即无可避免地担负起双重使命。梳理和探究西方文明的根源及脉络，已成为我们理解并提升自身要义的借镜，整理和传承中国文明的传统，更是我们实现并弘扬自身价值的根本。此二者的交汇，乃是塑造现代中国之精神品格的必由进路。世纪出版集团倾力编辑世纪人文系列丛书之宗旨亦在于此。

世纪人文系列丛书包涵“世纪文库”、“世纪前沿”、“袖珍经典”、“大学经典”及“开放人文”五个界面，各成系列，相得益彰。

“厘清西方思想脉络，更新中国学术传统”，为“世纪文库”之编辑指针。文库分为中西两大书系。中学书系由清末民初开始，全面整理中国近现代以来的学术著作，以期为今人反思现代中国的社会和精神处境铺建思考的进阶；西学书系旨在从西方文明的整体进程出发，系统译介自古希腊罗马以降的经典文献，借此展现西方思想传统的生发流变过程，从而为我们返回现代中国之核心问题奠定坚实的文本基础。与之呼应，“世纪前沿”着重关注二战以来全球范围内学术思想的重要论题与最新进展，展示各学科领域的新近成果和当代文化思潮演化的各种向度。“袖珍经典”则以相对简约的形式，收录名家大师们在体裁和风格上独具特色的经典作品，阐幽发微，意趣兼得。

遵循现代人文教育和公民教育的理念，秉承“通达民情，化育人心”的中国传统教育精神，“大学经典”依据中西文明传统的知识谱系及其价值内涵，将人类历史上具有人文内涵的经典作品编辑成为大学教育的基础读本，应时代所需，顺时势所趋，为塑造现代中国人的人文素养、公民意识和国家精神倾力尽心。“开放人文”旨在提供全景式的人文阅读平台，从文学、历史、艺术、科学等多个面向调动读者的阅读愉悦，寓学于乐，寓乐于心，为广大读者陶冶心性，培植情操。

“大学之道，在明明德，在新民，在止于至善”（《大学》）。温古知今，止于至善，是人类得以理解生命价值的人文情怀，亦是文明得以传承和发展的精神契机。欲实现中华民族的伟大复兴，必先培育中华民族的文化精神；由此，我们深知现代中国出版人的职责所在，以我之不懈努力，做一代又一代中国人的文化脊梁。

**上海世纪出版集团**

**世纪人文系列丛书编辑委员会**

2005 年 1 月

# 完美的对称

献给埃玛（Emma）

是否存在本质上由系统的局部性质所无法预言的整体行为？化学家们所发现的正是这样。

——富勒(Richard Buckminster Fuller)

如果上帝垂青让我有幸创造一种分子，它该是什么呢？

——查普曼(Orville Chapman)

目录

# 内 容 提 要

1966年，它是一个有趣的点子。1985年9月，它是一个用黏胶带粘起来的纸球，是6天激烈的科学讨论和一个灵感的结果。5年后，它终于成为现实：一个由60个碳原子组成的完美对称的足球状分子，名叫巴克明斯特富勒烯。这个新的分子是碳“家族”除金刚石和石墨外的新成员，它的发现刷新了我们对这一最为熟悉元素的认识。它宣告诞生一种新的化学，一系列新的高温超导体，和一些全新的“大碳结构”建筑设计概念。1996年，本书主人公克罗托、斯莫利和柯尔共享诺贝尔化学奖。

人类为何至今才发现碳的这种新形态？太空中有富勒烯吗？富勒烯及其衍生物在超导、纳米领域的卓越性能是否会引发一场产业革命？这一连串耐人寻味的问题，尽在这本颇有戏剧性的富勒烯的意外发现“史话”之中。本书十分真切地讲述了科学发现如何得来、科学创新如何作出，文字通俗而富含哲理，内容新颖而引人入胜。

# 作者简介

吉姆·巴戈特(Jim Baggott)，曾任雷丁大学讲师，在牛津大学和斯坦福大学从事过5年研究工作，还曾任职于某跨国石油公司市场部。现为某咨询公司总裁。他对科学和哲学有广泛兴趣，著有《量子理论的意义》等书。

# 序

化学被认为是一门成熟的科学。

大凡成熟的科学，往往比较保守，或许多少有点陈腐、僵化，缺少新鲜内容。它已经不大会给人带来什么真正的惊喜了。你如果无缘接触化学前沿所遇到的那种种自然奥秘，甚至会觉得它有点枯燥乏味。

撇开炼丹术士们的贡献不谈，化学作为一门实验科学，其辉煌的历史可以一直上溯到大约300年前。甚至对那些在边缘领域不停工作的科学家而言，这300年来积累起来的大量知识和经验都是举足轻重的。科学家们希望在化学世界里能找到值得玩味的新现象，希望能证实那些他们认为已经理解的东西，或者说为他们的那些先入之见寻找进一步的说明。但这300年来形成的悠久传统无疑也是一个沉重的历史包袱，这使得化学家们在发现他们所理解的世界和真实的世界之间有什么本质差别上几乎无法再提高期望。他们对发现那些无法纳入既定模式的东西也不抱很大期望。

直到真正发生了什么不同寻常的事，科学家们才从先前那种故步自封、自鸣得意的迷梦中惊醒过来，意识到自己并未真正地理解一切。在一些非常基本的方面，他们并未理解现实存在的世界。现在，他们遇到的不是符合既定模式或者证实现成理论的答案，他们面临的全是问题。科学再次获得了新生，因为，答案只能引起人们一时的兴趣，而问题才能持久地拨动人们的心弦。

1966年，空心石墨“气球”的提法——科普周刊《新科学家》为其读者提供的这则消遣，不过是一种有趣的遐想而已。这类杂志现在你已经很难在专家们的案头找到了。如果你当时问起他们，他们会漫不经心地对你说：这些遐想确实动人，甚至在理论上也是可能的，但如果你想在实验室里制备它，那简直是天方夜谭。他们会说：“我们懂，在这方面我们是专家。”

但就在大约20年后，美国和英国的一群科学家作出了一项令人震惊的意外发现。他们看到，在强烈的激光脉冲辐照下，由碳的原子和离子所构成的极度混乱的等离子体中会自发地形成一种他们认为具有完美球形结构的分子——一个正好由60个碳原子组成的足球状分子。这还仅仅是个开头。这种被称为巴克明斯特富勒烯的分子只不过是一大类全新的空心笼状分子中的一个。这一切听起来简直就像一群玩弄英文单词的猴子无意中拼出了一部莎士比亚的剧作一样让人难以置信。

一些科学家对此深表怀疑，但到了1990年，当一群物理学家——物理学家！——宣称用他们无意中找到的一个办法可以制备出看得见摸得着的富勒烯及其相关物的时候，一切怀疑便烟消云散了。几乎就在一夜之间，数不清的百科全书以及有关碳的物理、化学和材料科学的教科书都变得过时了。碳的基本形态不是两种，而是三种：金刚石、石墨以及新发现的富勒体。

试想，如果金刚石是在明天发现，那么这个世界会是个什么样子。在这个假想的世界里，我们既没有金刚石切割工具，也没有订婚钻戒。一群不那么讲究实用主义的科学家完全凭想象推测出了金刚石那完美的结构，即碳原子的**正四面体**排列！——甚至算出了如果它真的存在的话会有些什么性质。而碳化学以及材料科学界那些传统观念根深蒂固的专家们却对此大不以为然，认为这些想法尽管动听，但与真实的世界风马牛不相及。到明天一早，你瞧，他们的传统世界将被翻个底朝天。

当然，这只是想象。人类早在几千年前就已经认识了金刚石，而且很难想象，一个拥有20世纪现代科学的世界怎么会忽视它的存在。但是，对于富勒烯而言，现代科学大半个20世纪来确实未能揭示它的存在。

令人吃惊的消息还在不断涌现。到1994年，“三维”富勒烯化学(以及生物化学)已经羽翼丰满。一类新的高温有机超导体得以发现，它的许多性质改写了原有的纪录。新的大尺度碳结构不断被揭示出来——其中也包括1966年提出的奇妙而优美的石墨气球。另外还有大量的问题有待回答，谁也说不准明天会不会又冒出一个令人吃惊的消息。

富勒烯的发现及其激起的余波颇值得回味。它为基础科学的组织和投资提供了有益的借鉴，它不仅对工业科技开发的赞助商大有裨益，而且有助于科学家们进一步领悟他们自己以及他们从事的科学研究所扮演的角色。它也为一般人了解科学研究如何取得突破提供了一扇窗口。这是个非常好的故事，在《完美的对称》一书中，我力求还它以本来面目。

许多科学家在百忙之中向我当面讲述或写信谈了他们在富勒烯发现过程中的亲身体验。如果没有他们的大力支持和鼓励，我根本无法将这一故事转述于此。因此，我谨向以下各位致以诚挚的谢意。他们是：奥尔福德(Mike Alford)，贝休恩(Don Bethune)，柯尔(Bob Curl)，迪德里克(François Diederich)，福斯蒂罗波洛斯(Kosta Fostiropoulos)，福勒(Patrick Fowler)，哈登(Robert Haddon)，黑尔(Jonathan Hare)，希思(Jim Heath)，赫夫曼(Don Huffman)，饭岛澄男(Sumio Iijima)，琼斯(David Jones)，克雷奇默(Wolfgang Krätschmer)，克罗托(Harry Kroto)，拉姆(Lowell Lamb)，马诺洛普洛斯(David Manolopoulos)，奥布赖恩(Sean O'Brien)，罗尔芬(Eric Rohlfing)，斯莫利(Rick Smalley)，乌加特(Daniel Ugarte)，沃尔顿(David Walton)，惠滕(Robert Whetten)，以及弗雷德·伍德(Fred Wudl)。

我把这本书献给我的女儿埃玛，在我着手起草本书初稿时她才刚刚来到这个世界。没有她，我的生活肯定会空虚得多，但本书或许会早一点面世。

吉姆·巴戈特

1994年5月于雷丁

# 开场白

以水的密度作为标准时，气体的相对密度大约为 0.001（水的相对密度为 1），这与液体和固体的相对密度（从 0.5 到 25 左右）之间存在着一个奇异的不连续性。代达罗斯（Daedalus）* 本周构思了一种空心分子，试图以此来衔接这两者之间的巨大差异。这是一些由石墨这样的层状聚合物得到的闭合球壳分子。众所周知，石墨由一系列苯环状的六角形拼成的原子平面所组成。他建议在高温石墨化的过程中引入适当的杂质，使这些平展原子平面发生卷曲（正如半导体“掺杂”所带来的不连续性那样），认为由此产生的曲率将通过原子平面一直波及其正在形成的边缘，并由此最终使整个结构闭合起来。这样得到的分子，其半径将由所包含的杂质数量控制。经计算，代达罗斯得出，一个直径 0.1 毫米的空心分子，其体密度将大约为 0.01。这些低

---

* 代达罗斯为希腊神话中的建筑师和雕刻家，曾为克里特国王建造迷宫。本文作者琼斯（David Jones）在《新科学家》和《自然》杂志上用代达罗斯作为笔名撰写科普文章。——译者

密度的分子将构成假想中的第五种物态。因为如此巨大的分子（分子量将以亿计）将很难蒸发，但它们之间却只在相互接触的少数几个点上存在微弱的相互作用，因而也不会是固体，甚至连液体也不是。它们的行为将像一种微妙的流体：尽管没有一个确切的表面，却可以保存在敞口容器里。如果对它加热，它将稳定地膨胀而不会沸腾进入气态。这种令人着迷的新物质将会有一系列的用途，如新式的减震器、温度计、气压计等，另外还有可能将其用于气体轴承中，在那里，球形分子间的滚动式接触将有可能进一步减小摩擦阻力。代达罗斯曾担心这些分子在压力下会变形，但随后他意识到如果在常压下进行制备，这些分子内部将充满气体，就像一只充了气的足球。他现在正想办法在这些球形结构上“开窗”，从而能够吸收或交换内部的分子。由此就可以形成一系列超级分子筛，它能够俘获那些进得了这一窗口的小分子，其俘获物的总重可以超过其自重的几百倍。

琼斯

1966 年 11 月 3 日《新科学家》“阿里阿德涅”*专栏

---

* 阿里阿德涅（Ariadne）是希腊神话中国王米诺斯（Minos）的女儿，曾给情人忒修斯（Theseus）一个线团，帮助他走出迷宫。琼斯以“阿里阿德涅”为他在《新科学家》上主持的专栏名称，寓意“解开谜团的线索”。——译者

# 第一篇

# 从空间到对称

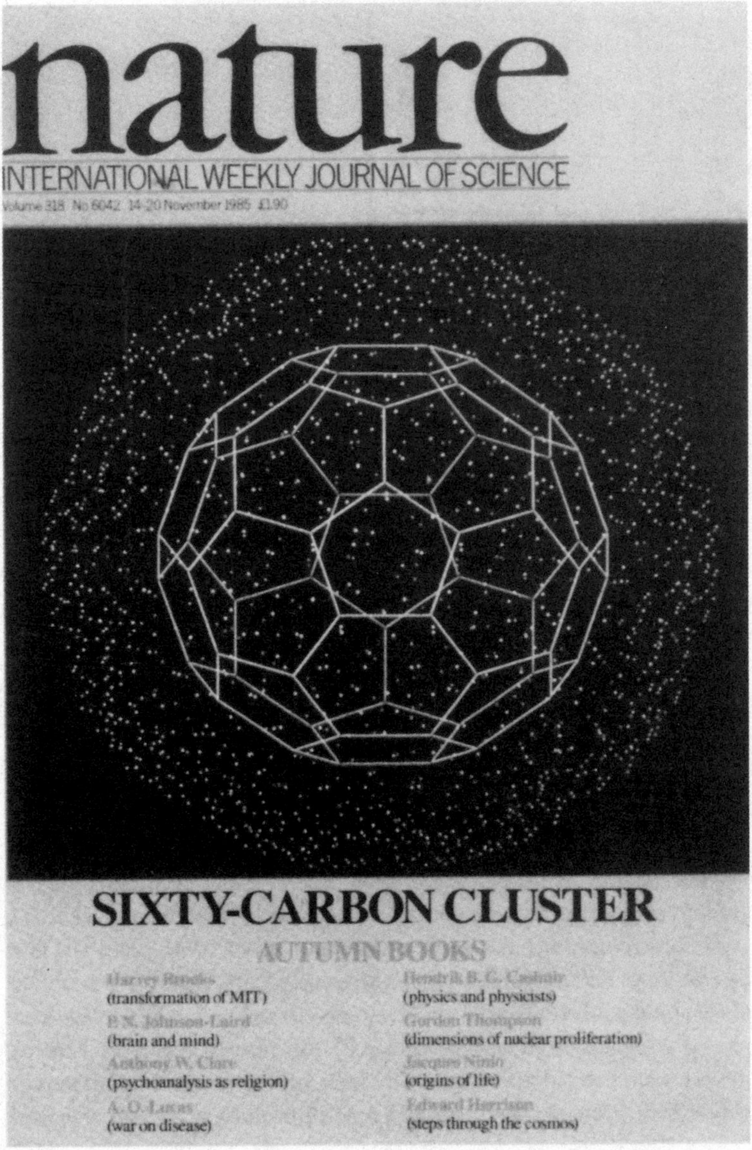
nature
INTERNATIONAL WEEKLY JOURNAL OF SCIENCE
Volume 318 No 6042 14-20 November 1985 £1.90
SIXTY-CARBON CLUSTER
AUTUMN BOOKS
(transformation of MIT)
(physics and physicists)
(brain and mind)
(dimensions of nuclear proliferation)
(psychoanalysis as religion)
(origins of life)
(war on disease)
(steps through the cosmos)

# 第一章　天文学中最后一大难题

20世纪60年代末，天文学、物理学、化学和生物学这几门学科开始联手向人们讲述人类自身以及整个宇宙的起源和演化这一非凡的故事，试图彻底揭示其令人敬畏的复杂性。诚然，在这方面有许多东西现在还说不清道不明，还有许多有待跨越的鸿沟、许多主观臆测，而且这个故事也未必就是关于生命、宇宙和万物这一永恒主题的最终回答，但是，它仍极有可能是人类历史上所讲述过的最伟大的故事。

宇宙是天文学家和物理学家的领域。他们的研究主要涉及“大爆炸”以及随后不断膨胀的宇宙的物理性质、恒星生成与演化的机制、星系的形成与成团性、星际气体和尘埃云的性质以及行星形成的动力学过程。

天体物理学家并不十分清楚宇宙的大尺度结构由何而来，但是他们在恒星诞生及演化理论方面已经取得了许多进展。在他们看来，故事是这样开场的。大约150亿年前，我们的宇宙在一次大爆炸中诞生，随着时间的流逝，大爆炸过程中形成的氢和氦逐步聚集成云，然后这些气体在自身万有引力的作用下凝聚成恒星。比氢和氦更重的元素来自恒星内部的热核聚变反应。

恒星有自身的生命周期。一个与太阳质量相近的恒星将逐步燃尽其核心中储存的氢，并不断产生氦。当它所储备的氢完全耗尽时，它将膨胀并冷却而变成一颗红巨星。随后，形成铍和碳的聚变反应将被触发。进一步的聚变反应将产生直到铁为止的更重的元素。在恒星内部可能存在的物理条件下，铁核发生的将是裂变而不是聚变——物理学告诉我们铁是恒星内部所能形成的最重的元素。最后，当体内的所有燃料都完全耗尽而只剩下一个铁核时，质量超过太阳大约 8 倍的恒星将在自身引力的作用下坍缩，并最终在一次壮观的超新星爆发中结束自己的一生。整个恒星将在灾难性的能量释放过程中被撕成碎片，同时产生比铁更重的元素并将星体的残骸抛向太空，为下一代恒星撒下种子。

这样，孕育新一代恒星的星际云中将含有较重的元素。在星际气体和尘埃云中凝聚而成的第二代恒星将带有自身的行星系统。像我们地球这样的行星是由重的含硅化合物、铁以及锰的氧化物，还有一些其他简单的无机化学物质聚积而成的。太阳系中行星的大小和组成情况取决于孕育太阳的那团旋转气体云的动力学性质。

科学家们一旦认识到大爆炸与类地行星的生成之间的联系，余下的问题就被认为是顺理成章的了。流行于 60 年代晚期的生命起源理论将告诉你，怎样由一堆堆毫无生机的岩石获得生命形式如此丰富多彩的世界。至此，物理学家把讲述故事的任务交给了化学家和生物学家，而把注意力集中在现代天文学和理论物理学向他们展现的更为奇异多姿的现象上，例如脉冲星、类星体以及黑洞。

化学家和生物学家肩负起揭开地球生命起源之谜的重任。他们认为，要想形成生命，早期地球必须具有一个漂浮着大量复杂有机分子的温暖的海洋，或者按照霍尔丹(J. B. S. Haldane)的说法，一个“原始汤”。1923年，俄罗斯科学家奥巴林(A. I. Oparin)提出，那些最初的原始单细胞生物可能是在大约20亿年前由微观胶体液滴中具有生物学重要性的分子凝聚而自发形成的。但这些具有生物学重要性的分子由何而来呢？本世纪50年代，化学家尤里(Harold Urey)和米勒(Stanley Miller)找到了一个答案。对甲烷、氨、氢气以及一小点水蒸气构成的模拟原始大气进行紫外辐照(来自早期的太阳)和放电(来自闪电)，瞧——你得到了氨基酸。

单细胞的生命机体，经历几十亿年来由自然选择推动的进化，使我们人类自身——这种能够用理论来解释宇宙及其自身起源的以碳为基础的智慧生命形式最终变为了现实。想一想，我们身体内每一个碳原子都曾经过恒星内部巨大火炉的冶炼，或者说我们是由一堆星际尘埃形成的。这无疑给科学家们所讲述的故事增添了一份感伤的色彩。

如果说天体物理学家们并不打算独享天文学中所有乐趣的话，他们至少在想方设法地确保不要失去太多的领地。他们认为，化学和生物学的过程是在宇宙范围内已形成了数量相当可观的行星之后发生的事。对于脆弱的有机分子而言，星际空间的环境太恶劣了，这些分子不可能稳定存在。星际空间不会有什么复杂的化学行为，化学家们还是应该关心他们的试管或别的什么。这类重大的事情还是让物理学家们去想入非非吧。

直到汤斯(Charles Townes)及其加利福尼亚大学伯克利分校的同事决定用射电望远镜更细致地观测星际空间时，这种看法才开始受到挑战。汤斯是一位微波光谱学家。* 他由于发明基于氨分子受激微波发射原理的微波激射器(激光器的先导)而分享了1964年的诺贝尔奖。他和伯克利分校物理系以及射电天文实验室的同事把坐落在加利福尼亚州哈特克里克的直径6.3米的射电望远镜天线指向浩瀚无际的太空，他们所要搜寻的是微波信号。

当时，一般射电望远镜所使用的射电波的工作波长大致在米(短波)或千米(长波)波段。汤斯和他的同事们想把这一波长延伸到厘米或者更短的区域(微波)。为了探测这一区域的微弱信号，射电望远镜的接收天线一方面必须具有尽可能大(以接收尽可能多的信号)，同时又必须在所测辐射一个波长的尺度内(这里约为厘米)保持光滑。幸运的是，到60年代末，微波放大和探测技术已经由于通信卫星的发展而取得了长足的进步。

1968年秋，汤斯和他的同事用刚刚在哈特克里克装好的那架射电望远镜对太空进行了观测。他们发现，银河系中心方向的一团稠密星云正不断向外发射氨分子所特有的波长为1.25厘米的信号。氨因此成为星际介质中第一个得到确认的多原子分子(包含2个以上原子的分子)。但这仅仅是个开头，在随后的3年里，又有20种分子陆续得到确认。它们包括水、甲醛、氰化氢以及乙炔。另外还有一些微波信号则与实验室中所研究过的任何分子都对不上号。

随着越来越复杂的分子的发现，这份星际分子名单越来越长。尽管星际介质中的物质有70%是氢，另外还有28%为氦，但是那剩下的不到2%的物质越来越引人注目了。天体化学这一新兴学科由此诞生。一片被称为人马座B2的暗星际云是猎取新的天体分子的最佳场

---

* 关于分子光谱学和量子力学的简要介绍参见附录。

所之一，它位于人马座内。

正是在这片星际云中，西弗吉尼亚格林班克的美国射电天文台的天文学家特纳(Barry Turner)发现了丙炔腈 H—C≡C—C≡N(简称 $HC_3N$)的微波信号。到 70 年代中期，人们的观念发生了一个意义深远的改变。星际介质已不再像以前所想象的那样缺乏化学上的重要性，它正向人们不断展现其丰富的分子种类。其中有许多分子复杂到从来没人相信它们会存在于星际空间。这些稠密的星云同时正是恒星诞生的地方，这意味着那些复杂的分子早在恒星形成之前就已经存在于孕育该恒星的旋转的气体尘埃混合物之中了。这样看来，我们似乎不必借助地球原始大气来解释原始汤中复杂有机分子的存在。喜欢标新立异的天文学家霍伊尔(Fred Hoyle)和他的同事维克拉马辛哈(Chandra Wickramasinghe)甚至提出地球上的生命起源于星际空间。他们在首版于 1978 年的著作《生命之云》中，指出星际介质中的两种已知分子——甲醛和甲亚胺($H_2CNH$)，可以反应生成一种最简单的氨基酸甘氨酸。

但是，射电天文学家的任务这时开始变得越来越棘手了。要在星际空间探寻并确认更加复杂的分子，天文学家们必须预先知道它们的微波波谱，知道如何计算这些来自太空的微波信号可能出现的频率。对像水、氨以及丙炔腈这样稳定存在的分子而言，这算不上什么问题，它们的微波波谱已有现成的数据可查，测起来也并不费事。但是在星际介质中发现的那些分子极有可能在地球上找不到，而且在地球上的实验室也从未被合成过。

要把这项研究继续下去就意味着必须设法在实验室里合成越来越多的这类复杂分子，并且测出它们的微波波谱。干这行出身的化学家们发现天文学家们正利用他们辛辛苦苦得到的结果在太空中寻找这些分子。面对这一事实，他们开始觉醒。没过多久，化学家们已开始分享此前一直为天体物理学家们所独享的那份乐趣了。他们通过制备新的分子来指导新的太空分子的寻找。这些工作最后集中到当时已相当成熟的一个科学领域——微波光谱学。

1975 年，苏塞克斯大学化学系一位姓克罗托(Harry Kroto)的年轻讲师对星际分子问题产生了持久的兴趣。克罗托也是一位微波光谱学家，他一直跟踪着汤斯以及其他人利用微波技术在星际空间寻找多原子大分子的工作。

克罗托对含有碳原子多重键的链状分子一直很着迷。这个兴趣始于 60 年代初他在设菲尔德大学做狄克逊(Richard Dixon)的博士生的阶段。当时他曾对二氧化三碳 O═C═C═C═O 作过一些不大成功的研究，这个课题一直持续到他做博士后研究的阶段。

克罗托在苏塞克斯大学的同事沃尔顿(David Walton)是化学合成方面的专家。他曾发明了一种制备长链分子的很棒的方法。用这个办法，沃尔顿成功地制备出了含有微量长链分子的稀溶液，这些长链分子包含 24 个或 32 个碳原子，它们看上去就像用丝线串起来的颗颗珍珠。在克罗托的脑海中，这些分子就像是啦啦队队长挥舞在空中的富有弹性的指挥棒。一般说来，这种指挥棒是一根刚性的杆，它的旋转运动很容易把握。如果你想在它下落的时候抓住它，并不用费很多事。但是沃尔顿的链状分子可不是这样。尽管这些分子具有一条由碳原子多重键构成的强壮的“脊梁骨”，但克罗托猜测这些分子在旋转的同时一定会伴有弯曲。如果真有一个微观世界的啦啦队队长的话，那她想抓住这样一条在下落的时候旋转同时还伴有弯曲的指挥棒，可要费上一番力气。

用量子力学术语来说，长链分子的横向弯曲表现为一种低频(低能)的振动状态。这种振动的能量低到在室温下只要通过分子间的碰撞或者分子与物体表面的碰撞就可以激发。较小的线性多原子分子的微波谱一般表现为一系列离散的谱线，它们对应于不同转动状态之间的跃迁。而对于较长的链状分子，每一条谱线的周围将多出一系列所谓的“振动伴线”，这些多出来的谱线对应于发生弯曲的分子的转动跃迁，因为弯曲将改变分子的形状(在平均意义下)从而改变其转动惯量，即体系对于转动加速度的惯性。因此，与未受振动激发的分子相比，处于振动激发态的分子的转动跃迁所需的能量将稍有不同。长链中受到激发的节数越多，微波谱中振动伴线的数目就越多。

克罗托一直醉心于用此类波谱实验研究长链分子的振动和转动特性。原则上，应用量子力学，可以预言不同运动方式之间的混合程度和特性。克罗托认为这些分子为理论预言提供了一个难得的检验机会。

克罗托和沃尔顿决定合作。沃尔顿设计了一种制备氰基丁二炔 $H—C\equiv C—C\equiv C—C\equiv N$ (简称 $HC_5N$)的方法，克罗托负责研究它的微波谱。他们认为这个课题对通过科研论文取得(化学)学位的学生来说真是再合适不过了。这个学位是苏塞克斯大学化学与分子科学学院新近设立的。设立这个学位的目的是想在大学本科化学课程中适当地引入一些实际科研活动的内容，为学生们提供一个跨越传统学科界线的机会。

有关这项计划的细节张贴出来之后，来了一个姓亚历山大(Anthony Alexander)的本科生。克罗托一开始还有点担心，因为亚历山大的数学基础不够扎实，而这项计划要求参与者对分子量子理论中某些在数学上比较艰深的内容有充分的理解。但正如实验科学中时常发生的那样，在卷面考试中发挥一年所学知识的能力并不能代表一个学生从事科研的能力。克罗托的担心后来被证明毫无根据，亚历山大证明自己极具科学研究的天赋。这项计划取得了圆满成功。

在克罗托和沃尔顿的指导下，亚历山大制备了 $HC_5N$ 的试样，用克罗托刚刚搞到的惠普 8460A 微波谱仪测量了它在 26.5 到 40.0 吉赫*之间的波谱。实验波谱给出了人们所预期的振动伴线。这个工作总的来说做得相当不错。

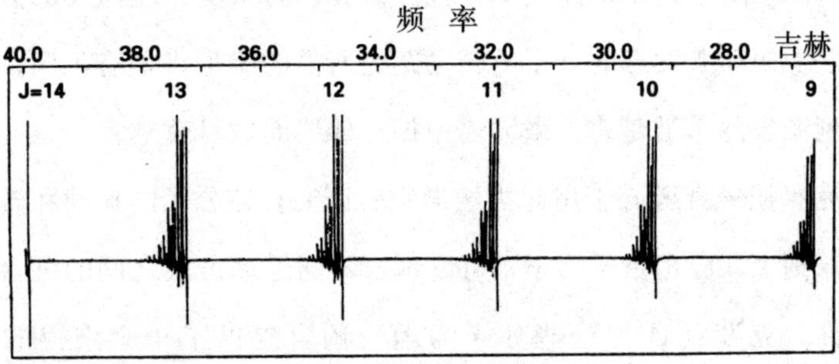


图 1.1 $HC_5N$ 的部分微波波谱

每组谱线代表相邻转动能级间的一个跃迁，可由量子数 J 表征。每组谱线内部的一系列吸收线是振动伴线，即弯曲分子的转动态之间的跃迁。

由这项工作，克罗托联想起 5 年前特纳在星际介质中发现丙炔腈分子 $HC_3N$ 的工作。星际介质中会不会也有 $HC_5N$ 呢？现在克罗托手上已经有了 $HC_5N$ 的微波波谱，剩下的事情只是在这张谱中挑选一个比较显著的特征结构，然后用射电望远镜在太空中搜索与之对应的微波信号就行了。克罗托在 1966 年去贝尔实验室工作之前，曾在位于渥太华的加拿大国家研究委员会(NRC)做过为时 2 年的博士后研究工作。在 NRC，他认识了许多一流的光谱学家和理论家，并与他们建立了终生友谊。其中有些光谱学家与 NRC 所属的赫茨伯格天体物理

* 1 吉赫 $=10^9$ 赫。——译者

研究所的天文学家们有合作关系。克罗托于是决定写信给他从前在NRC的同事冈（Takeshi Oka），问他是否有兴趣在星际空间搜寻$HC_5N$。冈回信说他“非常、非常、非常感兴趣”。

有了克罗托从$HC_5N$的微波波谱分析得到的信息，冈和他的同事埃弗里（Lorne Avery）、布罗顿（Norman Broten）及麦克劳德（John McLeod）开始用位于安大略省阿尔贡金帕克的直径43米的射电望远镜在人马座B2天区搜索它的特征微波信号。这种尝试成功的机会实在小得很，当时人们一直认为星际空间的环境对于复杂的化学过程而言过于恶劣。包含三四个像碳、氧或氮这样的重原子的多原子分子，即便有，也将少得难以检测。但让克罗托喜出望外的是，加拿大天文学家的观测十分成功。1975年11月，$HC_5N$成为当时星际介质中已知的最大分子。

氰基己三炔H—C≡C—C≡C—C≡C—C≡N（$HC_7N$）存在的希望有多大呢？沃尔顿设计了一套制备方案并把制备它的艰巨任务交给了一名新来的研究生柯比（Colin Kirby）。克罗托这时的雄心壮志开始起了变化。他以前对长链分子（总称氰基聚炔烃）感兴趣，是因为它们向分子振动和转动的量子理论提出了一些带有根本性的问题。现在尽管这方面的兴趣依然存在，但是与发现更大的星际分子这一更加直接的愿望相比就显得次要了。要想探测到这些太空分子，射电天文学家们必须知道他们应该搜寻哪些特征频率。

这一回，克罗托决定亲自参与观测。1977年3月，在北约科学事务部的资助下，克罗托随冈和埃弗里一同前往阿尔贡金帕克天文台着手观测$HC_7N$的微波信号。但就在这个节骨眼上，柯比和沃尔顿在$HC_7N$的制备上遇到了麻烦。像其他长链聚炔烃一样，$HC_7N$会发生聚合反应。他们制备出来的那一点$HC_7N$试样还没来得及从液相转化为气相而被用来观测微波波谱，就眼睁睁地变成了一堆黏糊糊的东西。天文台的使用时间是在几个月之前预约的，推迟观测是不可能的了。克罗托不得不在还没拿到对观测至关重要的波谱信息的情况下离开了苏塞克斯。

直到阿尔贡金帕克天文台上的观测日程已经开始后，柯比在苏塞克斯才最终成功地测量出了一份 $HC_7N$ 试样的微波波谱。经过一番匆忙的计算，他得到了克罗托、冈和埃弗里此刻正焦急等待着的参数。柯比用电话把参数告诉了克罗托的妻子玛格丽特(Margaret)，然后她又把这些参数转告了他们家在渥太华的一个朋友克罗伊茨勃格(Fokke Creutzberg)。克罗伊茨勃格又用电话把数据告诉了此刻正与冈和埃弗里一同守候在望远镜旁的克罗托。经过快速的复核，他们得到了需要寻找的特征频率。现在他们已经知道了要探测的频率，接收仪器一切就绪。金牛座在刚刚入夜的天空中缓缓升起。他们的猎物——海勒斯 2 号星云，就位于金牛座中。

他们一直跟踪着金牛座中的这团星云，直到凌晨 1 点它完全落下天幕。尽管望远镜和接收仪器的电子设备都是计算机控制的，但科学家们并不清楚信号采集是否在按预期的方式进行。示波器每隔 10 分钟显示一次积分信号的强度，但光凭这匆匆一瞥他们还没有把握断定所要探测的信号一定能超过背景噪声。在金牛座就要落下时，埃弗里关掉了机器并让计算机作了一下数据的最后处理。探测到的信号确切无误地证实了他们的猜测。$HC_7N$ 从此成为人们在星际介质中确认的最大分子。克罗托从此也养成了盯着示波器上的光点轨迹发呆的癖好。

在这条路上他们还能走多远？柯比和沃尔顿在制备 $HC_7N$ 时所遇到的麻烦似乎暗示制备 $HC_9N$ 将几乎是不可能的。但不久之后冈提出可以用外推的办法由 HCN、$HC_3N$、$HC_5N$ 和 $HC_7N$ 的已有数据来预测该系列下一个成员 $HC_9N$ 的类似参数。这个办法确实奏效。冈预测的微波频率与观测相符：$HC_9N$ 也加入了星际分子的行列。

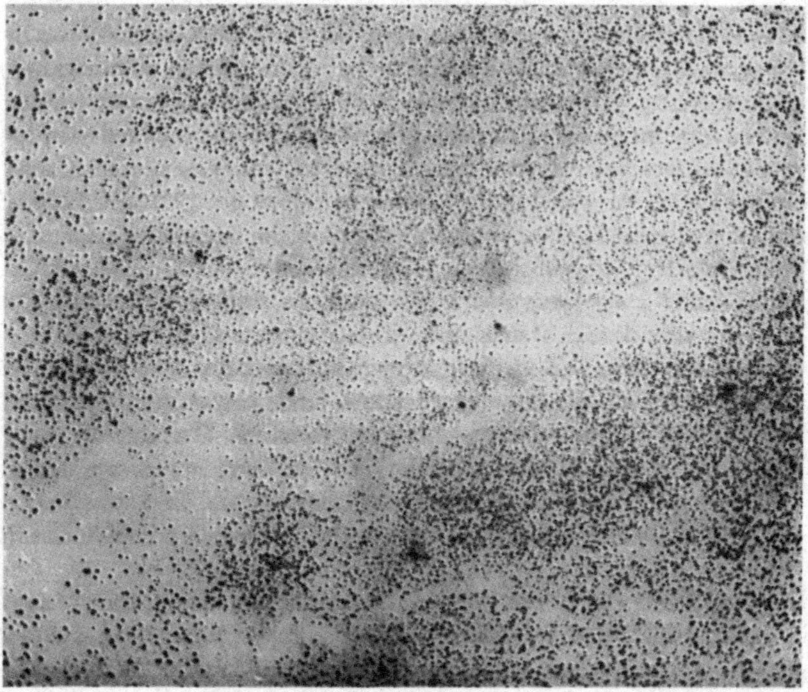

图 1.2

金牛座的这张照片表明，星际气体和尘埃云会阻挡遥远恒星所发出的光线。海勒斯 2 号星云位于照片左下角。

这多少有点让人眼花缭乱。在 20 世纪 70 年代初，太空分子的名单上还只有少数几种由 3 个、4 个至多 5 个原子组成的多原子分子。但到了 70 年代末，射电天文学家已经在这份名单上又增加了一系列原子数直至 11 的复杂的有机分子。这些分子是如何形成的呢?

有许多理论试图对此作出解释。1973 年，哈佛大学的赫布斯特(Eric Herbst)和克伦佩雷尔(Bill Klemperer)为稠密星际云中某些已得到确认的小分子的形成提出了一种机制。他们认为星云中的尘埃颗粒挡住了高能紫外辐射对原子和分子的不利影响，同时为氢原子结合形成氢分子($H_2$)提供了一个反应表面。他们的任务是搞清那些较大的分子如何由 $H_2$、氨以及一氧化碳这些含量丰富的已知成分所形成。

问题的关键在于，在星际云那样的环境下，原子与小分子的反应何以能有相当的速率。中性原子(具有等量质子和电子的原子)间进行反应所需要的能量太高，因而发生得太慢。* 但是原则上说，星际空间中总存在能量足以从原子或分子中敲出一到两个外层电子的高能宇宙射线，这样就把它们变成了带正电的离子。离子之间的反应就快得多了。

除氢分子的形成机制以外，赫布斯特和克伦佩雷尔的离子—分子反应机制是均相反应：即离子与原子或分子间的反应都是在气态下发生。然而众所周知，化学反应可以用催化剂来加速，而且某些催化剂的作用机理正是为吸附在它上面的原子或分子提供一个发生反应的表面。含有这类催化剂的化学反应称为多相反应，因为它包含了不止一种物态(比如气态和固态)。一般认为，氢分子就是在尘埃颗粒的表面形成的。那些更大的分子会不会也是这样形成的呢?

克罗托觉得，这类发生在寒冷星际气体尘埃云中的化学过程不大可能为 $HC_5N$、$HC_7N$ 及 $HC_9N$ 这样的分子的形成提供一个简洁的解释。它无从说明长链分子何以比带有分支的链状分子更具优势。带分支的链状大分子从来就没发现过。如果它们在暗星云中的含量真有长链分子那么大，那么星际空间中的分子绝不会只有现在这几种。这个机制还存在其他许多无法回答的问题。其中之一是，在星际云那么低的温度下，想把粘在颗粒表面的长链分子脱附下来将极其困难。

---

* 最近的研究表明这些反应实际比预期的要快。

克罗托渐渐意识到，红巨星的性质中可能隐含了这个问题的部分答案。这些庞大的恒星在燃尽其核心储存的氢之后，将经历一个颇为壮观的膨胀和冷却过程。根据演化历史的不同，这些庞然大物既可能富含碳，也可能富含氧。那些富碳红巨星内部的碳翻腾到星体表面形成的富碳气体在大约3 000开的温度下将凝聚成颗粒。像一根已然熄灭的宇宙巨烛一样，这些巨大的星体将不断地产生烟尘和灰烬并把它们喷向星际空间。这些恒星的外层大气将是形成长的碳链分子的理想场所。

天空中有一个编号为IRC + 10° 216的壮观的红外天体，它看上去特别有希望形成长链碳分子。这颗寒冷的恒星在红外区域异常明亮而且似乎正向外不断抛出大量的含碳颗粒。1981年10月29日，在伦敦举行的皇家化学会法拉第部的一次会议上，克罗托就星际空间中的"半稳"分子作了一次讲演。在这次讲演的书面稿中，他猜测长链分子正是在此类恒星不断膨胀的气体尘埃壳中形成的。他还将这些长链分子看作是C、$C_2$及$C_3$这样的原子或小分子与碳灰颗粒之间的一种过渡。

1982年2月，射电天文学家贝尔(M. B. Bell)、费尔德曼(P. A. Feldman)、夸克(Sun Kwok)和马修斯(H. E. Matthews)在英国《自然》杂志上报道了他们对IRC + 10° 216发射的微波信号的研究结果。他们认为，波谱中与氨分子信号(现在它已广为人知)相邻的一些微弱的谱结构是由$HC_{11}N$产生的。在这颗红巨星的大气中已经确认的17种分子中，有7种含有碳—碳键，还有10种含有—C—N基。看来红巨星确实是问题的关键所在。现在的问题是，能不能找到更加确凿的证据证明长链分子，比如氰基聚炔烃，与红巨星气体尘埃壳中可能存在的温度、压强等物理条件确实有着某种联系。

克罗托这时注意到位于美因茨的马克斯·普朗克化学研究所的一个小组于20世纪60年代早期发表的一系列文章。在其中一篇见于1963年德国《自然科学杂志》的文章中，欣滕贝格尔（H. von Hintenberger）、弗兰岑（J. Franzen）和舒伊（K. D. Schuy）报道了他们在两根石墨电极间高压放电的结果。通过分析碳弧光放电产生的物质，他们找到了直至$C_{33}$的一系列碳分子。碳弧中的物理条件与红巨星外层大气中的条件无太大差异。如果克罗托真能在这样的实验条件下可控地制备氰基聚炔烃，他或许就可以测量到比$HC_{11}N$还要长得多的链状分子的波谱。他梦想有朝一日能在太空中找到$HC_{33}N$。

他对长的碳链分子感兴趣还有另一个原因。1977年，NRC的物理学家道格拉斯（Alec Douglas）提出这些分子可能是所谓的星际漫射带的一种解释。这可不是个无关痛痒的说法。这些星际漫射带的起源

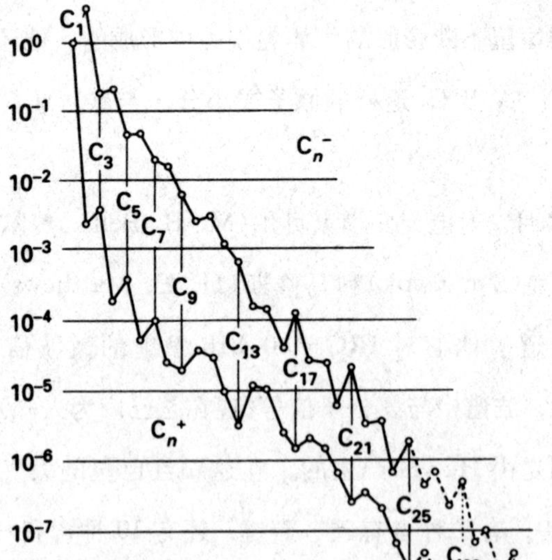


图1.3　在两个石墨电极间放电形成的正负离子分布

问题困扰了天文学家们50年。在化学光谱学家看来，这是“天文学中最后一大难题”（克罗托语）。

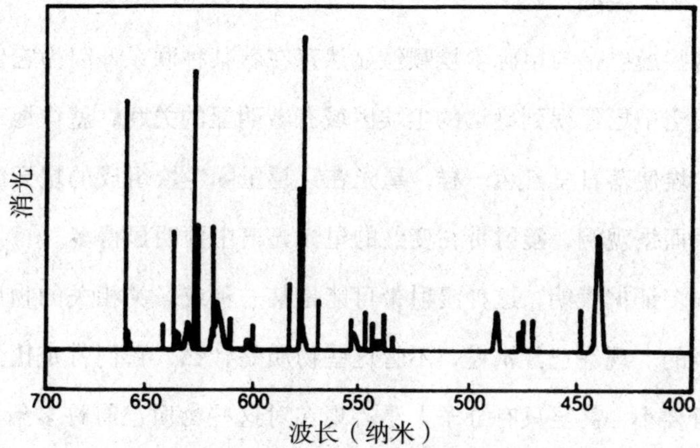


图 1.4　星际漫射带

星际漫射带是来自遥远恒星的星光光谱上的一系列暗线。在1977年，它们的起源还完全是个谜。

如果我们用一块三棱镜让阳光发生色散，我们将获得熟知的彩虹状色带，由红色一直到紫色。我们这样做其实是在重复1666年艾萨克·牛顿(Isaac Newton)在他那遮暗了的剑桥大学实验室中所进行的实验。牛顿所没有注意到的是，这条看似连续的色带其实被一系列细细的暗线所分隔。其所以会有这些暗线，是因为太阳外层大气中的原子吸收了某些特定频率的可见光，从而使这些颜色的光无法到达地球。这一解释的发现导致了光谱学的发展并最终导致了量子力学的诞生。

如果我们改用来自遥远恒星的可见光来做这一实验，我们将观测到类似的现象。光谱再次为一些暗线所分隔，其中有些线就是在太阳光谱中出现的那些熟知的原子谱线。但除此之外还有一些比单纯的线要宽得多(或更为弥散)的结构。由于这个原因，它们有时被称为“带”而不是“线”。其中最强的一个漫射带出现在443纳米左右(光谱中的蓝光区)，早在30年代人们就已经知道它来源于星际空间。到70年代中期，星际漫射带的数目已达到40个左右，但谁也不知道它们是怎么产生的。

这些漫射带与星际尘埃颗粒显然存在着某种联系，因为它们的强度与天空中已经得到确认的尘埃区域有着明显的关联。就像地球大气中的尘埃使落日呈红色一样，星光在穿越星际尘埃组成的星云时也会变红。而据观测，漫射带在变红的星光光谱中要明显得多。

很多证据表明，这种漫射带可能是某一种或一类相关的物质的吸收造成的。现在已经清楚，不管这些物质是什么，它们肯定比尘埃颗粒本身要小，甚至只有分子大小。现在对这些物质已有许多猜测，比如在分解过程中处于激发态的分子，粘在尘埃颗粒表面上的分子，还有光与固体颗粒直接相互作用的众多可能，但这一切都还不能让人满意。

道格拉斯继续了他在NRC的同事曾与克罗托合作研究的项目。他意识到，氰基聚炔烃所以成为大家关注的焦点，仅仅是因为它比较容易观测而已。这些分子有一个永久偶极矩：分子中的—C≡N基将外层成键电子构成的负电荷云拉向自己，导致分子的一端带有少许负电，另一端带有少许正电。这些具有永久偶极矩的分子就像一个发射无线电波的天线一样，可以通过发射微波辐射消耗能量。道格拉斯认为，星际空间中一定还有许多由于没有偶极矩而无法用微波方法探测的长碳链分子。这一限制条件对于涉及电子云分布发生变化的高能跃迁并不一定适用。那些没有偶极矩的分子，如果其激发态能够诱导出一个偶极矩，那么它仍然可以吸收可见光或紫外光。换句话说，没有永久偶极矩的分子仍然有可能吸收星光。这样一来，星际漫射带的形成原因可能根本就不在射电天文学家的研究范畴之内。

经过一些理论计算，道格拉斯提出，星际漫射带的结构可能可以由 $C_n$ 分子（$n$ 为 5—15）混合物的整体吸收来拟合。这些分子没有永久偶极矩，因而用射电天文学的方法看不到。这些碳链分子与尘埃颗粒的联系也显得合情合理，或许它们是在富碳红巨星的膨胀外壳中一起形成的。

克罗托觉得这一解释难以接受。但是，对于如此复杂的问题，任何尝试都是有价值的。在 80 年代的头几年里，长碳链分子——这个天文学中最后一大难题的可能答案——始终在克罗托的脑子里游荡。

# 第二章　某种杂质

这么好的工作机会给谁都不会拒绝。1968年，克雷奇默(Wolfgang Krätschmer)从柏林工业大学来到位于海德堡的马克斯·普朗克核物理研究所攻读博士学位，他的研究方向是高能离子在固体中造成的辐射损伤。3年之后，他取得了这一学位。在随后6年时间的博士后研究中，他一直从事有关宇宙射线的各种问题的探索。1976年，所长建议他把实验方面的天赋应用到越来越热门的星际尘埃领域去，这样他就可以在所里获得一个永久性的职位。对此克雷奇默真是求之不得。

这个领域已变得炙手可热。但在物理界中，唱主角的始终是理论家。当然，没有实验家我们就无法对遥远恒星的光做必要的光谱测量，而且测量构成星际尘埃的各种可能元素和化合物性质的艰巨工作也得靠实验家来完成。但是，在实验室里想制备出可与星际粒子相比较的尘埃颗粒往往很难，而且难有定论。而另一方面，理论家在利用计算机来填补实验事实与对它的解释之间的真空地带这方面一向手脚很快。

因此，作为一名实验物理学家，克雷奇默一开始就属于少数派。在用实验手段探索星际尘埃所起的光谱学作用方面，最有名的是一个叫赫夫曼(Donald Huffman)的美国人。他的大本营设在图森市的亚利桑那大学物理系。

1976年，赫夫曼利用休假前往位于斯图加特的马克斯·普朗克固体物理研究所，以他深入浅出的演讲风格让来自西德各物理研究所的听众大饱耳福。如果你想要熟悉一个从未涉足的领域，最迅捷的办法莫过于花点时间去和这方面的专家聊聊。克雷奇默仔细聆听了赫夫曼在海德堡作的关于星际尘埃的报告，感到与赫夫曼建立直接联系对自己将大有裨益。

不久之后，克雷奇默随研究所天体物理部的导师费希蒂希(Hugo Fechtig)一同前往斯图加特拜访了赫夫曼。他们告诉赫夫曼他们也想进入星际尘埃这个领域，但不知在这方面与谁进行交流合作最合适。在这个领域已工作过8年的赫夫曼抛开他惯有的谦虚，向他们介绍了3位知名的科学家，其中也包括他自己。

一段漫长而硕果累累的合作由此拉开了序幕。这个合作发展神速，赫夫曼刚刚回到亚利桑那就收到了克雷奇默的来信。信中询问他是否可以由所里出资到赫夫曼的实验室和他一起工作一段时间。赫夫曼此时既没有经费，又找不到学生来进行星际尘埃课题的研究，因而乐得如此。

作为一名物理学家，赫夫曼毕生致力于固体和微小颗粒的光学性质的研究。在大约10年的时间里，他已在许多领域广为人知，比如大气物理、生物物理等。在这些领域中，微小颗粒都扮演着重要的角色。他对星际尘埃的兴趣始于60年代末，那时他刚刚被聘为助教。当时他经常和亚利桑那大学的天文学家们接触。这些天文学家曾就星际细微粒子的光学性质向他询问过各式各样的问题，这些问题当时让他不知所措。

本科和研究生水平的固体物理课程建立在固体具有无限尺寸的假设之上。按这种方式思考固体问题，赫夫曼当然无法预料当固体颗粒变得越来越小，直至最后达到分子尺寸时究竟会出现什么现象，而这却是天文学家们所希望了解的。但是，赫夫曼料到，随着物理学界对尺寸越来越小的粒子的兴趣的增加，物理学家很有可能最终会与从另一头赶来的化学家们会师。

天文学家们提出的问题令赫夫曼产生了越来越浓厚的兴趣。这些细微颗粒既让人头疼又让人着迷。让人头疼是因为它们遮挡了遥远恒星所发出的光从而妨碍了对这些有趣天体的研究。让人着迷，是因为恒星和行星的演化理论表明那些新生的恒星及其携带的行星系统正是在这些气体和尘埃组成的星际云中孕育的。这些微细颗粒明显参与了行星的初期形成过程，而我们对它还知之甚少。

据我们所知，这些尘埃在星际空间物质总量中所占的比例不到1%。但是，它们遮挡光线的能力十分强大。平均而言，3 000光年*远处的恒星所发出的可见光由于尘埃的阻挡将暗淡一半，而且每增加3 000光年，光线的强度就会再次减半。这种由吸收和散射造成的光的消光在整个电磁波谱上并不均匀。它在紫外区域表现得最为强烈，随波长的增加逐渐减弱。在可见光区，蓝光的衰减要比红光多得多，这使得星光在穿越尘埃云前往地球时从整体上越来越红。

---

* 1光年就是光在一年中穿行的距离，它大致为9.6万亿千米。

消光曲线的形状为天体物理学家们了解尘埃颗粒的尺寸提供了某些线索。电磁理论指出，颗粒越小，红化效应越大。可见光区的消光曲线所指示的是尺寸大致在0.1毫米量级的颗粒，紫外区的强烈消光表明存在尺寸约为几个纳米的颗粒，而红外区的弱得多的消光则表明存在1毫米那么大的粒子。

这些颗粒比我们日常在家(或实验室)中碰到的尘埃可要小多了。它们或许更应该被看作是烟而不是尘。它们在星际空间中的密度明显不均匀，但在每立方厘米平均只能找到一个原子的星际空间，这些尘埃颗粒可能会相隔几百米。曾有人估计，像伦敦圣保罗大教堂那么大的空间也就只能找到一个尘埃颗粒。

但赫夫曼真正感兴趣的是在这些平滑的消光曲线上叠加的额外的谱结构。这些结构来源于尘埃颗粒对光线额外的吸收。它们是探索尘埃成分的唯一线索。除了可见光区的那四十来个漫射带之外，在红外区的3.1、3.4、6.0、6.8和9.7毫米波段也有一些吸收结构。另外，在紫外区的217纳米处还有一个强吸收结构。赫夫曼决定研究这些结构的来源。这是一个十分困难的问题，而且由于得不到经费支持，它变成了纯粹的个人嗜好。一旦能从那些更有希望获得经费支持的项目中抽出空来，赫夫曼总是喜欢钻研这个问题。

在70年代末，实验研究主要按照两条不同的思路取得进展。一条思路是，首先选择一种物质，它既可以是单质也可以是化合物，测出它作为波长函数的光学常数(折射率和消光系数)，然后用散射理论算出它在各漫射带波段内的消光曲线。要做这种计算，我们必须事先对尘埃颗粒的大小和形状作出假设，由计算结果和观测之间的对应，我们就可以推测星际空间中是否存在这种物质。

另一种与之互补的方法是由实验室里的物质直接制备尘埃微粒并

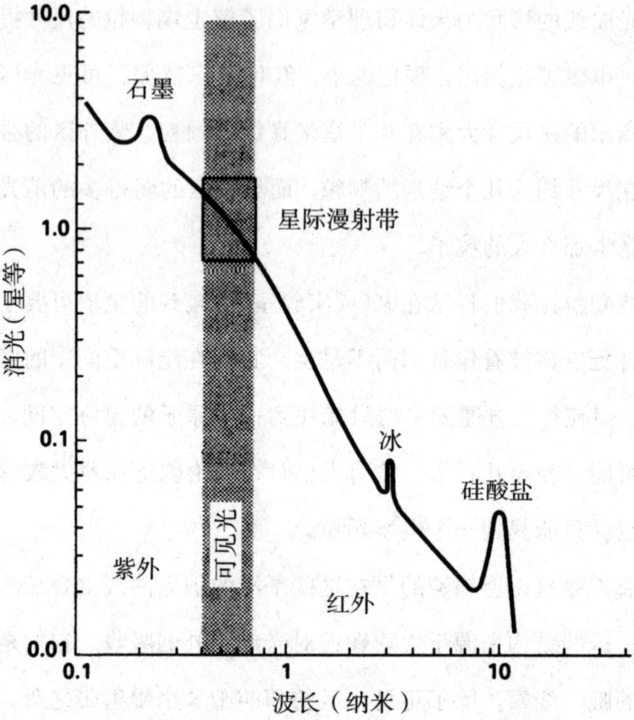


图 2.1

来自遥远恒星的光的消光程度由低能区（长波）到高能区（短波）平滑地上升。在这个平滑的背景上，红外、可见和紫外区分别叠加有一些清晰的吸收结构。图中画出了 3.1 和 9.7 毫米处的红外吸收带和 217 纳米处的紫外吸收带（可见光区域的星际漫射带未在图中画出）。据信，红外区的吸收带由星际冰和硅酸盐颗粒所造成，而紫外吸收带则可能由石墨颗粒所造成。赫夫曼和克雷奇默要做的是制备出能重现这些吸收带精确形状及强度的颗粒试样。

收集起来，然后测出它们的吸收谱，再与星光光谱中的结构进行比较。如果这两者在波长、宽度、强度上存在密切的对应关系，我们便可以推测星际介质中确实存在这种元素或化合物。同时，由此得到的吸收谱与由光学常数计算得到的消光曲线的对比，也为理论的正确性提供了某种检验。

克罗托所做的事情比这可要简单多了。在寻找像氰基聚炔烃这样的星际分子的工作中，只要已经知道了这些分子的微波波谱，其微波发射信号就为辨认它们的踪迹提供了一个特征“指纹”。因此可以很有把握地确认它们是否存在，这也正是克罗托为什么一开始就选中了微波信号的原因。但是，能量更高的红外、可见和紫外光谱结构给不出如此清晰的特征指纹，因而指认起来就没那么容易了。可见光区的星际漫射带不但让天文学家和化学家们感到头疼，同时也在困扰着物理学家。

如果尘埃颗粒真的是某些谱结构的起源，那么问题将主要取决于这些尘埃颗粒本身的性质。显然，计算得到的消光曲线将不仅依赖于这些颗粒的物质类型和组成，对于颗粒的形状、大小、集结状态以及结晶度这样一些因素也将十分敏感。因此，从实验技术的角度来说，制备性质与星际粒子尽可能相同的颗粒将十分具有挑战性。

在1977年的合作研究中，赫夫曼和克雷奇默采取了由简入繁的实验原则。从星际尘埃的起源来看，这些尘埃的元素组成可能十分复杂，令人望而生畏。它们的形状和尺寸可能千差万别，结晶度也不尽相同。在遥远恒星的光谱中所观测到的那些谱结构反映的可能正是这种复杂性。但是，考虑到材料、时间、精力和思维的经济性，赫夫曼和克雷奇默认为实验家们应该从简单的和单纯的体系入手。如果简单的体系不合适，我们还可以再引入复杂因素。但重要的是，不到万不得已，绝不人为地引入复杂因素。

他们所采用的方法的另一个重要特点是：只尝试那些看上去简单易行的实验。在1977年，星际光谱领域有众多尚未回答的问题，但其中的某些问题看起来似乎比另一些问题更适合用实验手段去研究。赫夫曼认为，9.7毫米吸收带由硅酸盐颗粒所致，而217纳米吸收带则由石墨颗粒所造成。赫夫曼曾对这些物质的光学性质作过多年研究。1977年，他让克雷奇默在这两者之间挑一个作为研究课题，克雷奇默选择了硅酸盐。

他们决定先试试橄榄石矿。这是一种由锰、铁、氧和硅组成的硅酸盐。晶态橄榄石矿的红外谱在10毫米波段确实有一个谱结构，但它与观测到的星际带符合得并不好。赫夫曼相信，如果他们用更加玻璃化(更加无定形或非晶态)的颗粒做实验就会符合得好一些。他们在图森的一台仪器正好能做到这一点，它用高能氩离子来轰击橄榄石矿颗粒，从而破坏它的晶格结构并使之更加非晶化。这与克雷奇默以前的工作存在着某些类似之处，这也是促成他决定研究橄榄石矿的一个原因。

在大约6个月的时间里，他们一直在用高能离子轰击橄榄石矿，然后反复测量轰击后的颗粒的光学常数。计算出的消光曲线现在与实际观测的9.7毫米星际带符合得好多了。此间其他天体物理学家的进一步工作也证实了这一点。他们都得出了同一结论：星际空间飞行着数十亿计的微小岩粒。

在回到海德堡之后的几年间，克雷奇默与赫夫曼只保持着松散的联系。他们关于橄榄石矿的合作成果发表于1979年。同年克雷奇默开始了关于冰的实验研究。此前不久，有人提出3.1毫米带可能由冰粒所致。像橄榄石矿的情况一样，晶态的冰(即我们冰镇饮料所用的那种)并不合适，因此克雷奇默研究了非晶态冰的光谱。在星际云中，这些冰粒被认为凝结在硅酸盐颗粒的表面。该工作未能得出很说明问题的结果，但克雷奇默从中得出结论：要解释观测到的星际带，星际空间中的冰粒必须具有相当大的尺寸。在那些最密的星云中，某些岩粒将裹有厚厚的一层冰。

直到1982年夏，217纳米带的起源仍是一个未解之谜，赫夫曼却始终坚信石墨颗粒就是谜底。赫夫曼和他在图森的同事戴(Kendrick

Day)一道，重新测量了1973年的一次实验中制备的石墨“灰”的光学常数。在实验中，他们使用了一个简易的碳蒸发器。仪器中有两根相互接触的石墨棒，它们之间将在低压惰性气体气氛中通过一个高压电流。在这个放电过程中，两个电极间除产生令人目眩的电弧光之外，还要形成大量的碳烟。这些烟尘将凝结在一个石英平台上，形成薄薄的一层碳灰。根据对这些碳灰光学常数的测量，赫夫曼得到如下结论：与217纳米星际带相比，他们制备的石墨颗粒的消光曲线在紫外区的同一波段也有一个峰，但其形状还不太像。

在好几年时间里，赫夫曼一直没有放弃在这个问题上继续零敲碎打。他认为，像橄榄石矿的情况一样，上述不符合是由实验中未受控制的一些因素造成的，例如这些蒸发器中形成的石墨颗粒的形状、尺寸、结晶度，尤其是它们的集结状态。实际观测到的星际带是相当强的，而普通碳灰尽管在同一波段也有一个吸收带，但它要弱得多并宽得多。相反，晶态石墨的吸收带则太强太窄。赫夫曼由此想到，如果他能把石墨颗粒制备得尽可能地小并尽可能接近球形，或许就能更好地符合星际吸收带。

但没有理由认为星际颗粒真的完全由碳组成，它们同样可以包含像氢这样的其他元素。在星际空间中，碳元素最合乎逻辑的来源是像IRC+10°216那样的富碳红巨星产生的烟尘云。这颗恒星同时也被克罗托和其他一些天体化学家们看作是氰基聚炔烃的一个可能来源。赫夫曼心里十分清楚，这颗恒星的内部还包含着大量非碳元素。

但是按照由简入繁这一原则，赫夫曼认为对碳灰有必要作进一步的实验研究。他已为此攒下了好几个公休假期，于是他恢复了与克雷奇默的联系并询问是否可与他一起在海德堡进行这些实验，克雷奇默欣然同意。与此同时，赫夫曼获得了著名的洪堡基金会的经费支持。

1982 年 9 月，赫夫曼举家前往西德。

海德堡是研究物理的公认的好地方。这座犹如明信片中的照片一样的美丽城市，静静地依偎在内卡河畔，背靠着奥登林山脉那柔和的山坡。它自豪地拥有德国最古老的大学以及一座令人叹为观止的 14 世纪古城堡。5 个世纪以来，巴拉丁王子伊莱克特家族就一直住在这座古堡中。这幽幽的古堡，静静流淌的河水，古风犹存的旧城，还有那绵延的山脉，葱郁的森林以及随处可见的葡萄园，无处不折射出欧洲悠久文化和文明史的光芒。这是一个罗曼蒂克的地方，从罗马时代直至今日，她一直是诗人和作家们灵感的源泉。

这座城市还以其悠久的学术研究历史而享有盛名。由巴拉丁王朝的国王鲁普雷希特一世（Ruprecht Ⅰ）创建于 1386 年的海德堡大学早在 19 世纪初就已经成为当时主要的学术中心之一。今天她已有 8 位科学家由于在物理、化学和医学方面的杰出成就而荣获诺贝尔奖。在全城 13 万人口中，学生就有 3 万之众。因此，学生们的一举一动强烈地影响着整个城市的精神面貌。

马克斯·普朗克核物理研究所坐落在绿树掩映的奥登林山上，一条通往小城西南山丘地带的弯弯曲曲的山路将它与市区连在一起。赫夫曼一家人在 1982 年沿着这条沐浴在夏末阳光中的林荫小路驱车而行时，他们一定不会忽略这里与亚利桑那沙漠地带所形成的强烈对比。海德堡对于旅游观光的人来说无疑具有无穷的魅力：那古老的城堡、精美的建筑，以及众多的博物馆、戏院、酒吧、饭店，还有那历代哲人所走过的长长的山间小路，无一不令人心驰神往。但赫夫曼的 3 个孩子同时还在盼望着体验一种从未经历过的气候，亚利桑那的冬天可不怎么下雪。

克雷奇默的实验室位于研究所天体物理部的二楼，离研究所大门不远。他们计划使用的仪器放在克雷奇默的主实验室旁边的一个小隔间里。隔间里的地方不大，里面杂乱地堆放着各式各样的实验工具：一堆堆正在变黄的纸、玻璃器皿以及各种损坏程度不等的仪器部件。隔着走廊，对面便是克雷奇默的办公室。它也不大，里面背对背地放着两张办公桌，一张是克雷奇默自己的，另一张是供学生或来访者在他实验室工作时使用的。赫夫曼很快就安顿了下来。

克雷奇默也有一台碳蒸发器，它与赫夫曼和戴研究碳灰时所使用的那台仪器很类似，可以制备用于电子显微镜研究的薄膜。它有一个大的直立钟形罩，这个钟形罩与仪器的其余部分以铰链相连，可以从外面揭开。罩的外面套着一层牢固的金属网，以防罩子在发生真空内爆事故时玻璃四处飞溅。在密闭的钟形罩内，有两根装在铜电极上的石墨棒，其中一根石墨棒的一端削尖，其尖端与另一根石墨棒的平坦端面接触。通电流时，两根石墨棒在点接触处的电阻将使它们升温，钟形罩内将被耀眼的电弧光笼罩，罩内温度可以升至几千开。在这种情况下，石墨碎片或者单个的碳原子将像水开了一样离开石墨棒的表面，成核之后形成碳蒸气，其外观就像香烟所冒出的烟一样。

钟形罩由一套真空泵抽空。这些泵可以用一个滑门阀关闭。这套真空泵被十分巧妙地安装在钟形罩下面的一个刚性金属框内。整个系统显得既紧凑又完整。

惰性气体（氦气或氩气）可以由一个独立的进气口进入钟形罩。这些惰性气体可以冷却电弧中产生的炽热的碳蒸气，并且促进碳灰颗粒的生长。由于物理学家们希望得到尽可能小的粒子，惰性气体必须控制在很低的气压下。气压太高将使惰性气体原子过多并使它们与碳灰颗粒的碰撞过于频繁，从而导致颗粒相互凝聚而变得过大。由电磁理论可知，一旦发生了上述凝聚现象，就没有指望找到与217纳米星际带对应的任何相似物质了。

克雷奇默并不清楚实验的具体细节，他宁愿在旁边看着赫夫曼想方设法地优化实验条件。这时克雷奇默指导的第一个研究生索格(Norbert Sorg)也加入了这一课题，他计划把这项有关碳灰的研究作为学位论文的一部分。

实验本身并不繁琐。经过几秒钟的操作，电弧就会在固定于活动支架上的石英片上淀积出薄薄的一层碳灰。实验人员必须仔细地观察整个过程。如果淀积的碳膜太薄，就可能达不到测量紫外谱所需的物质量。而如果膜太厚，那么光线就可能根本透不过去，同样无法实现光谱测量。 是否达到了最佳膜厚在这里只能靠经验去判断。

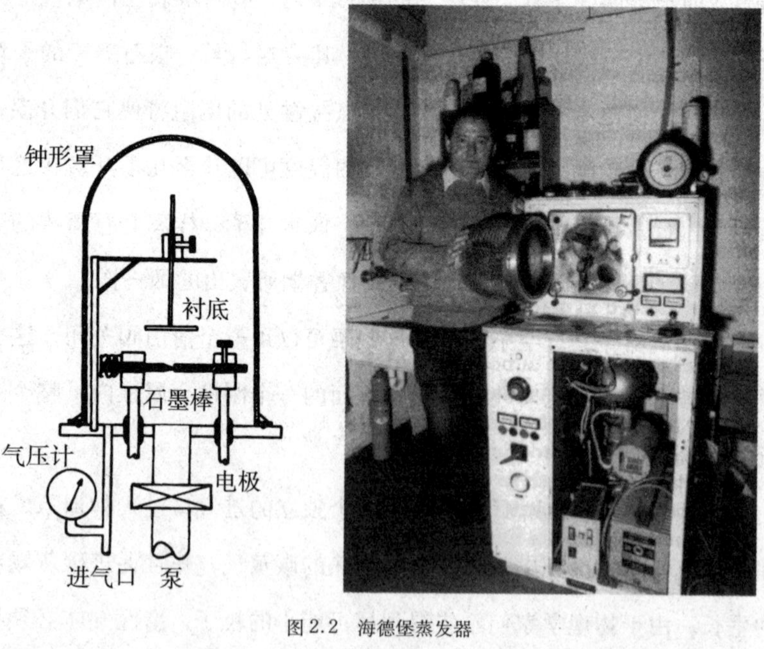


图 2.2　海德堡蒸发器

在接触的石墨棒之间通过一个电流将产生一个高温电弧。蒸发石墨产生的碳灰收集在衬底上(一块薄的石英片或其他合适的材料)并拿到光谱仪上进行分析。照片上在仪器旁站立者为克雷奇默。

冷却十来分钟后，他们就可以从钟形罩内取出覆盖着碳灰的石英片，拿到一台普通的紫外—可见吸收谱仪上进行光谱测量，然后就可以将测得的结果与 217 纳米星际带进行比较了。

最初的几个实验证实了他们的猜测。石墨颗粒间的凝聚对钟形罩内的惰性气体压强确实十分敏感。他们让气压从几百帕一直变到 2.7 千帕。他们觉得，要想避免颗粒间的过度凝聚，2.7 千帕已是能够容忍的最大气压了。但尽管如此，这些碳灰的紫外谱仍然不能很好地拟合星际带，他们向往已久的目标落了空。

他们由此断定，即使很低的惰性气体压强也会导致石墨颗粒的过度聚合。这些颗粒的光学性质敏感到甚至少量不可避免的聚合也会极大地影响其消光曲线。但是，他们测得的某些谱似乎有点古怪。当氦气或氩气的压强维持在 2.7 千帕左右时，吸收谱上偶尔会出现 2 个，有时是 3 个额外的隆起。它们叠加在以 220 纳米为中心的普通碳灰所特有的宽吸收带上。这些隆起分别位于 215、265 和 340 纳米左右，它们时而明显，时而不太明显，有时干脆看不见。

赫夫曼觉得事情有些蹊跷。他觉得钟形罩内的反应条件并未改变，而这些隆起却总是踪迹不定。作为一名实验物理学家，赫夫曼一辈子都在与这类稀奇古怪的光谱打交道，这回他又着迷了。

克雷奇默一向沉得住气。他觉得那些隆起只不过表明实验在什么地方出了差错。滑门阀中会不时掉进去一些石墨碎片，这将使得阀门无法正常关闭从而使真空泵中的油蒸气有可能跑进钟形罩。这些由碳氢化合物组成的油蒸气在电弧中将发生分解并把整个钟形罩沾污得一团糟。每当发生这种情况时，他们就不得不拆开仪器进行清洗。克雷奇默认为，紫外吸收谱上的那些额外隆起可能正是由油蒸气分解产物对碳灰的沾污造成的。另一个可能的沾污源是他们用来密封钟形罩的润滑油脂。

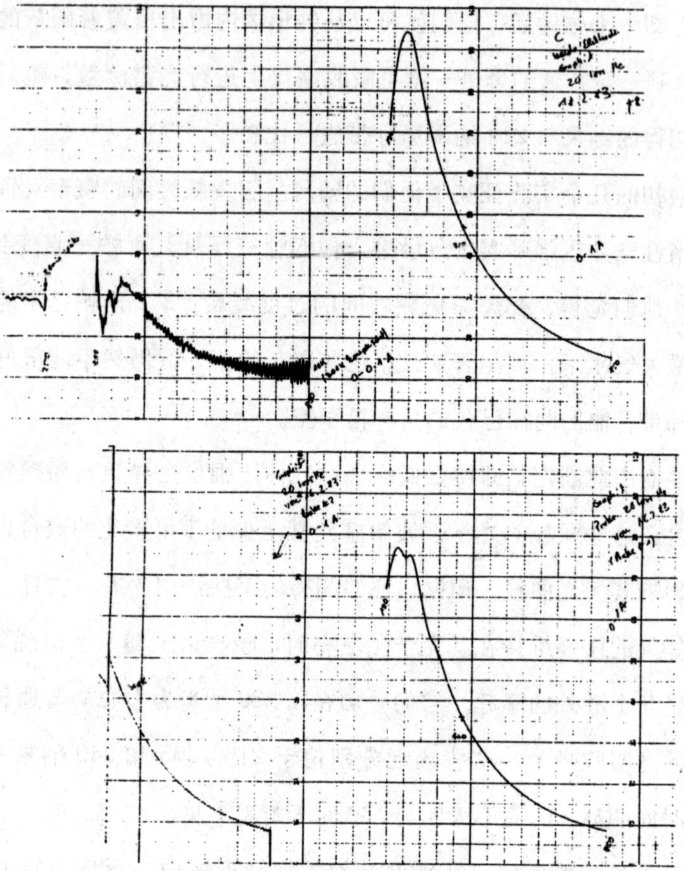

图 2.3　石墨棒蒸发产生的碳灰试样的两张紫外—可见光谱

上面那张谱记录于 1983 年 2 月 18 日，图中显示的是普通碳灰试样所预期的光滑曲线。底下这张谱记录于 16 日，图中显示曲线上叠有三个奇怪的隆起。两个实验中氦气压强均为 2.7 千帕。图上的字是克雷奇默写的。

显然，这些碳灰实验不大可能产生尺寸足以对 217 纳米星际带作出有说服力的解释的石墨颗粒。赫夫曼并不想让那些神秘的隆起就这样轻而易举地从眼皮底下溜掉，但他也同意为了能在他们原先打算解决的问题上有所突破，不妨试一试其他方法。

他们必须设法避免颗粒间的过度聚合。他们一直认为一切麻烦都是由它带来的。一种可能的方案是，在这些颗粒还没有长得太大时就把它们俘获并冻结在固态惰性气体基体中。此种“基体隔离”颗粒的吸收谱可以像以前一样进行测量并与217纳米星际带对比。这个实验可不容易做。他们一方面要在几千开的高温下制备石墨颗粒，而另一方面又要在10开的低温下准备固态氩基体。制备石墨颗粒必须在较高的气压下进行(约为几百帕)，而基体则只能在很低的气压下生成。

对固态基体隔离的石墨颗粒的紫外谱的测量表明，它们与217纳米星际带的符合程度并未得到明显的改善。看来，石墨颗粒在电弧周围就已经发生了过度聚合，它们在进入固态基体之前就已经长得太大了。

这就是众多实验家的遭遇。但是，那些饱经风霜的实验家往往不是一味沉浸在失败所带来的失望和沮丧情绪之中，而是想方设法将失败转化为成功。他们的经验之一便是，不管一个实验的结果看上去多么一文不值，也应该从中发掘出一些(任何！)积极的方面。赫夫曼、克雷奇默和索格注意到，在某些条件下，固态基体隔离的石墨颗粒的可见光谱中包含一些很强很尖的吸收线。这些吸收线实际上与石墨颗粒毫无关系。它们是 $C_3$ 这样的小的碳分子所特有的。

当他们缓慢地升高固态基体的温度时，他们发现 $C_3$ 的吸收线逐渐消失，取而代之的是可见光区其他波段的一大堆新的吸收线。对这些吸收线的细致研究表明，它们是由一系列更大的碳分子造成的。他们认为，随着基体温度的升高，束缚于其中的 $C_3$ 分子将变得越来越活泼，并最终穿越基体结合成从 $C_4$ 直到 $C_9$ 的较大分子。

赫夫曼很快就注意到，如果考虑到基体形变效应的修正的话，被他们指认为 $C_7$ 的吸收线的波长与最强的星际漫射带的波长近似一致。赫夫曼此前曾看到过道格拉斯在1977年提出的漫射带可能起源于 $C_n$ 聚炔烃的设想。就这样，在研究217纳米星际带一无所获之后，他们改变了研究的目标。实验家们就是这样与厄运抗争的。

赫夫曼并没有放弃碳灰实验。那神秘的隆起一直在他的脑海中游荡。他觉得这里面一定包含着什么重要的东西。为了看个究竟，他们重复了钟形罩里的实验。克雷奇默这时开始把这些隆起叫做“驼峰”，而把那些吸收谱中具有这些奇怪隆起的碳灰试样称为“骆驼试样”。这称呼真是太贴切了。

冬去春来(除了几个彻骨寒冷的日子外，1983 年的冬天德国一场雪也没下。唉！赫夫曼的孩子们一定好失望！)，赫夫曼他们还在想方设法试图揭开那些神秘驼峰的起源之谜。他们测量了骆驼试样的红外谱，但是由于所使用的光谱仪型号太老，灵敏度太低，结果什么异常也没发现。他们试着在空气中加热这些试样，结果发现这些驼峰消失了。经过推理，他们认为：如果这些驼峰真是由于试样受到碳氢化合物的沾污而造成的，那么他们就应该可以用升华的办法把它们分离出来。这需要首先加热试样，把其中低沸点的成分变成蒸气，然后让这些蒸气在试样上方的冷却表面上重新凝结成纯净的物质。但是，由于他们无法获得足量的骆驼试样，最后他们只得作罢。他们还曾尝试过用溶剂来冲洗出可能的沾污物。但是由于他们缺乏基本的化学训练(或者说他们干脆忘记了在化学课上所学到的一切)，这些物理学家天真地认为丙酮可以溶解一切物质，因而想方设法要把所谓的沾污物溶化到这种溶剂中。而这些碳灰试样，还有其中可能包含的其他物质，就是顽固不“化”。

在赫夫曼待在海德堡的这段时间里，他们从没有想过把钟形罩内的惰性气体压强提高到 2.7 千帕以上。不过在当时他们确实没什么理由要这么做。

为赫夫曼来海德堡提供经费的洪堡基金会十分慷慨。受资助人可以使用一辆崭新的宝马700型轿车。赫夫曼以前没开过这种车。他尽情地享受了在德国高速公路快车道上风驰电掣的感觉。这笔经费还包括参加在基金会总部波恩举行的两次会议的费用，甚至包含赫夫曼和他妻子在旅馆中度周末的花销。赫夫曼的妻子说，那些知名的洪堡奖金获得者在他们聚会时谈的往往不是科学问题，而是驾驶供其随意使用的宝马700轿车时的兴奋劲。这项基金还提供访问设在波恩(射电天文学)和斯图加特(固体物理学)的其他马克斯·普朗克研究所的费用。赫夫曼决定拿一点骆驼试样到斯图加特去测量它们的拉曼光谱。

与红外谱的测量原理不同，拉曼光谱[以印度物理学家拉曼(C. V. Ramna)的名字命名]的基本原理是试样对光的散射而不是吸收。它和红外光谱表征的是同一类振动能态，但两者在某种程度上是互补的。只有那些本身具有偶极矩或者在振动时能诱导出偶极矩的分子才能吸收红外光，但这个限制条件对于光的散射并不适用。因此那些由于对称性的原因在红外谱上"不激活"而观测不到的振动模式在拉曼光谱上看却有可能是激活的。

骆驼试样的拉曼谱似乎表明试样中除了普通碳灰之外，确有一些其他东西。赫夫曼开始猜测这些东西会不会是一种新的形态的碳。候选者已经有了一位，它就是碳炔。

碳炔曾被看作是常规的金刚石和石墨之外的一种新的高温形态的碳。它是在研究德国一个火山口中的熔岩时被发现的。发现者是在华盛顿特区的华盛顿卡内基研究所地球物理实验室工作的两名地球物理学家戈雷赛(Ahmet El Goresy)和东奈(G. Donnay)。他们在巴伐利亚州的里斯火山口*的熔岩中找到了一种呈薄层状的碳基物质。这些夹在石墨层中的薄层呈现出具有金属光泽的灰白色反光。这些薄层只出现在那些曾遭受过剧烈撞击的岩石中。这种撞击的烈度足以熔融石墨并使硅酸盐熔化为玻璃。他们的这一发现发表在1968年7月份的美国《科学》杂志上。

金刚石和石墨这两种不同形态的碳(或称为两种“同素异形体”),由于其原子空间排列的不同而具有迥然不同的性质。金刚石具有熟知的正四面体原子排列,它构成一个异常坚固的结构。而石墨则是由一层层按六边形排列的碳原子平面堆积而成的,这些碳原子平面的样子活像一张张铁丝网,相邻平面间的距离约为0.335纳米(1米的十亿分之一)。这些碳原子层之间很容易发生相对滑动。

碳原子之间可以通过单键、双键或三键键合。在金刚石中,晶格上的每个碳原子向外伸出4个碳单键,指向正四面体的4个顶点。而在石墨中,每个碳原子通过2个单键和1个双键与其周围的3个相邻碳原子成键**。这种结构看上去远不如金刚石的结构那么优美牢固。可实际上,尽管金刚石的密度和硬度都比石墨大,石墨却比金刚石稳定。要想把石墨转化为金刚石,必须有3 000开以上的高温,而且必须同时施以高压,迫使原子按四面体方式排列。

戈雷赛和东奈曾提出碳可能还有第3种形态,即碳炔。此后不断有各式各样关于碳炔的报道出现。1978年,加利福尼亚州埃尔赛贡多的太空有限公司材料科学实验室的惠特克(A. Greenville Whittaker)在高温下加热石墨时获得了一种神秘的“白碳”。他认为

---

* 这是一个撞击形成的环形山,类似于月球表面的环形山,实际上里斯火山口曾被用作阿波罗计划的宇航员训练基地。

** 后来研究表明,石墨每一层中的碳原子之间只形成一种碳—碳键,键长0.142纳米,比单键(0.154纳米)短,比双键(0.134纳米)长。同一平面中六边形边长都相等。——译者

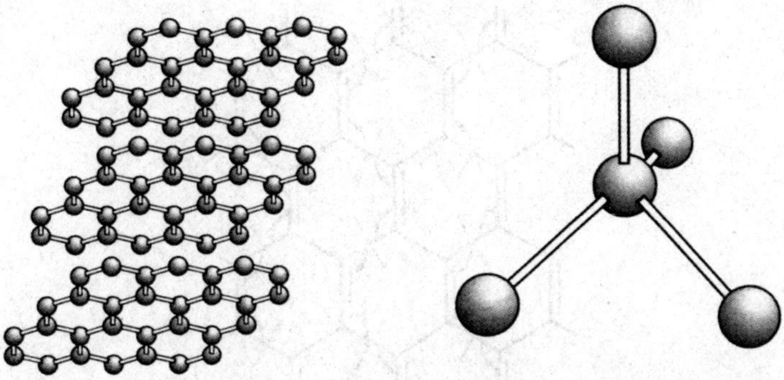

图 2.4

石墨是碳元素最常见的形态。由六角形构成的网状碳原子平面以 0.335 纳米的间距一层一层地叠在一起形成。金刚石中碳原子的几何排列与此截然不同。在金刚石中，每个碳原子与周围呈正四面体排列的碳原子成键。这使其获得十分可观的强度和硬度。尽管如此，石墨实际上比金刚石稳定。

这就是碳炔。他还提出了一种可能的机制来解释石墨如何在 2 600 开以上的温度下转变为线性的碳炔链。这一机制认为，石墨中的碳—碳单键在高温下将发生断裂，其释放出的电子与原来的双键结合形成碳—碳三键，结果形成单键和三键相交替的线性碳原子链，与聚炔烃中的碳链(当然它要短得多)情况一样。

按照惠特克的说法，碳炔在 3 800 开以下都是稳定的，超过这一温度，碳原子将重新成键形成金刚石。在海德堡进行的钟形罩实验中，所涉及的温度正处在这一范围。这样看来，赫夫曼认为实验中的碳蒸气可能聚合成了具有线性结构的碳炔也不无道理。

克雷奇默可没这么大的把握，他觉得证明碳炔存在的实验证据还不够充分。对于碳炔是否真的存在，科学界也一直存在着激烈的争论。曾有人质疑惠特克发现的“白碳”以及曾经提出过的其他形式的碳炔会不会只不过是层状的硅酸盐。克雷奇默一直认为那些神秘的驼峰不过是“某种杂质”所致。

最后，赫夫曼也觉得他们所碰到的不过是一些毫无意义的杂质。

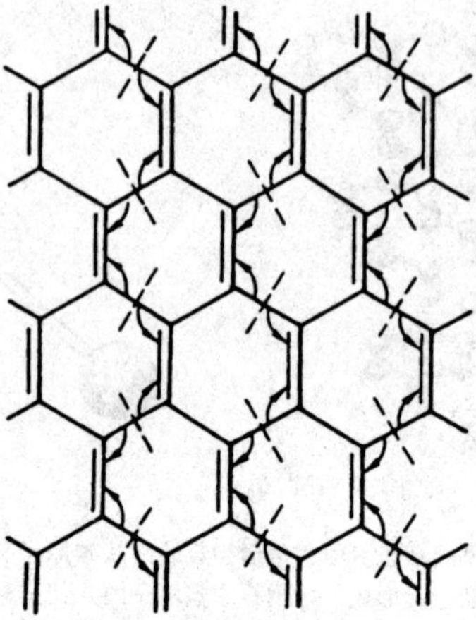

图 2.5　惠特克提出的机制

惠特克提出，在 2 600 开以上的温度，石墨中的网状结构将转变为碳炔中的线性链结构。

这些实验没能对 217 纳米星际带提供什么能说明问题的解释，而且似乎一直摆脱不了那导致驼峰的实验假象的困扰。他们已经不想继续追究下去了。毕竟，哪一个科学家也不愿意仅仅为搞清一个毫无价值的错误而在一个困难的问题上耗费过多的精力。

幸运的是，基体隔离研究被证明成果颇丰，尽管这并不是他们的初衷。他们观测到的碳分子显然还有进一步研究的价值。赫夫曼和克雷奇默商定把这类实验继续下去。克雷奇默相信，道格拉斯的设想一定包含着某些真知灼见，而基体隔离技术看来是研究 $C_n$ 分子光谱的一种廉价方法。

赫夫曼一家人于 1983 年夏回到了亚利桑那。尽管实验未能在原先计划的问题上取得进展，但是在海德堡度过的这段美好时光还是让赫夫曼颇感惬意。实际上，赫夫曼和克雷奇默刚刚完成了他们一生中最重要的科学发现，而他们本人却一无所知。

# 第三章　欢迎参观我们的机器

旅游手册总喜欢把得克萨斯吹嘘成智者之州。对此，克罗托在他1984年2月末来得州的途中已有了充分的思想准备。为了从苏塞克斯来得克萨斯参加每两年一次的分子结构会议，克罗托已攒下了足够的钱。在这次会议上，他碰到了柯尔(Bob Curl)。和克罗托一样，柯尔也是一名微波光谱学家。他们是7年前在英国的一次会议上认识的。当时克罗托曾邀请柯尔到他所在的苏塞克斯去访问。这次可轮到柯尔做东了。柯尔邀请克罗托到他在休斯敦的家中一聚，另外他还准备请他到他在赖斯大学的实验室去看看。

来美国访问，克罗托还抱有另外两重非科学的目的，一是旅游，二是淘书，这是他在科研之外最大的两个嗜好。在奥斯汀开完会，他驾车来到达拉斯，在这里他转了许多家半价书店，这些店里摆满了美术、设计和建筑方面的书籍。早在克罗托成为一名职业科学家之前，他就对这类玩意儿着迷得不能自拔了。随着他的目光由一个书架移向另一个书架，时间很快地过去了。从达拉斯出发，他沿着45号高速公路驱车前往休斯敦。渐渐地，地平线上终于出现了由大型炼油厂的白色水泥建筑和耀眼的铬黄色高塔构成的城市轮廓。这里，就是孤星州著名的太空城——休斯敦市的郊区。此刻，克罗托仍在怀想曾令他魂牵梦绕的星际分子，$HC_{33}N$ 至今还不时在他的梦中萦回。

在离市中心还有几千米的地方，克罗托停车给柯尔打了个电话，询问他家的方位。柯尔的家住在离赖斯大学校区不远的包索沃。赖斯大学位于市区的西南方向，由市中心沿主干道到这里约有几千米路程。按照柯尔的提示，克罗托来到了一片幽静的市郊。真让人不敢相信，几千米之外就是这个全美第四大城市的市中心。

克罗托在柯尔的家中受到了热情款待。晚饭后，他与柯尔的话题逐渐转向科学方面。柯尔热情洋溢地向克罗托介绍了他与赖斯大学的同事斯莫利(Rick Smalley)正在进行的工作。斯莫利设计制造了一台用来探寻奇异分子的机器，对这些分子通常的方法根本无能为力。大约 2 年前，柯尔和赖斯大学电子工程系的另一名科学家蒂特尔(Frank Tittel)与斯莫利联合从美国空军获得经费支持，开始研究由硅、锗和砷化镓等半导体材料构成的团簇。

该工作进行得十分顺利。事实证明，斯莫利的这台机器功能十分强大。斯莫利用这台机器同时还在积极地进行着许多其他研究项目的工作。尤其让柯尔激动不已的是，斯莫利和他的同事们在 $SiC_2$ 分子的光谱研究中获得了某些新的成果。他力劝克罗托翌日抽空与斯莫利聊聊，同时去他实验室转转。

赖斯大学的前身赖斯学院是在得州商人赖斯(William Marsh Rice)提供的 20 万美元的捐款资助下于 1891 年创立的。9 年之后，赖斯在纽约被他的仆人谋杀。据传，这个仆人与为赖斯前妻工作的一名律师合伙参与了一起涉及百万美元的阴谋。他们相互勾结，企图侵吞一份属于赖斯已故的第二位妻子的财产。在随后的官司中，学院又获得了另外1 000万美元的捐助，直至1912年。

学院的首任校长、天文学家洛维特(Edgar Odell Lovett)用这笔钱从波士顿聘请了一批建筑学家，按照普林斯顿、哈佛这些有名的常春藤联校的风格，把一片荒凉的得克萨斯草原变成了一个大学校园。建筑师克拉姆(Cram)、古德休(Goodhue)和弗格森(Ferguson)摒弃了他们在普林斯顿和西点所采用的哥特式建筑，设计了一座更适于休斯敦地区炎热潮湿天气的校园，采用了大量的"南方"和"地中海"建筑风格。

由此建成的校园简直就是一幅画，一幅由轻淡柔和的色彩、华丽的装饰和带有回廊的清幽院落构成的令人赏心悦目的多彩画卷。它集中地体现在洛维特大厅的建筑艺术上。赖斯先生的骨灰安放在毗邻洛维特大厅的学术讲堂中心的一座铜像内。在地广人稀的得克萨斯，这座规模宏大的学术讲堂像校园里其他建筑物一样，迎合了得州人对恢宏气势特有的嗜好。一条条的林荫大道，还有那穿越经过精心护理的草坪以及修剪得整整齐齐的树篱的众多小径，把散落在校园各处的建筑连在一起。

克罗托来到空间物理实验室三楼(也是顶层)斯莫利的实验室。这座楼建于20世纪60年代初，当时美国宇航局提供的经费还很充裕。这是一座式样新奇的建筑物，所有的办公室和实验室都集中在楼体中心一个巨大的长方形柱体内。楼梯和走廊盘绕其外，走廊上围着一圈栏杆和一些水泥细柱，它们起不了什么保护作用，而这在当时的休斯敦似乎也没什么必要。但不管这座楼的外观如何新颖，楼里面的情形克罗托可再熟悉不过了。像世界各地的实验室一样，走廊的两边成了堆放气体钢瓶(既有空的，也有满的)和液氮大冷却罐的地方。

有些人错误地认为现代科学研究总是由那些穿着白大褂的科学家在纤尘未染的实验室里进行的。这种错误的印象主要来源于那些吹嘘皂粉、药品功效的冗长电视广告(其逻辑是：这些产品的洗涤或治疗功效已在科学上或临床上获得了白大褂们的“认可”)。可是，至少对于现代化学物理学而言，实际情况并非完全如此。斯莫利的实验室凭良心说并不算脏，可乱劲就甭提了。各种设备和工具的零部件被随手撂在它们最后一次使用的地方等着下次寻找，把工作间弄得乱七八糟(有时经过漫长而恼人的寻找之后往往还会冒出一句“谁拿了5-16#”)。你可以认为这种混乱局面表明实验室管理松懈，但从另一个角度来看，它同时表明这里正进行着许多激动人心的创造。

克罗托浏览了斯莫利装配的那排令人印象深刻的机器。斯莫利本人也同样令人印象深刻。如今在美国，化学物理研究的预算和研究组的规模都在飞速膨胀。在这种环境下，许多学术带头人往往不得不沦为专司拉经费的傀儡。或许这也无可厚非，但这些整天绞尽脑汁为实验室搞经费的傀儡不可避免地离实验室的具体工作越来越远。所有的一线工作都扔给了那支由研究生和博士后组成的大军，正是这些人需要经费，因此拉经费的事必须有人去负责。这种情况发展到极端时，工作完全由那些学生和博士后完成，而那个有名无实的学术带头人仅仅在论文上署上他的名字。

斯莫利显然成功地避免了这种令人尴尬的局面。在想方设法组建起一个庞大的实验室，并招募到一批优秀人才从事意义重大的科学探索的同时，他本人对各式各样的仪器也样样拿得起来。如果乐意，他随时可以爬上这套复杂的仪器亲手让它运转起来。

斯莫利对自己的成就颇为得意。在壳牌石油公司做了4年工业化学的研究之后，他去普林斯顿大学攻读博士学位并于1973年获得了这一学位。但决定他一生工作性质的看家本领是在芝加哥大学的沃顿（Lennard Wharton）和利维（Don Levy）的手下做博士后研究时掌握的。他成了一名制造和使用大型仪器的行家里手。

克罗托那天参观的重点是一台第二代团簇束流发生器，它有一个可爱的名字：AP2。与赖斯大学空旷的校园形成鲜明对比的是，AP2被硬塞在实验室的一个角落里，占据了从地板到天花板的几乎所有空间。它的中心部分是一个大的不锈钢柱形工作腔，安装在一个同样大小的真空泵上面。工作腔四周呈放射状地摆着一块块高高的工作板，上面装有激光器和各种光学仪器。激光器发出的光由嵌在钢制法兰盘中的石英窗导入工作腔。由于真空泵体积庞大，这些法兰盘离地有约2米高，因而激光器也要装在同样的高度。要用AP2进行工作，实验人员不得不用梯子爬到它的顶上去。站在地板上向上看，这机器简直就是一个由铜管、支架、电缆和抽气软管组成的大杂烩，或者说一片由金属和塑料混杂而成的“看得见”的噪声。

在众多的电子控制和探测仪器上，每一台都连有一条或几条屏蔽电缆，它们或为黑色，或为灰色和白色。这些由塑料构成的涓涓细流汇成一股洪流盘旋直上仪器的顶端，然后又从天花板的高处垂下来，与一旁架子上的放大器、计时器、鉴别器和数模转换器相连。就像在儿童连环画中常会碰到的让人找出哪个卡通人物钓着了鱼的游戏一样，要确保这堆乱得像意大利面条一样的电缆线的输入端与正确的输出端连在一起，学生们想必痛苦万分。这些电缆线中有许多带有足以致命的电压，而另外一些携带的则是校准到十亿分之一秒的定时信号。

控制AP2以及接收和贮存数字信号的工作由一台微机完成。它放在一张木制工作台上，旁边是一排排的电子设备。微机的前面放着一张木凳，旁边的基座上放着一台示波器。示波器的屏幕上仰，以便观察。参观的那天，机器上没人工作，整个实验室透着一种令人不安的平静。

斯莫利从梯子爬上AP2，招手让克罗托也上来瞧瞧。由这个角度，这台复杂的机器终于可以理出个头绪了。它的一端放着一台长长的浅棕色蹲式量子射线(Quanta-Ray)激光器。这是一台掺钕离子的钇铝石榴子石(Nd: YAG)激光器，能够产生红外和可见光区的高能光脉冲。围绕着工作腔还装着另外一台激光器，这是一台体积庞大的方形天蓝色的Lumonics激基分子激光器，它能够产生强大的紫外脉冲。克罗托现在可以一清二楚地看到这些激光器产生的光脉冲如何通过反射镜分束，又如何沿同一条光轴被导入工作腔内。

斯莫利在AP2上向克罗托详细解释了机器各部件的功能，并描述了此前不久他们小组用这台机器开展$SiC_2$研究的情况。克罗托对所见所闻颇感兴趣。

斯莫利的想法是，设法产生原子团簇——即一些不寻常的分子，它们的大小可以从很小(小至2个原子)到很大(50个原子或者更多)，确定它们的特征并测一测它们的光谱。这个工作本身并不稀奇，全球许多实验室都曾进行过此类实验。但斯莫利想要研究的是那些高熔点材料，比如铬、钒这样的金属，或者硅、锗、砷化镓这样的半导体材料形成的团簇。这种非同寻常的研究需要有非同寻常的仪器。

巧得很，对$SiC_2$光谱的兴趣当初也与天体物理学的研究存在着某些瓜葛。早在1926年，人们就已发现，在富碳恒星的光谱上，蓝光到绿光波段存在着一些吸收带。50年代中期，这些吸收带被确认

由 $SiC_2$ 所造成。这个结论是通过在实验室里制备出 $SiC_2$ 并测量它的吸收谱之后得出的。当时对这个吸收谱的分析还不够全面，分析的结果似乎表明 $SiC_2$ 具有线性结构。

问题在于，在当时的条件下，这种奇异分子还只能通过传统的方式制备。在制备过程中，石墨和硅被放在高温炉中共同变成气体。在高温下，蒸气中的硅原子和碳原子将形成一系列的小分子和原子团簇。随着炉温的升高，蒸气中原子和分子间的碰撞频度(和烈度)将随之增大。由此分子将获得越来越大的能量并跃迁到越来越高的能级。处于高能级的分子越多，光谱中的特征线就越多。当光谱中某个区域的谱线太密时，它们将重叠在一起，形成一个无法分辨的包。这样，谱线形状所包含的信息就全部丢失了。

$SiC_2$ 在蓝光—绿光波段的吸收带源于 $SiC_2$ 分子的一个电子跃迁，在这个跃迁过程中，分子的电子云分布将发生改变。与这个电子跃迁一起发生的还有一系列振动跃迁和转动跃迁。与这些跃迁相对应的谱线细节包含了分子结构的信息。50 年代分析 $SiC_2$ 光谱的科学家曾测量了部分振动能级的细节，这正是他们猜测分子结构的依据。转动能级的测量能够提供更多关于分子结构的信息，但这在那时还办不到，因为在当时的实验温度下，转动谱线的数目多得用老式的光谱仪根本无法分辨。

他们所缺少的是这样一台仪器，它能够大量产生像 $SiC_2$ 这样的奇异分子，能够从形成的各种分子中鉴别出令人感兴趣的分子，另外它还能够测量这些分子的转动谱。研究分子的转动谱需要有极低的温度，这样才能使许多分子回到较低的转动能级——即能级梯的最下面那几级——从而使光谱中的谱线数目大大减少。但这显然与高炉温的要求相矛盾。从 50 年代中期到 1983 年，还没有哪种技术能克服这个困难。

AP2 正是他们所需要的机器。有了这台机器，斯莫利就可以用光来代替热。他可以用 Nd: YAG 激光器发出的波长 532 纳米的绿色激光脉冲轰击固体靶的表面原子。这里，固体靶是安装在工作腔内的一根碳化硅棒。每个激光脉冲能够提供大约 60–70 毫焦(即千分之一焦)的能量。你可能觉得这算不了什么(玉米片包装袋上的营养信息表会告诉你每 100 克谷物平均能提供 165 千焦能量)。但问题在于激光的能量是在不到十亿分之五秒的时间内提供的，因而峰值功率可达 1 万千瓦，这将相当于 10 万只 100 瓦白炽灯泡的总功率。有这么大的功率，你就有了极大的破坏力，尤其当这一功率被聚焦在一个直径不超过 1 毫米的点上时。

对于 AP2 中的固体靶而言，斯莫利的操作无疑是破坏性的。激光脉冲将彻底地破坏固体靶的表面，把表面原子抛向表面以上的空间，形成一个由电离原子和电子组成的等离子体，其温度可达 10 000 开以上，比太阳的表面还要热得多。为确保每次脉冲轰击时实验条件相对稳定，固体靶在每次轰击后都要转一个角度，使下一次轰击落在表面的另一点上，以免在靶表面形成深坑。

在用激光脉冲轰击固体靶之前的一刹那，首先要打开一个气阀，将一团氦气放入工作腔。该气体的典型压强为约 300 千帕。这团氦气涌向靶的表面，把轰击固体靶所产生的离子和电子组成的等离子体带向“成簇区”并在那里形成奇异分子。在成簇区中，氦原子与那些由激光脉冲轰击而产生的离子相互碰撞，促使其与电子重新结合形成中性原子。然后，这些中性原子又相互结合形成各种各样的团簇，其大小从几个原子直至 50 个原子以上。

成簇区后紧跟着的是一个窄细的孔。氦原子和那些刚刚生成的团簇经过这个窄孔时将受到压缩，然后在另一个真空腔内发生膨胀。这样就迫使这些原子和分子在通过这个窄孔时增加相互之间碰撞的频率，从而有利于形成更大的团簇并提高其收率。

与分子不同，氦原子没有内部振动和转动能态。因此，氦气的热容(贮存能量的能力)很低。当氦原子和分子发生碰撞时，分子的能量只能传递给氦原子的平动“自由度”。这意味着氦原子在离开它遭遇的分子时将获得一个更大的速度。由团簇和氦原子组成的压缩气体在通过窄孔进入真空后将急速膨胀。在这个过程中，团簇与氦原子的碰撞将把团簇分子的振动和转动自由度上的能量传递到氦原子的平动自由度上去。在氦原子被加速到超过音速的同时，团簇分子也受到了显著的冷却。

这里传统的温度概念已经不再适用。团簇分子的转动能量转移的效率比振动能量转移的效率要高(即与振动相比，团簇分子回到最低转动能级的效率更高)。这意味着转动所受的“冷却”比振动更显著。经过冷却，转动的典型“温度”为几开，而振动则还有 100 开左右。

可以毫不夸张地说，固体靶表面相对平静的原子排列在此过程中受到了野蛮的打扰。这些原子先是在上万度高温的等离子体之火中燃烧，然后受到氦气脉冲的压缩，被迫结成短暂的联盟，形成不寻常的团簇分子，之后又被冷却到接近绝对零度的低温。

而这一切还不算完。在 Nd: YAG 激光器的脉冲熄灭后不到百分之几秒的时间，这些刚刚生成的团簇分子又要经受另一台激基分子激光器发出的紫外光脉冲的照射。这台激基分子激光器发出的光子能量足以从团簇分子中敲出个把电子使之电离。电离之后，团簇便带上了正电。

经过电离，这些团簇将进入一个由两片带电金属网栅产生的静电场中。这些带电的团簇将在一条长 1.5 米的管子中受到静电场的加速，其情况就像电视显像管中受到加速的电子。在这个加速过程中，静电能转换成了被加速离子的动能，那些质量较小的团簇将比那些质量较大的团簇获得更大的速度。这些质量千差万别的团簇，在到达机器的这一部分之前还一直待在同一个气体脉冲里同甘共苦，在穿越这段管子时却分道扬镳了。它们按照质量大小的顺序先后到达管子的另一头。那些原子数较少的团簇将首先到达，原子数较多的团簇则落在后面。管子的这头装着一个电子放大器，专门用来对带电团簇到达时所产生的冲击电压信号进行计数。由于整个探测过程基于对团簇质量的分辨，而这又依赖于团簇穿越管子所用的时间，因此这类探测机器被称为飞行时间质谱仪。

在进气阀门每产生一个氦气脉冲，Nd:YAG 激光器和激基分子激光器每一次发射之后都将产生一批质量各异的团簇，它们被送到飞行时间质谱仪中去鉴别质量。然后固体靶转一个角度，露出一块新鲜的表面，整个过程重新开始，质谱仪上得到的新的信号将自动累加到先前的信号上去。整个过程大约每秒重复 10 次。一般要获得一张令人满意的质谱，这样的重复需要累积 1 000 次。这样，这台机器不但能产生奇异的新分子，还能把它们冷却到极低的温度，然后再告诉你每种新分子的原子数。

不要以为科学家们就这么点聪明才智。不同种类的团簇经过质谱仪分类之后，接下来的问题就是设法测量其中一种（或多种）团簇的光谱。如果固体靶用的是碳化硅棒，那么团簇发生器将产生大量的 $SiC_2$ 分子，而飞行时间质谱仪探测到的则是电离后的 $SiC_2^+$。现在需要做的是，用 AP2 来测量 $SiC_2$ 的光谱。

实际上，这并不很复杂。$SiC_2$ 分子只有首先经过激基分子激光器的电离才能探测得到。事实证明，这种电离过程只有在激光脉冲具有足够高的强度，或者 $SiC_2$ 分子已经受到电子激发时才能发生。因此，探测的结果对 $SiC_2$ 分子随氦气穿越机器时所受的激发十分敏感。在几个月前进行的一项实验中，斯莫利和他的同事迈克洛普洛斯(D. L. Michalopoulos)、戈伊西克(M. E. Geusic)以及兰格里奇-史密斯(Patrick Langridge-Smith)还使用了另外一台激光器来激发 $SiC_2$ 分子。

这是一台染料激光器。与前面两种激光器不同的是，它的波长可以在可见光区的一个小范围内调节(即“可调的”)。只有激光器的波长(或频率)与分子能级间的能量差相匹配时，$SiC_2$ 分子才能从激光中

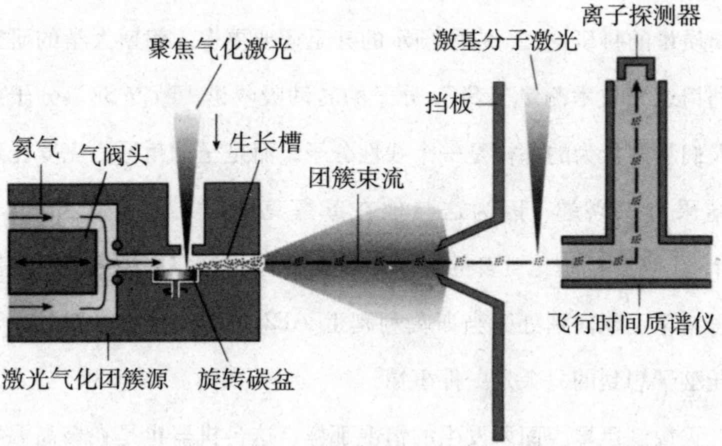


图 3.1　AP2 的示意图

Nd: YAG 激光器发出的脉冲聚焦在一个旋转的靶面上。激光器控制在阀门打开后，工作腔内充满了高压氦气的一刹那点燃。脉冲轰击产生的等离子体由气流带走。气流中的离子和电子重新结合成原子后又形成团簇，然后以超音速通过一个小喷嘴，再在真空中发生膨胀。在气体的膨胀和冷却过程中，团簇还会进一步形成。锥状的膨胀气流的中心部分被分离出来并用激基分子激光器加以电离。这些离子经偏折后沿一条 1.5 米长的管子加速。在加速的过程中，各种离子按其质量的顺序分离出来，那些最轻的团簇离子将最先到达探测器。通过标定这些团簇的“飞行时间”(典型为十几个毫秒)就能推知它们的相对质量和大小(每个团簇包含的原子数)。

吸收能量。因此，在调节染料激光器的波长时，$SiC_2$ 分子只在某些特定的波长上存在光吸收。而只有那些从染料激光器中吸收了能量的 $SiC_2$ 分子才能被激基分子激光器进一步激发和电离。换句话说，只有从染料激光器中吸收了能量的分子才能被电离。

如果一边调节染料激光器的波长，一边观测飞行时间质谱仪上得到的信号，就可以获得一张中性 $SiC_2$ 分子的吸收谱。这将是一张超冷分子的吸收谱，大部分分子都处在最低的振动和转动能级，因而谱线很容易分辨。整个电离过程依赖于对两个光子的吸收(一个用来产生激发 $SiC_2$，另一个电离它)，而电离效率则在染料激光器的波长与 $SiC_2$ 分子的跃迁频率相匹配，或称为“共振”时达到最大。用科学家们的行话，这叫做共振加强双光子电离过程。

这项技术威力十分强大。它已为斯莫利和他的同事们提供了一系列高质量的科研论文，它所预示的甚至还要更多。赖斯大学的研究小组利用这一技术测量了 $SiC_2$ 分子的转动吸收谱，断定 $SiC_2$ 分子并非像人们从前认为的那样是一个线性分子，而是呈三角形。克罗托对这个结果有点兴趣，因为这与他在苏塞克斯时与同事默雷尔(John Murrell)所作的理论计算的结果相符。但除了这点兴趣之外，克罗托的思绪早已飘向别处。当斯莫利爬上 AP2 向他炫耀它的奥妙时，克罗托脑子想到的只会是一件事情。

正像红巨星表面所发生的情况那样，这台机器也是在极高温度的环境下产生原子。这些原子又在氦气的挤压下形成团簇，这也正是我们想象中红巨星表面所发生的情况。然后，这些团簇又被冷却到极低的温度，这与红巨星那膨胀的外层大气也有着异曲同工之妙。如果把碳化硅靶换成石墨，这不就是 IRC + 10°216 红外源在实验室小尺度下的再现吗？这时 AP2 内会产生长链碳分子吗？如果里面再有一点

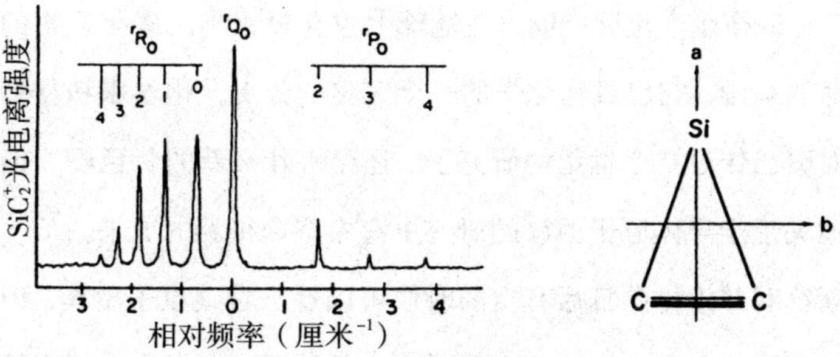


图 3.2　超冷 $SiC_2$ 分子的共振加强双光子电离谱

通过超音速膨胀致冷，大部分分子已回到了最低的几个转动能级，从而只给出很少的几条谱线。通过光谱分析，斯莫利和他的同事们估计 $SiC_2$ 分子的转动温度只有几开。光谱中的那条最强的谱线位于 498 纳米。

通过对 $SiC_2$ 光谱的详尽分析，斯莫利和他的同事断定这种分子必然具有三角形的形状。图中的 a 轴和 b 轴是分子转动惯量的主轴，第三条主轴，即 c 轴垂直于纸面。

氢和氮，它会不会产生长长的链状氰基聚炔烃呢？比如说那让人一直梦牵魂绕的 $HC_{33}N$。

克罗托什么也没对斯莫利说，但是在那天晚上，他把这个想法告诉了柯尔。柯尔一听就入了迷。他对道格拉斯在 1977 年提出的星际漫射带可能起源于长碳链分子的设想也早有耳闻。他觉得 AP2 里面如果换上石墨靶，他们不仅可以检验斯莫利的这台机器是否真的能够生成长链分子，甚至还可以测出它们的光谱。他们可以利用共振加强双光子电离技术来测量出碳链的吸收谱，并把它与星际漫射带进行对照，看看是否相符。柯尔也觉得 AP2 十分适合研究克罗托梦寐以求的太空分子。

斯莫利对此没有多大热情。虽然在原则上他也同意克罗托的这个想法，但他还有一大堆关于半导体原子团簇的研究项目要忙，根本无法抽身。让他停下这些项目重新安排碳原子团簇的实验根本没门。斯莫利不相信研究碳原子团簇会得出什么新结果。碳是一种无所不在的元素，它遍布整个星际空间，在地球上也含量极丰。碳化合物的化学是生命的基础，它已成为化学的一个完整的分支。化学家和材料科学家们对碳已作过几个世纪的研究了，还会有什么新的货色呢？斯莫利觉得他关于半导体原子团簇的研究更有希望取得新的成果。

斯莫利并不排除日后有空的时候可以看一看碳原子团簇，但是他自己可不想掺和进去。这些实验只有在他的研究项目中出现空档时才能安排。

回到苏塞克斯没多久，克罗托的注意力就被同事斯泰斯（Tony Stace）给他的一份论文手稿吸引过去了。当时这份手稿正在英国团簇化学家们的小圈子里传阅。斯泰斯这时正好在研究氩和氪等惰性气体原子构成的大型原子团簇。他所做的实验与赖斯大学的实验有某些共同之处。他的这份论文手稿是兰格里奇-史密斯给他的。这位斯莫利手下从前的博士后从休斯敦回到英国后在爱丁堡大学觅到了一个讲师职位。接着，斯泰斯又把这份手稿转交给了克罗托。这份手稿的作者是设在新泽西州安嫩代尔的埃克森石油公司实验室的3位美国科学家。文中描述了他们在激光气化石墨的实验中获得的关于碳原子团簇的某些结果。

克罗托气得要命。这不就是他在赖斯大学竭力劝说斯莫利去做的实验吗？埃克森实验室的科学家罗尔芬（Eric Rohlfing）、考克斯（Donald Cox）和卡尔多（Andrew Kaldor）在他们的实验里所使用的机器与赖斯小组的设备实际上毫无二致。他们也是用Nd:YAG激光器轰击石墨，由高压氦气脉冲将碳原子带走，让它们在一起形成团簇，然后让这些团簇在超音速气流中膨胀冷却，然后再电离、鉴别，最后由飞行时间质谱仪进行探测。这套技术和斯莫利他们的技术一模一样，其实毫不奇怪。埃克森小组的这台机器实际上是AP3的一个克隆，而AP3又是休斯敦的斯莫利小组建造的第三代团簇发生器。1982年，赖斯大学的科学家们复制了一台给了埃克森小组。

罗尔芬、考克斯和卡尔多在实验中制备并探测到了原子数为2—190的碳原子团簇。少于30个原子的团簇其分布基本上符合人们预期的形式，它与欣滕贝格尔及其同事1963年在碳弧中观察到的分布类似。在这个分布中，奇数原子团簇明显比偶数原子团簇显著，而且原子数为3、11、15、19和23的团簇信号明显高于周围其他团簇的信号，尽管从整体而言信号在$C_{11}$之后开始下降。

这类分布以前也曾多次观测到。它与如下理论预言相符：对于电离的线性碳链分子而言，一般奇数原子的离子比偶数原子的离子稳定。团簇越稳定，它就越有可能在穿越机器的过程中幸存下来。团簇分布在接近克罗托向往的$C_{33}$时逐渐消失，但是在$C_{38}$处信号又重新出现并迅速上升，在$C_{60}$处达到最大，之后又开始逐渐减弱。从这张质谱中，我们看不出哪个团簇更特殊。$C_{60}$的信号显然也没有什么特殊之处。

$C_{38}$以上的团簇分布完全是另一个样子，这时奇数原子的位置上根本就没有团簇信号，而在此之前奇数原子团簇信号的强度一直都比偶数原子团簇的信号强。这个变化实在出人意料。这件事需要有个解释，但埃克森小组的科学家们实在拿不出什么好的解释。他们猜测这些大的原子团簇可能是一种新的形态的碳。正像赫夫曼2年前在海德堡对那神秘的驼峰的起源百思不得其解时所想到的那样，罗尔芬、考克斯和卡尔多怀疑他们看到的会不会就是碳炔。

惠特克曾提出，在2 600开以上，石墨中碳原子的成键情况将发生变化以形成碳炔。埃克森小组的激光气化实验所达到的温度已超

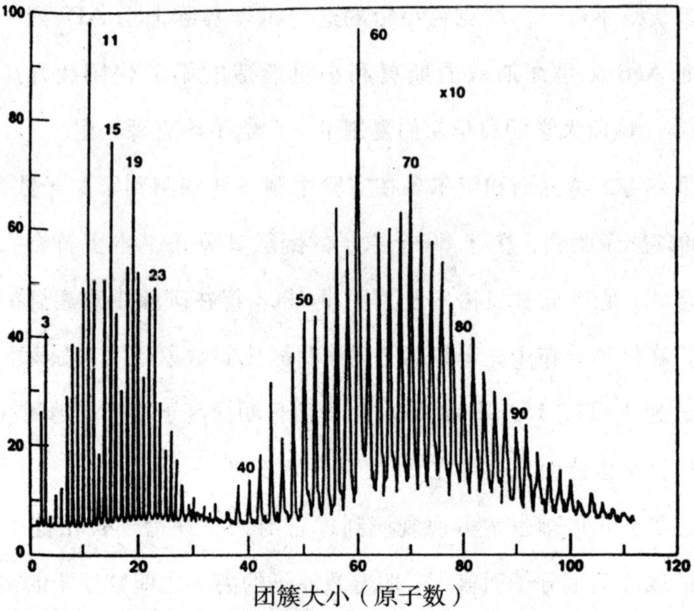


图 3.3 罗尔芬、考克斯和卡尔多报道的团簇分布

在这张谱中，信号的大小正比于探测到的正离子数(注意，$C_{30}^{+}$以上的信号被放大了 10 倍)。小团簇的分布与 1963 年欣滕贝格尔、弗兰岑和舒伊观测到的分布没有多大区别。但是，大团簇具有与其截然不同的分布，奇数原子的位置根本就没有信号。

过了这一温度，因此认为那些气化后的原子相互结合形成的是具有碳炔结构的原子团簇也是说得过去的。而这正好可以解释为何 $C_{38}$ 以上只有偶数原子团簇。这样的团簇由一系列包含 2 个原子的亚基—C≡C—组成，因而总是含有偶数个原子。埃克森小组的科学家们也作过其他尝试，但似乎只有碳炔能解释为何只出现偶数原子团簇。

当然，埃克森小组已经完成了当初克罗托向柯尔和斯莫利建议的初步实验，但这并不意味着已经无事可做了。论文手稿中所描述的结果确实挺有意思(尽管克罗托并不相信关于碳炔的解释*)，但关于这

* 克罗托根本就不相信有什么碳炔。

些团簇在星际空间中究竟扮演何种角色这一关键问题文章中只字未提。另外，罗尔芬、考克斯和卡尔多他们通过气化经氢氧化钾处理的石墨靶成功地制备了一系列新颖的钾—碳团簇。说得更具体点，他们似乎制备出了两端被钾原子占据的长链聚炔烃 $K(C\equiv C)_nK$ 团簇。但是，他们没想到用氢和氮来试试能不能生成长链状的氰基聚炔烃。他们没有用共振加强双光子电离技术来测定制备出的碳团簇的吸收谱，因此没发现它们是否与星际漫射带有关。因此，如果有机会，这个实验还有必要进一步重复、深入。但是到了 1984 年 5 月，柯尔来信告诉克罗托，眼下 AP2 上还不能安排碳原子团簇的实验。

斯莫利仍然不以为然。埃克森小组的文章于 1984 年 10 月发表在《化学物理杂志》上，但它似乎仅仅证明了斯莫利当初的想法有多么明智。斯莫利觉得自己确实不该卷入此类工作。当然，这篇论文确实有一些出人意料的新结果，但斯莫利手头还有许多事要做，犯不着卷进这么一场不必要的竞争中去，何况这样还会伤害与埃克森小组的感情。

卡尔多把埃克森小组的结果带到了第三届国际微粒与无机团簇研讨会(ISSPIC)上，它将以海报的形式与与会者见面。此次会议于 1984 年夏在柏林自由大学举行。海报可以用大号字对工作作一简要叙述，给出一些背景资料以及实验仪器、结果和结论。一般它们被钉在一块板上，挂在与视线平齐的高度。会议将专门安排时间让与会者浏览这些海报。这种议程已经成为众多国内和国际会议的标志。它的出现反映了如下简单的事实：没那么多时间让与会者一个接一个以口头方式讨论所有那些值得讨论的科学问题。

埃克森小组的海报在星期一的海报展出中引起了广泛的关注。7

月 9 日那天，卡尔多满面春风地一直在忙着回答周围一大群科学家的提问。这群人当中有 2 名物理学家——赫夫曼和克雷奇默。在基体隔离团簇实验取得初步进展之后，他们开始细致地研究 $C_3$—$C_9$ 的小型碳分子。对埃克森小组的质谱他们也很感兴趣，质谱上给出了直到 $C_{190}$ 的碳原子团簇。他们意识到自己关于碳原子团簇的研究才刚刚起步。

赫夫曼和克雷奇默向研讨会提交了一篇关于基体隔离团簇工作的短文。另一篇关于碳蒸发实验的类似报告却被会议组织者以不在会议涉及范围的名义退了回来。在那篇报告中，他们没有提及那古怪的驼峰，这不仅是因为他们不愿意讨论他们自己也不理解的东西，其实连他们也觉得把它解释为杂质引起的效应可能更为合适。尽管卡尔多的海报十分大胆地提出碳原子团簇可能代表了一种独特的物质状态，但赫夫曼未能由此联想到自己也曾猜测驼峰可能起源于碳炔。谁也没有对埃克森小组质谱中 $C_{60}$ 和 $C_{70}$ 的信号比其他信号稍强一事发表评论。

此后，休斯敦和苏塞克斯之间不断有书信和电话联系。但是直到 1 年以后，也就是 1985 年 8 月份，克罗托才从柯尔那里得知 AP2 上终于有了一个空档安排碳原子团簇实验。实际上，学生们在赖斯已经开始用石墨做一些初步的研究了。是由柯尔把实验的结果送给克罗托呢，还是让他来休斯敦直接参与实验呢？对此克罗托连想都不用想，他预订了下一趟去休斯敦的机票。

回过头再说赖斯，斯莫利已经把此事通知了他的学生希思（Jim Heath）和奥布赖恩（Sean O'Brien）。斯莫利对这一切仍然持怀疑态度，觉得这干扰了他原本进行得顺顺当当的研究计划，甚至感到有点气恼。他决定这个关于石墨的愚蠢游戏最多只能让它持续几个星期。

# 第四章　孤胆骑侠

1985年8月23日，星期五，AP2中第一次装上了石墨靶。除了希思和奥布赖恩之外，实验室里这时又增加了另外两名学生，一个是蒂特尔的研究生刘元（Yuan Liu），另一个是柯尔的学生张清玲（Qing-Ling Zhang）。刘元和张清玲一起重复了18个月前埃克森小组进行的团簇实验。她们目前并不太关心究竟会得到什么结果，只是想拿含碳体系找找感觉。她们一开始得到的几张质谱看起来似乎与罗尔芬、考克斯和卡尔多在《化学物理杂志》上报道的质谱没什么差别。AP2可以毫不费力地复现埃克森小组观测到的不同寻常的“双峰”分布，即在原子数较少时奇数原子团簇占优，而在$C_{38}$之后却只有偶数原子团簇的分布。

但是，午后不久获得的一张谱有点异样。学生们在设置飞行时间质谱仪满量程地观察$C_{64}$的信号时，意外地发现$C_{60}$的信号明显地超出了仪器的量程，但谁也不知道究竟超出多少。在后来重新定标绘制这张谱时发现，$C_{60}$的信号比相邻的$C_{62}$信号高出大约20倍之多，这比埃克森小组报道的质谱上的任何信号都要强得多。$C_{70}$的信号也十分显著。

刘元在AP2"工作日志"上作了记录。这是一个学生们用来对实验作现场记录的横线笔记本，棕色的硬皮封面上饰有赖斯大学的校徽。除了$C_{60}$信号溢出之外，观测到的质谱和埃克森小组报道的质谱并没有什么不同，因此，刘元记录道："观测到与罗尔芬相同的团簇分布。"这批数据已经捕捉到了某种极不寻常的东西：AP2已经开始揭示关于碳的某些长期以来一直鲜为人知的秘密了。

她们还试着用较小的碳原子团簇作了共振加强双光子电离实验。结果发现，尽管$C_2$—$C_6$之间的离子信号看不到有何加强，那些10个以上原子的团簇信号在调节染料激光器的波长的过程中确实会有所增加。第二天，希思继续了这一实验并证实共振加强双光子电离对$C_{14}$—$C_{25}$之间的团簇都奏效。这为他们检验道格拉斯的设想提供了一个机会。

现在万事俱备。8月26日，学生们获知克罗托将飞抵休斯敦与他们一起工作。因此他们暂时又回到锗、硅方面的研究上去了，大家就等克罗托来了。

8月29日，星期四，克罗托于下午飞抵休斯敦国际机场。这次他还是借宿在柯尔家里。次日一早，两位科学家从包索沃柯尔的家出发，步行来到离此不远的斯莫利的办公室。

这个办公室兼作会议室使用。白色的墙壁除了几张注意事项和古里古怪的谱图之外别无他物。屋子一头的窗帘似乎从未曾拉开过，整个屋子里的唯一光源来自天花板处射出的强烈的人造光。屋子另一头的墙上靠着一排书架，上面堆着斯莫利个人收藏的《化学物理杂志》、《物理化学杂志》、《物理评论快报》以及其他一些科技期刊。像所有拥有自己期刊的学者一样，斯莫利也有一个伤脑筋的难题。目前，每天发表的科技论文的数目如此之巨，以致这排书架的空间很快就被这些期刊吞噬殆尽了。那些书架上堆不下的杂志只好屈尊待在地板上等候发落。

书架的前面放着斯莫利的办公桌，桌上杂乱地摊着几份论文和一些看过之后未及合上的杂志。办公桌的前面放着一张大理石桌面的咖啡桌，旁边是一张旧的亚麻罩面三座沙发和几把棕色和蓝色的办公室垫椅。这是斯莫利的讨论室。他定期在这里召集小组成员讨论研究工作进展，作出结论并酝酿行动计划。

斯莫利是个严厉的导师。在这些时常十分漫长的小组会议上，他总是喜欢挑学生们和同事们的刺，逼着他们为获得的每一个结论和作出的每一个决定辩护，他总是不断地插嘴打断他们的滔滔陈词，直到他们感到已无力为自己辩解为止。那些可怜的牺牲品在他气势汹汹、不依不饶的追问下往往不得不承认他们原以为坚如磐石的观点或者还有待完善，或者根本就站不住脚，而通向成功所需进行的进一步实验往往就是在这个过程中由模糊逐渐清晰起来的。在总结一连串闪烁着智慧之光而往往略带攻击性的辩论之际，他常常会说："这就是我们要做的实验！"

斯莫利似乎毫不关心学生们在实验中碰到的在他看来无关紧要的细节问题(尽管他十分清楚这些细节)，而总是喜欢在较大的图景上死缠不放，这种态度常常令手下做实验的学生们很窝火。他很清楚用他自己创制的机器究竟能得到点什么结果，实验的具体操作是学生们的事。这当然令学生们叫苦不迭，但他们心里也明白，要在化学物理领域取得一流成果，绝不会像野炊那样轻松愉快。但是，斯莫利那带有攻击性的态度确实也使一些学生变得过于谨小慎微，在他们自己首先彻底理解之前，他们往往不愿意和大家分享自己辛辛苦苦得来的那点数据。

克罗托终于在这个舞台上亮相了。他给围坐在咖啡桌旁的斯莫利、柯尔、希思和奥布赖恩作了一个非正式的专题报告，内容囊括他所知道的关于碳的一切：星际分子、氰基聚炔烃、星际漫射带、恒星以及碳灰。他还向他们讲述了关于 $HC_{33}N$ 的梦想。报告持续了 2 个多小时。结束之后，克罗托和斯莫利留在办公室里开始拟定实验计划。

漫长的讨论之后，他们去一家墨西哥餐馆共进午餐。这家名叫古迪公司的餐馆位于科比路上，从空间物理大楼开车去那里并不远。在美国，尤其是在休斯敦，出门的人很少有不坐汽车的。休斯敦或许已不像沃尔夫(Tom Wolfe)在他的《太空英雄》中描绘的那样是个“奇热无比而且还发着恶臭的污水塘”了，但是在 8 月的正午时分，这里的天气还是十分炎热潮湿的，没有空调护驾，你很快就会晕头转向。

星期五下午，克罗托与实验室里的学生们聊了聊，一来认认面孔，二来协调一下关系。一个星期以前，刘元和张清玲已经用石墨作了一些初步的实验。得出的质谱表明 $C_{60}$ 和 $C_{70}$ 中隐藏着某些十分有意义的东西，但它们似乎故意在和人捉迷藏。这些数据现在保存在软盘上的一个文件中。

碳原子团簇实验还不能立即重新上马。星期六，克罗托趁闲逛了逛休斯敦的市区，找找有没有减价书。这一趟他可没白走，这里大大小小的书店数不胜数，有些店专营珍本古籍。1985 年 9 月 1 日，星期日，克罗托和希思正式启动了他们的碳原子团簇实验。

希思和奥布赖恩都是使用 AP2 的行家。在实验开始后的头几天里，克罗托坐在实验室里仔细听了希思和奥布赖恩对仪器结构的详细介绍，并不断询问其中的细节。他想准确地知道机器里究竟发生的是什么过程，以便与他脑中的假想实验对照。

对克罗托来说，能在 AP2 上工作真是件让人兴奋的事。机器运行的时候，Nd:YAG 激光器以大约每秒 10 次的频率一开一关，发出尖利的嘶鸣和耀眼的绿色光芒，这些光经散射之后在实验室的墙上投下忽隐忽现的鬼影。此外还有激基分子激光器那急速而单调的喀喀声，以及真空泵和收集数据的电子仪器内冷却扇的嗡嗡声。

克罗托喜欢把实际操作的活留给学生们去干，自己坐在计算机前盯着不断积累的飞行时间谱，就像 1977 年他和埃弗里以及冈在阿尔贡金帕克天文台一起监视示波器的屏幕那样。占据了这样一个有利地形，他就可以根据刚刚结束的实验的结果来对下一次实验提出建议。学生们则一边转动 AP2 上的把手一边思索这些操作会给出什么结果。这种经验老到的实验学家所采用的交互式的工作方法，会激发学生们的创造性，迫使他们一边操作，一边思考操作可能带来的后果，这种方法既新颖又有成效。

星期天午后，希思和克罗托开始了他们的首次实验，实验中他们使用了氦气作为“载流”气体。一开始，他们除了埃克森小组已经报道的结果之外什么也没看到。可是让希思不解的是，小团簇和大团簇似乎在到达离子探测器之前就已经分开了。这表明这些团簇还没有充分冷却达到热能化，他决定在称为“积分罩”的喷嘴上延长一截，以此延长团簇发生碰撞的时间，从而使它们达到充分的热能化。

更换积分罩后，质谱上 $C_{60}$ 的信号稍有变化，它上升到 $C_{62}$ 信号的 8 倍左右。但 AP2 的工作仍不正常，所有的团簇信号都很弱。

次日一早，科学家们详细地讨论了前一天的实验结果，尤其是在

$C_{38}$以上只有偶数原子团簇这一结果，它与1年前埃克森小组在他们的论文中所报道的一模一样。他们还探讨了该如何解释这一结果。克罗托向大家阐述了他不相信碳炔解释的理由。在讨论的过程中，每个人都在努力想象AP2中发生的过程：气化激光如何把原子和网状石墨碎片抛出固体靶的表面，这些原子和石墨碎片又如何在潮水般的氦原子的冲击下飞旋、碰撞、黏合，然后被带到成簇区去形成……可是形成什么东西呢？

斯莫利对AP2能够形成的固态微粒的结构曾进行过深入的思考。他与柯尔和蒂特尔合作的一个基本目的，就是通过研究微观碎片的行为更深入地了解半导体材料的性质。这项工作中的一个中心话题是如何系紧“悬键”。

像所有的微观碎片一样，网状石墨碎片具有自己的边缘。边缘上的碳原子由于周围没有其他碳原子可与之成键，故含有一些未成键的电子。这些“松开”的电子具有化学活性，被称为“悬键”。

石墨由正六边形结构碳原子平面组成，这些平面的边缘也存在着悬键，这使它具有化学活性而变得不大稳定。在大块石墨中，这些悬键往往通过与氢原子成键而稳定下来。与此类似，四面体结构的金刚石，其边缘也有悬键，它们也可以与氢原子成键。但是在AP2的成簇区，并不存在可与团簇的悬键成键的氢气或其他活泼气体，除非你故意把它们加进去。团簇的这些悬键将成为化学反应攻击的首选目标。经验表明，那些稳定的分子结构一般都没有悬键。

要让这些悬键全部系紧起来，唯一明显的办法是形成某种封闭的结构，比如形成一个封闭的碳原子环。聚炔烃链会不会首尾相连地弯成一个圈，让一端的悬键与另一端的悬键系紧呢？正如罗尔芬、考克斯和卡尔多曾指出的那样，—C≡C—基至少可以解释第二个分布中为什么只有偶数原子团簇。

实验在傍晚时分重新启动。这次研究人员使用的载流气体不是氦而是纯氢。他们想看看能不能生成含氢的团簇。要想达到合适的成簇条件，用什么载流气体都无所谓。他们所以使用具有化学活性的纯氢，是想看看能不能像埃克森小组用钾原子所做的那样，在长碳链的两头接上 2 个氢原子。结果他们发现，那些较大的偶数原子团簇的信号变得更突出了，但他们同时也看到了结构可能为 $H(C\equiv C)_nH$ 的长链分子，其中 $n$ 为 6—20。这至少证明，在我们想象中的富碳红巨星的外层大气中，确实有可能形成某些聚炔烃。

有待核查的事情还很多，他们必须确保观测的结果能真实地反映仪器内部发生的化学过程。对于像 AP2 这样复杂的大型机器，其输出结果与分子本身行为的关系是十分间接的，甚至看起来风马牛不相及，在这种情况下，研究人员很容易被一些假象所愚弄，认为已经看到了所要观测的东西。他们核查了改变偏转板的电压的效果，这一电压控制着飞行时间质谱仪中离子飞越的时间。然后他们核查了电离信号与 Nd:YAG 激光器和激基分子激光器功率的关系，以及改变激基分子激光器工作波长的效果。接着，他们又核查了改变这两台激光器点燃时间间隔的效果。另外，他们还核查了改变 Nd:YAG 激光器点燃与载流气体阀门打开之间的时间间隔的效果。

这些实验得到的质谱表明，偶数原子团簇基本上不受影响，这说明它们与氢原子反应的活性远不如那些较小的团簇。这不难理解，因为在那些较大的原子团簇中，悬键可能已经以某种方式系紧了。尽管 $C_{60}$ 的信号仍然看不出有什么特别的地方，但在前一天的实验中，克罗托和希思已经注意到了它的异常行为。希思决定在 AP2 工作日志上作点说明。

在所有这一切进行之际，斯莫利和柯尔正忙着其他事情。他们都有许多其他职责，而且还有许多其他项目和学生要他们管。克罗托常常和柯尔一起回家吃午饭。每隔一段时间，斯莫利和柯尔就会来实验室瞧瞧实验的进展。大多数的组内讨论都在斯莫利的办公室里进行。如果方便，克罗托会把几轮实验下来的计算机输出结果收集起来，复制几份，订成备忘录。这将是小组讨论的焦点。

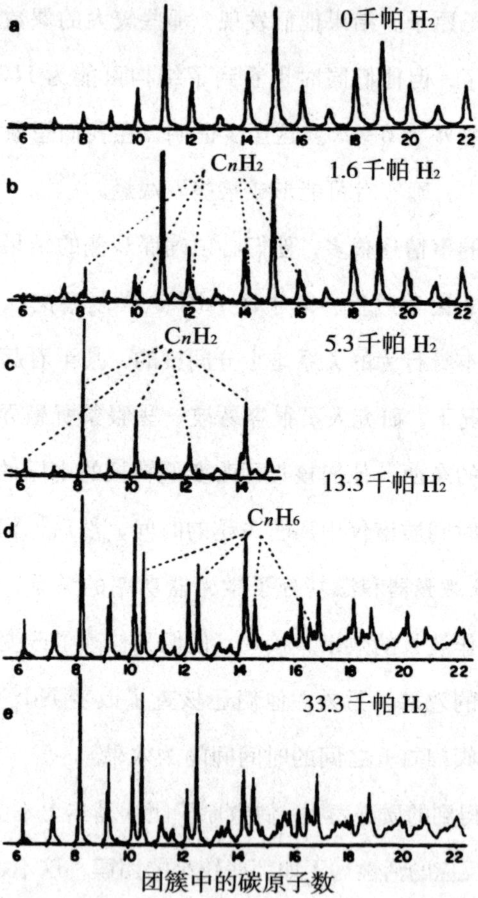


图 4.1

在 AP2 的载流气体（氦气）中引入一些像氢这样的活泼气体将在质谱上产生明显的 $C_{2n}H_2$ 团簇信号。据推测，它们具有 H—(C≡C)$_n$—H 类型的线性链状结构。(a)没有掺入氢气时，只能看到碳原子团簇，这张谱显示了 $C_6$ 到 $C_{22}$ 之间的团簇。(b)和(c)增加氢气的比例将增强与 $C_{2n}H_2$ 团簇对应的“伴线”信号。(d)和(e)进一步增加氢的比例将产生 $C_{2n}H_2$、$C_{2n}H_6$ 和 $C_{2n}H_{10}$ 团簇的信号。

斯莫利对这些工作还是兴味索然，尽管大团簇的行为让他颇为着迷。柯尔则有点失望，因为克罗托似乎更热衷于用AP2制备聚炔烃和氰基聚炔烃，而柯尔则希望用共振加强双光子电离技术测量纯碳原子团簇的吸收谱，看看和星际漫射带是否对应。而克罗托觉得，光谱测量是第二位的，而且双光子电离实验也没那么容易做，他们应该首先处理那些比较简单的实验。说到底，他觉得道格拉斯1977年提出的设想还有漏洞，它并不是那么诱人。

在工作的过程中，克罗托渐渐认识了斯莫利的学生。他们在实验室里同甘共苦，有时一直加班到深夜。克罗托发现，希思也十分喜爱读书和藏书，他手上有数量可观的吉卜林(Rudyard Kipling)的首版著作。如果实验允许，希思和克罗托常溜出实验室去“村子”里逛书店。说是村子，其实这里是离赖斯校园不远的一片小型商业区，四周分别是布尔瓦大学、科比路、莫宁赛德和坦格拉伊。

希思还是一名出色的乐手，会弹吉他、钢琴和一些其他乐器。克罗托在学生时代吉他也弹得不错，他偶尔还能在各种乡间俱乐部里露一手。但克罗托主要的业余爱好始终是平面造型艺术，实际上，如果在兰开夏郡上学时能在图形、设计或建筑方面受点专业指点的话，年轻的克罗托就不会成为一名科学家了。

克罗托与奥布赖恩也建立了深厚的友谊，他们有一个共同爱好：宗教争论。奥布赖恩是一名虔诚的天主教徒，而克罗托则是一个坚定的无神论者。他们常常一连几个小时沉浸在激烈的神学争论中，其乐趣一点也不亚于搞科研的时候。在漫长的实验室工作结束之后(有时要持续到凌晨两三点钟)，克罗托、希思和奥布赖恩常一起去科比路上一家叫做“馅饼之家”的小店吃夜宵，这里24小时供应馅饼和咖啡。他们在这里谈天说地，内容涉及艺术、书籍、音乐、科学、宗教，咖啡一杯接着一杯，似乎永远没个完。

这种让人精疲力竭的紧张日程对三位科学家来说并不陌生。要让这么精密的激光实验成功地实施，你必须对那些复杂的(而且常常喜怒无常的)设备全身心地投入。尽管激光器由厂商提供，但它仍不时需要护理。各种抽气泵、阀门、采集数据的电子仪器，以及计算机都有可能出现莫名其妙的故障，而且一旦发生这些故障，实验就得暂停。就算实验进行得一切正常——激光脉冲特征正确，点燃适时，阀门正确开启，真空条件良好，电子仪器和计算机工作正常，你也不能仅仅因为还没吃饭就擅自离开。

星期二，刘元花了一整天时间修改计算机程序里的一些错误。实验在星期三下午 5 点多重新开始。这回载流气体用的是氮气，他们想看看能不能得到两头带 2 个氮原子的碳原子链。实验没有给出他们希望的结果。但是当他们在 6 点多钟重新用氦气做实验时，竟获得了一个十分惊人的结果：质谱上现在几乎只剩下了 $C_{60}$ 和 $C_{70}$ 的信号。在埃克森小组的质谱上，$C_{60}$ 和 $C_{70}$ 信号在背景上只是稍稍冒个头。他们前几天看到的质谱也基本如此，尽管 $C_{60}$ 的信号有点怪。而在克罗托、希思、奥布赖恩、刘元和张清玲眼前的这张质谱上，$C_{60}$ 的信号至少比 $C_{62}$ 的信号强 30 倍($C_{60}$ 的信号仍然是溢出的)，$C_{70}$ 的信号也很显著。在 AP2 工作日志上，刘元写道："$C_{60}$ 和 $C_{70}$ 非常强。"这个结果太让人吃惊了，他们当即重新测量了一遍。其实，AP2 在几天前就显示过这类结果了，只是科学家们现在才如梦初醒，注意到它的存在。

克罗托把这张谱与那天得到的其他质谱订在一起。次日一早，他在小组会议上与柯尔和斯莫利讨论了这一结果。在他自己的那份质谱上，他在左上角标上了实验的日期、条件("He/$C_n$ 重复")以及观测

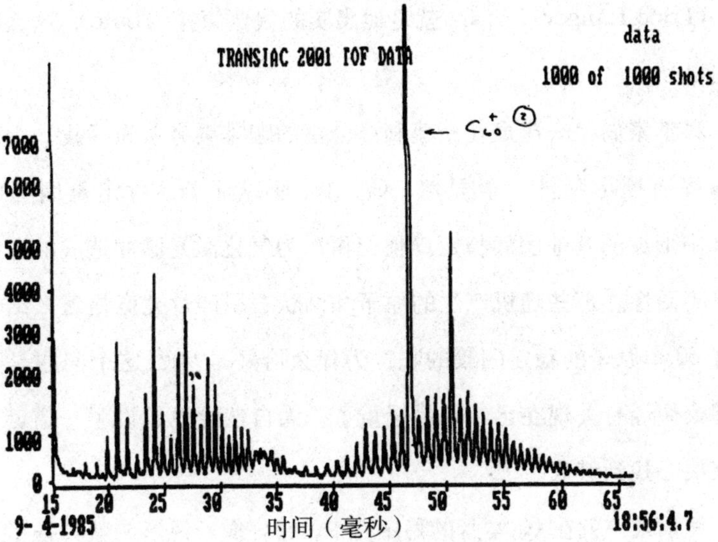


图 4.2　AP2 的飞行时间质谱

该谱记录于 1985 年 9 月 4 日，克罗托在上面作了注记。这张谱还没有从飞行时间（单位为毫秒）换算成团簇的大小。但 47 毫秒附近的强峰对应于 $C_{60}^+$，次强峰对应于 $C_{70}^+$，正是这张谱引起了科学家们的注意。

结果“$C_{60}$ 巨大”、“$C_{70}$ 也很大”。在 $C_{60}$ 强峰旁边，他画了一个箭头，写道“$C_{60}^+$？”，究竟发生了什么呢？

这个古怪行为激起了一场生动的讨论。现在斯莫利对克罗托真是亦步亦趋。克罗托喜欢把这些团簇叫做碳原子“卷”（wadge），这已经成了他的习惯，斯莫利似乎也染上了这个毛病，开始把 $C_{60}$ 叫做“卷母”（mother wadge）。而它在质谱中所占据的至高无上的地位让克罗托又起了另一个名字“卷王”（Tod wadge）。类似的交流还有不少，其中某些灵感还要感谢皮东（Monty Python）飞行马戏表演特有的幽默，他们的节目在美国公共电视网上没完没了地重复，克罗托从中获得了莫大的乐趣。但是，$C_{60}$ 并不是独来独往。尽管 $C_{60}$ 的行踪飘忽不定，不可预测，但是那个比它小得多的小兄弟 $C_{70}$ 时时随着它，十分忠诚。出于对孤星州民间传说的敬意，克罗托把 $C_{60}$ 叫做“孤胆骑侠”(Lone Ranger),而 $C_{70}$ 就是他忠实的伙伴唐托(Tonto),这么叫倒也挺贴切。

科学家们又一次聚在斯莫利办公室的咖啡桌旁,为寻找一个可能的解释而绞尽脑汁。很显然,$C_{60}$ 信号所以显著,肯定是因为它比 AP2 中形成的其他团簇稳定。他们再次为气化激光脉冲造成的混乱世界拼凑图像。那些随机产生的原子和网状石墨碎片究竟是怎么结合成刚好 60 个原子的稳定团簇的呢?为什么恰好是 60?这个问题是否与氰基聚炔烃有关现在已经无足轻重了。大自然给他们设了一道谜,科学家决心找到谜底。

线索或许就在 $C_{60}$ 本身的稳定性中,它好像一经形成就具备了抵制外界物理或者化学侵扰的能力。在 AP2 中,它或许正是以牺牲其他团簇的代价幸存下来的。如果是这样,它一定具有非同寻常的结构。

克罗托猜测,这样一个 60 个原子的稳定团簇会不会是由 4 块网状石墨碎片一层层叠起来的。在这个三明治状的结构中,中间 2 层碳原子平面由 7 个六边形组成,各含 24 个原子。它的顶层和底层各有 1 个六边形:整个结构正好 60 个原子,总的来说呈球形。在这个结构中,每一层的边缘仍然有悬键,这还是个问题,但克罗托猜测,如果层与层之间靠得比较近,这些悬键的化学活性或许会大打折扣。

这个想法确实很精辟,但大家都觉得没有悬键的结构才最稳定,如果真能找着这样的结构的话。当然,闭合的环就是这样一种结构,但他们想不通,一个 60 个原子的环为什么会比大于它和小于它的“堂兄堂弟们”都稳定,这无论如何也说不过去。

按照同一思路,他们猜测是否可以把一块网状石墨碎片弯过来,让边缘上的悬键一一键合,形成一个闭合的笼子——或许是一个球——一个完全由六边形面构成的封闭结构。这可能吗?这有点像离

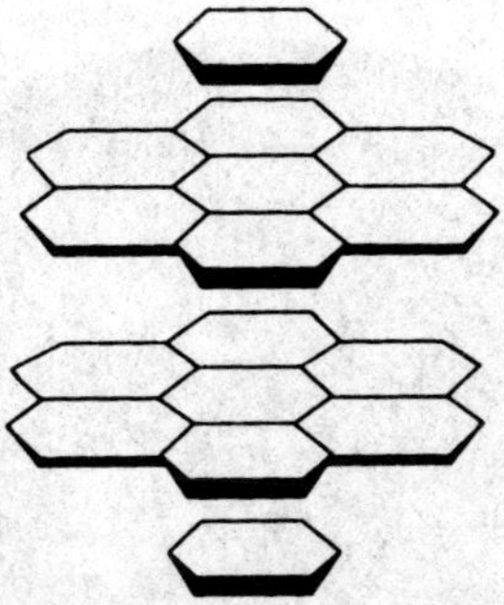

图 4.3　克罗托为 $C_{60}$ 设想的平展三明治结构

这个结构由 4 层网状碳原子平面组成，以 $C_6$ : $C_{24}$ : $C_{24}$ : $C_6$ 方式叠在一起。科学家并不认为这一结构是最佳选择，因为在它每一层的边缘上都有悬键。他们一致认为，$C_{60}$ 最稳定的结构中不会有悬键。

经叛道的发明家和建筑师巴克明斯特·富勒(Richard Buckminster Fuller)设计的“网格球顶”，这种设计在 20 世纪 50 年代和 60 年代曾风行一时。

克罗托还清楚地记得，1967 年在蒙特利尔举行的世界博览会上，他曾在一座这样的建筑中来回溜达。这座建筑是当时的美国展馆，它的外形看上去像一个四分之三球面，它是当时最大的富勒式球顶。那时，克罗托还是一名博士后，即将结束在加拿大和美国为期 3 年的研究返回英国，去苏塞克斯大学担任讲师。他记得当时他一面推着童车中的儿子斯蒂芬(Stephen)，一面在这个大球顶里面来来回回地参观展品。据他回忆，这个球顶完全由六边形构成，就像石墨网状结构中的六边形一样。$C_{60}$ 会不会也是一个网格球呢?

可惜的是，这些科学家谁也不熟悉富勒网格球顶的设计原理，没人有把握说出那些六边形是怎么拼在一起的。但是，克罗托想起他曾经给他的孩子们做过一个网格球顶“星穹”模型。它其实是一张球形的夜空图，是用买来的一个硬纸板盒做成的。他觉得这个多面体上不光有六边形面，还有五边形面，但是不知道它是不是刚好有 60 个顶

图 4.4　网格球顶

富勒为1967年蒙特利尔世博会美国馆所设计。这是一个四分之三球面，高61米，直径76米。

点。这个模型一直没扔，好像塞在一个旧的复印机箱子里。

他们还是拿不定主意，但是不对网格球面的基本属性有进一步了解，要想得出有价值的结论谈何容易。他们决定把实验继续下去，但时刻留意 $C_{60}$ 的行为，以期发现进一步的线索。

现在，一旦看到 $C_{60}$ 的信号特别强，AP2 工作日志上就会多上一条特殊的记录。他们先用氮气作了实验，这回他们发现较小的团簇确实可以形成含氮的碳原子链。质谱明白无误地证明了像 $C_{20}N_2$ 这样的团簇的存在。他们认为这些团簇的一般结构为 $N\equiv C—(C\equiv C)_n—C\equiv N$。

克罗托终于为自己找到了答案。4 年前克罗托在皇家化学会法拉第部的报告中提出的设想，在斯莫利的团簇发生器上仅仅花了 4 天工夫就得到了证实。在适当的条件下，碳原子链确实可以与氢和氮结合，形成 H—$(C\equiv C)_n$—H 分子和 N≡C—$(C\equiv C)_n$—C≡N 分子，这离氰基聚炔烃 H—$(C\equiv C)_n$—C≡N 只有一步之遥。这些实验表明，70 年代末到 80 年代初在星际空间中发现的长链氰基聚炔烃，可能正是来源于像 IRC + 10° 216 这种寒冷的富碳恒星。如果克罗托能制备出这些分子，并且设法测出它们的微波谱，他就可以在太空中寻找它们的踪迹了，或许他还可以扩大星际分子家族的阵容呢！看来，尽管 $C_{60}$ 的奇异行为曾让他兴奋不已，克罗托对他的 $HC_{33}N$ 之梦还是不能割舍。

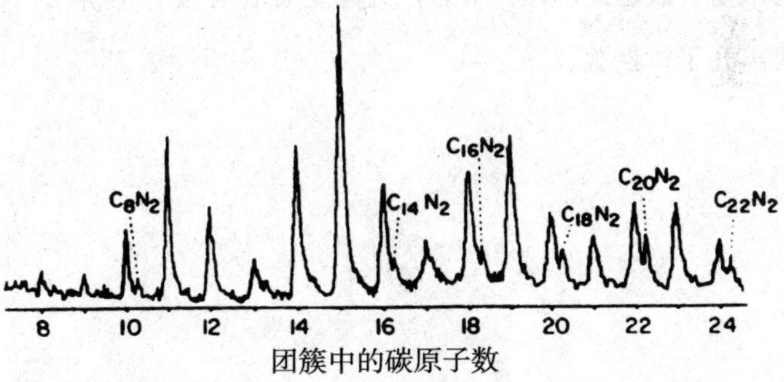


图 4.5

在 AP2 内的载流氦气中掺入氮气将形成通式为 $C_{2n}N_2$ 的团簇。据推测，它们具有 N≡C—$(C\equiv C)_n$—C≡N 型的线性链状结构。这一结果连同用氢气所做的实验的结果，为氰基聚炔烃起源于富碳红巨星外层大气这一设想提供了强有力的支持。

氮气实验结束后，他们在星期五上午又用氧气做了实验，目的在于看看能不能形成通式为 $C_nO$ 的团簇。在飞行时间质谱上，除了 $C_{60}$ 附近的一个信号他们觉得是 $C_{60}O$ 之外，别无其他含氧团簇的信号。

在星期五下午的小组会议上，他们讨论了下一步的研究计划。看来，较短的碳链与氢和氮的反应前景十分光明，甚至有可能再稍稍使把力气就可以告一段落了。克罗托也已经达到了他来休斯敦的目的。但他们一致认为，$C_{60}$的惊人行为似乎还预示着别的希望，它与克罗托原先的实验目的毫无关系。$C_{60}$的古怪行为值得进一步追究。他们再次讨论了三明治结构、环状结构以及网格球顶。斯莫利建议克罗托去学校图书馆查阅有关富勒的书，看看能不能找到更多关于球顶的内容。但这是办不到的，作为一名临时访问者，克罗托没有借书卡。

克罗托打算下个星期二回英国，柯尔提议周末加个班，看看$C_{60}$究竟有多特殊。希思和奥布赖恩都答应加班，而克罗托已决定去达拉斯度周末——去逛美术馆、书店，尤其是看看有没有半价书。他在那天深夜离开了休斯敦。

# 第五章　巴克明斯特富勒烯

赖斯的科学家们必须弄清楚 $C_{60}$ 的行踪为何如此捉摸不定。它似乎有自己的意志，来来去去全由它的脾气。当然，分子绝不会有自己的意志，它们必须服从化学和物理规律。在实验者提出的呆板的、不容含糊的问题面前，它们必须作出可预见的回答。那些捉摸不定的因素一定出自某个或者某些实验环节上，比如激光脉冲的能量、石墨靶的老化，或者是阀门开启与激光器点燃之间的时间间隔等等。这些环节比起其他环节来更难控制。如果不知什么原因 $C_{60}$ 的形成恰好对这些因素十分敏感，那么质谱上就很难重复地出现 $C_{60}$ 的信号了。而如果学生们能找出这个关键因素，并且设法把它固定下来，复现 $C_{60}$ 信号就不难了，说不定还可以进一步使 $C_{60}$ 信号更强呢！

星期五晚上，奥布赖恩独自开始了工作。他首先核查了 $C_{60}$ 信号对石墨靶老化（以及该靶从激光脉冲中接受的辐照量）的敏感程度。如果脉冲在靶面上造成的小坑里真的形成了什么，而在随后的实验里石墨靶又恰好转到了这一点上，那么仔细观察质谱的变化就能揭示其中的联系。奥布赖恩比较了同一块靶经1次、2次和3次实验后得到的质谱。尽管在这些谱上$C_{60}$信号与$C_{62}$信号的比值都很大（约30倍），但看不出它与靶的老化程度有什么关系。

下一个要检验的因素是气化激光器的功率。奥布赖恩把一块新的石墨靶装进AP2，开始手动地调节激光器的功率，观察$C_{60}$信号如何响应。他发现，$C_{60}$信号开始急剧上升的阈值功率比其他团簇低一点。在他的实验条件下，$C_{60}$信号大约在脉冲能量超过40毫焦时开始上升，而其他团簇要到50毫焦才开始上升。当脉冲能量为40毫焦时，$C_{60}$信号大约为$C_{58}$的30倍，这本身就十分引人注目，而当脉冲能量升至100毫焦时，$C_{60}$信号就只有$C_{58}$信号的2倍左右了。

但这显然还不是问题的全部症结所在。尽管Nd:YAG激光器的功率已控制得十分精细，$C_{60}$信号仍表现得反复无常。脉冲能量当然是有些效果，但显然还有其他因素在起作用。尽管如此，奥布赖恩还是带着几分满足关掉了AP2。毕竟，他已经排除了一些比较明显的因素，而且首次看到了控制$C_{60}$信号强度的一线曙光。

第二天，希思接过了奥布赖恩手中的接力棒。似乎是为了显示他有备而来，他在工作日志新的一页上端写道："为什么是$C_{60}^{+}$？"黎明时分，奥布赖恩停下了手中的活，向希思交待了前一天夜里的进展情况，然后离开了实验室。希思重复了奥布赖恩的实验，发现改变激光功率果然会影响$C_{60}$信号的相对大小。

尔后，希思的注意力转向气化激光在靶面上形成的那团等离子体所受的氦气压强上。这个压强可以在阀门开启之前，通过改变初始装填的氦气压强（即"背压"）来控制。简单一点，你可以在实验的过程中关掉向机器供应氦气的气罐阀门，观察氦气压强下降时飞行时间质谱会发生什么变化。

问题终于有了个眉目。随着压强的下降，团簇分布发生急剧的变化。压强越高，越容易形成较大（大于 $C_{40}$）的团簇。这并不奇怪，碰撞越频繁（因此压强越高），原子就越容易形成团簇。

接着，希思更加系统地改变背压，研究了它对 $C_{60}$ 和 $C_{62}$ 信号强度比的影响。这个实验很能说明问题。背压较低时，$C_{60}$ 和 $C_{62}$ 信号的强度比也较小。随着压强的上升，这一比值将显著地增大。因此，$C_{60}$ 的形成对成簇条件十分敏感，氦气压强越高，和周围其他团簇相比它就越容易形成。奥布赖恩前一天夜里得到的结果，现在可以看作是成簇区的气体压强受激光功率影响的结果。如果激光功率很高，气体将吸收大量能量发生膨胀，从而降低氦气在成簇区的局部密度，这显然对 $C_{60}$ 的形成不利。

与之相关的其他因素还有阀门开启与激光器点燃之间的时间间隔。如果增加碰撞频率真的能促进 $C_{60}$ 的形成，那么这个时间间隔也将是至关重要的。随着实验的进行，希思越来越兴奋。如果这个时间间隔太长，以至于在石墨气化之前，氦气流已大部分通过了靶面，那么 $C_{60}$ 信号和 $C_{62}$ 信号就不会有多大差别了，这时的质谱实际上与罗尔芬、考克斯和卡尔多他们报道的谱十分类似。而如果这个时间间隔比较短，从而在激光点燃时靶面上的氦气压强正处在峰值，$C_{60}$ 信号将上升到 $C_{62}$ 信号的 30 倍以上，得到一张 AP2 此前曾多次展示过的质谱。这就是 $C_{60}$ 的信号为何如此捉摸不定的原因。它对 AP2 内的成簇条件十分敏感，而这一条件又与激光器的功率、背压以及阀门开启到激光器点燃之间的时间间隔等一系列因素有着复杂的相互关系。经推理，希思认为，如果增加碰撞频度能促进 $C_{60}$ 形成的话，那么延长碰撞的时间也可以达到同一效果。

团簇主要在成簇区形成。经碰撞冷却至室温的碳原子和分子尺寸的石墨碎片将在这里结合，然后再以超音速通过一个喷嘴在真空中膨胀。如果延长成簇区的长度，碰撞的机会将增加，就有可能形成更多的$C_{60}$团簇。希思的推理一点也没错。星期天，当他把喷嘴延长之后，$C_{60}$的信号立即超过了$C_{62}$信号的30倍。这时，他开始意识到，他们发现的可能是某种人们从未料到的而且非常非常重要的全新现象。

希思一发而不可收。他用延长了的喷嘴又研究了这些团簇与氧的反应，实验中他系统地调节了载流氦气中氧的含量。他首先看到了$C_{60}O$和$C_{60}O_2$形成的证据，随着氧含量的上升，他在质谱上看到了一大堆含氧团簇的信号。另外，他还研究了这些团簇与氮和氢的反应。

克罗托于当天晚上回到了实验室。希思向他展示了他得到的结果，克罗托看后十分兴奋。希思的结果表明，$C_{60}$信号是可控制的、可重复的，因此它不会是实验中的偶然因素造成的。一种全新的碳分子，甚至是一种全新形态的碳，就这样以出人意料的方式，在这台团簇束流发生器中诞生了。

$C_{60}$的信号还能不能再提高呢？希思将积分罩装回AP2，为团簇形成创造了最佳条件。星期一清晨，就在小组成员照例来斯莫利办公室碰头之前，希思用改装的AP2匆匆地做了一个实验。实验结果简直难以令人置信：$C_{60}$信号现在有$C_{62}$的40倍高，除了一个小的$C_{70}$信号之外，质谱上几乎只剩下$C_{60}$这孤零零的一个峰，其他团簇几乎都不见了。这个结果与氰基聚炔烃有没有关系已经不重要了，因为现在唱主角的已经变成了这个孤胆骑侠。

斯莫利将它称为“旗杆”谱。以前的质谱上有一大堆碳原子团簇信号，而如今质谱的特征却如此鲜明，就像一根没有挂旗的光旗杆。

小组成员们围在斯莫利办公室的咖啡桌旁，被这张谱惊呆了。显然，$C_{60}$之所以会这么突出，一定有它独特的地方。60肯定是某种“幻”数，但是为什么会这样呢？

科学家们把他们知道的东西在脑子里又从头至尾过了一遍。通过增大背压、优化激光器的点燃时间、延长成簇区，$C_{60}$的信号增强了，但除了那个忠实的$C_{70}$之外，$C_{40}$到$C_{120}$的其他团簇信号却随之减弱了。实验条件的所有这些变动只不过增加了团簇在发生超音速膨胀前与氦原子的碰撞机会。

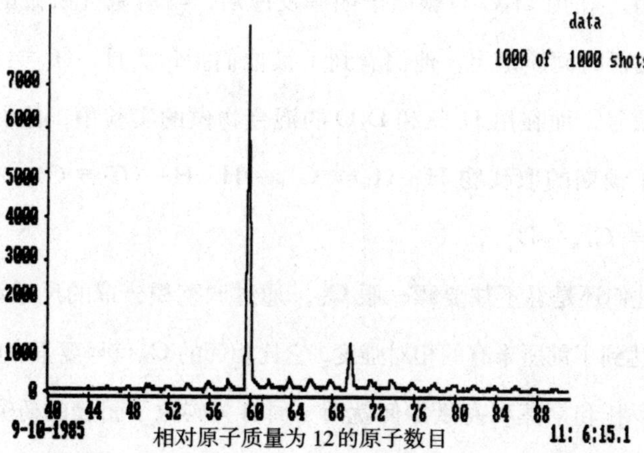


图5.1 “旗杆”谱

这是9月10日星期二那天记录到的。通过调整气化激光器点燃的时刻，并适当延长成簇区的长度，AP2内的团簇形成条件已进行了优化，由此得到的质谱令人震惊，质谱上几乎只有$C_{60}$这孤零零的一个峰，那个忠实的$C_{70}$也相当明显。这个结果验证了科学家们上个星期看到的结果：$C_{60}$必然有它特殊的地方。

结论很明显。只要有机会，碳原子团簇总是优先向$C_{60}$方向发展（也会形成一定的$C_{70}$）。那些在非最佳条件下形成的其他团簇不知为什么总是不如$C_{60}$稳定。这些团簇在进一步的碰撞下，或者继续生长，或者分崩离析。而$C_{60}$一旦形成似乎就有了天生的免疫力。因此，$C_{60}$的结构必有某些特殊之处，使它格外稳定，既不能进一步生长，也不会在氦原子的轰击下分裂。

他们的讨论越来越热烈。这种东西的结构究竟是个什么样子？是一系列平展石墨层，是一个碳原子环，还是一个网格球？奥布赖恩开始厌倦这没完没了的争论，他急于想回到砷化镓的课题上去。

克罗托、希思和奥布赖恩回实验室又做了些进一步的实验。这回他们研究的是较小的碳原子团簇与水($H_2O$)以及重水($D_2O$)的反应。他们在实验中也使用了积分罩。实验结果为聚炔烃的形成提供了强有力的支持。在用 $H_2O$ 与碳原子团簇反应时，与用氢气所做的实验一样，在飞行时间质谱上，他们看到了被他们指认为$H—(C\equiv C)_n—H$团簇的信号。而在用 $H_2O$ 和 $D_2O$ 的混合物做的实验中，他们则进一步看到了预期的取代物 $H—(C\equiv C)_n—H$，$H—(C\equiv C)_n—D$ 以及 $D—(C\equiv C)_n—D$。

但他们还是忍不住要瞟一眼 $C_{60}$。通过调整积分罩的尺寸和形状，$C_{60}$信号达到了前所未有的相对强度，它比相邻的 $C_{58}$信号要强 40 多倍。

克罗托和斯莫利商量如何就前一周有关碳原子团簇的研究写篇文章。斯莫利觉得，他们关于碳原子链与氢和氮的反应的结果已经足以说明在 IRC+10°216 这种富碳红巨星周围膨胀的气体尘埃壳中，长链氰基聚炔烃至少在原则上是可能形成的。他们在文章中将考察这些结果，文章准备寄给《天体物理杂志》。

斯莫利觉得 $C_{60}$ 的事情，尤其是那个“旗杆”谱也值得发表。但是，作为《化学物理快报》的一名顾问编委，斯莫利知道任何一个审阅这样一篇文章的人肯定都会把稿子退回来，让作者就这种分子可能的结构说点什么。因此，如果拿不出什么设想，他不想把稿子送出去，克罗托也认为应该这样。但反复讨论之后，他们还是想不出有什么可能的结构。

斯莫利决定去学校的图书馆，看看关于富勒的网格球顶有些什么书。最后，他把马克斯(Robert W. Marks)写的《巴克明斯特·富勒的 Dymaxion 世界》*借了出来。这本书出版于 1960 年，书里有许多插图和照片，而且还专门有一节很长的关于球顶的内容。小组成员再次聚到了斯莫利的办公室里。

不可思议的是，在书中那么多照片里，引起斯莫利注意的恰恰是那幅没有明确体现球顶设计根本要素的照片，而这一要素足以帮助他们立刻揭开 $C_{60}$之谜。翻翻书中哪怕是任何一幅其他照片都会为他们提供苦苦寻找的线索。不幸的是，他们的眼睛一直死盯在一张半球形的球顶照片上。这个球顶是联合罐车公司 1958 年在路易斯安那州的巴吞鲁日建造的。它看上去好像完全是由六边形构成的。

这张照片似乎告诉大家六边形结构的网确实可以拼接出一个封闭的结构。但联合罐车公司的球顶太大，上面的六边形太多，因此 60 为什么是这样一个幻数，仍然没有什么线索。大家讨论了一整天，却一无所获。

克罗托隔日就要踏上回英国的飞机了，因此，他邀请曾与自己一起紧张工作的小组成员们参加一个告别晚宴。克罗托、斯莫利、希思和他的妻子卡曼一起来到了科比路上的古迪公司。柯尔和奥布赖恩这晚因为有其他事没能赴宴。

整个晚宴上的话题只有一个： $C_{60}$究竟是个什么样子？是网格球面吗？60 这个数为什么如此特殊？他们反反复复地在这些问题上兜

---

* Dymaxion 指富勒最大限度利用能源、以最少结构提供最大强度的建筑设计思想。——译者

圈子，寻找 $C_{60}$ 神秘结构的线索，要揭开披在这个孤胆骑侠身上的神秘外衣。他们讨论了平展结构、环形结构、悬键以及富勒式球顶。他们在饭店的餐巾纸上画出各自的想法，逐个进行讨论。克罗托再次提起他在苏塞克斯的家中的那个硬纸板星穹模型，并提到这个模型上也有五边形的面，但所有这一切讨论仍然毫无结果。

图 5.2　富勒式球顶

联合罐车公司在路易斯安那州巴吞鲁日建造的富勒式球顶，它于 1958 年 10 月落成。其内部是一间汽车大修厂。这个球顶直径 117 米，高 35 米，是当时最大的无支撑结构。它看上去完全由六边形所构成。

晚宴过后，大家离开了这家饭店。克罗托又回到了实验室，他想在回英国之前为揭开这个谜作最后一搏。他找了找斯莫利借的那本马克斯的书，但没找到。

回到柯尔家里，克罗托向柯尔再次提起那个星穹模型。他想是不是该给妻子玛格丽特去个电话，看看她能不能在电话上描绘一下这个模型的形状，并且数一数它有几个顶点。但是，柯尔劝他最好别这样，现在苏塞克斯已是星期二的黎明，犯不着为一些徒劳无益的事打搅克罗托夫人的好梦。在柯尔看来，说那个星穹模型恰好具有60个顶点也未免太牵强了。克罗托没有再坚持。他对柯尔一家的款待，还有柯尔为落实碳原子团簇实验所付出的努力一直心存感激。而且，对于一个英国人来说，越洋长途旅行的费用也不是一笔小数目。

希思和妻子回实验室关掉了AP2。他们也想揭开这个谜。在回家的路上，他们在路边一家杂货店买了一些牙签和一大堆粘熊软糖。这种软糖被做成孩子们喜欢的卡通人物的样子，它们是由传统的果冻娃娃软糖演变而来的。

回到家里，他们坐下来试着用60个粘熊和一些牙签搭成一个球。粘熊代表碳原子，牙签代表连接碳原子的键，但这是白费功夫。他们先用粘熊摆出一个与石墨中类似的六边形，然后试着搭出一个封闭的结构，但怎么也办不到，整个结构就是连不到一块去。他们又试着在结构中加入一些3个原子的环来减轻结构的张力，但照样无济于事。他们断定六边形肯定搭不出封闭的结构，肯定少了什么东西。

斯莫利饭后也回了家，他住在草原新区，离城还有一段路。和克罗托、希思一样，他也深深地陷在了这个问题里。他先是坐在家用计算机前，试着在屏幕上画出各种三维图形。他嘴里骂骂咧咧地连着干了几个钟头，但事情毫无进展。最后，他干脆放弃了这种高技术手段，改而用纸片、黏胶带、剪刀做起手工来。他拿来一叠纸，用尺子和铅笔在上面画出一系列相同的正六边形，边长大约3厘米。然后把它们剪下来，用黏胶带粘在一起，想做成一个封闭的结构。

但这还是没有用。他把一些六边形边对边地粘在一起，结果只能得到一张平展的面，正如在石墨结构中呈六边形排列的碳原子组成的是一张平展的原子平面一样。斯莫利只好把这些六边形交叠上一部分，强迫整个结构往上翘，这样才能让它变形成一个弯曲的面。这是在自欺欺人，在碳原子团簇中，哪会有这种交叠，但斯莫利现在已经顾不了那么多了。他一点点地加大随后各个六边形的交叠程度，总算得到了一个像盛色拉的碗一样的东西。这至少看上去有点希望了。但就在他继续往边缘上添加六边形时，他碰到了真正的麻烦。这个纸做的色拉碗的边上只能再放 5 个六边形，无论如何也放不下第 6 个。这可就讲不通了，他既不能在结构上留下 1 个空档，又不能把 1 个六边形硬塞在剩下的那块地方上。因此，就算是自欺欺人，用六边形也搭不出 1 个球面。他垂头丧气地把这个纸做的结构揉成一团扔进了垃圾箱。

时间已过午夜，但斯莫利还是睡不着。他从厨房冰箱里找出一瓶啤酒，就在他漫无目的地一口一口啜啤酒时，他忽然回想起白天与同事们讨论时的只言片语。他想起克罗托曾提起用硬纸板给孩子们做的星穹模型。克罗托当时说过什么来着？噢！就是它——五边形。克罗托说那个模型上不但有六边形，还有五边形。

石墨结构里面并没有五边形，但含有五边形碳原子环的有机分子却多的是。斯莫利再次坐到他的办公桌边，这一回他除了六边形之外，还剪了一些五边形，并留心让它们的边长一样。

他重新忙乎起来。这回他由 1 个五边形开始，在它的每个边上他粘上了 1 个六边形。这回他用不着自欺欺人了，这个纸做的结构自动向上弯曲形成 1 个碗的样子。斯莫利迅速剪下更多的五边形和六边形。他忽然感到自己或许已经发现了什么。随着这个结构慢慢成形，斯莫利发觉实际上这种 1 个五边形周围环绕 5 个六边形的组合模式在整个结构上是可重复的。

在这个碗形结构的边缘上，他相间地添加了 5 个五边形和 5 个六边形，从而形成一个半球状的东西。现在既用不着自欺欺人也不会留下令人尴尬的空档了。他数了数五边形和六边形的角，也就是这个结构的顶点的数目。在碳原子团簇中，这些顶点就是碳原子所在的位置。他数出共有 40 个顶点，但这时他手上拿的实际上已不止是半个球。因为他每次添加的都是一个完整的五边形或六边形，它们当中已经有一部分伸到“赤道”线上面去了。斯莫利算出真正的半球面应该有 30 个顶点，不多不少正好是幻数 60 的一半，他的心跳加快起来。

他迅速地添上更多的五边形和六边形，并始终保持每个五边形面的周围环绕 5 个六边形面的模式。就这样加上 2 排五边形和六边形之后，整个结构几乎就要封闭了，留下的空档正好是 1 个五边形的形状。就是它！12 个正五边形和 20 个正六边形，他获得了一个完美的球形结构。它太漂亮了，肯定就是问题的正确答案。它就是 $C_{60}$ 的结构，错不了。

就斯莫利他们这帮人所知，从没人提出过由 60 个碳原子可以构成如此完美的球笼结构，甚至可能连想都没想过。他手中拿的模型是分子结构领域一个全新的概念。它没有悬键，因此在物理上十分稳定。别看这个纸质模型表面上十分脆弱，当他把它扔向地板，它弹了起来。在这个结构中，不管你添加还是去掉原子都会破坏它完美的对称性。60 所以是一个幻数，就是因为它是唯一能够形成一个球面的原子数。

第二天早上，在开车去赖斯校园的路上，斯莫利打电话把他的发现告诉了柯尔。在柯尔家的录音电话上，他留了个消息，向他描绘了他找到的那个无懈可击的答案，并让柯尔通知小组其他成员到他的办公室碰头。斯莫利一走进办公室，就把那个纸球扔在了咖啡桌上。桌旁围着克罗托、柯尔、希思和奥布赖恩。克罗托大喜过望，这个结构实在太漂亮了。他同时也在为自己的话得到验证而心满意足。在他的脑子里，这个纸球无疑与他昨天描述过的星穹模型一模一样。希思和奥布赖恩也十分激动，这一天正好是希思的生日。

图5.3

斯莫利的纸制 $C_{60}$ 模型(左图)。斯莫利发现，由一些五边形和六边形，他可以搭出一个正好有 60 个顶点的完美的球形结构。克罗托和柯尔在它上面贴了标签以示双键，检验是否每个碳原子都能满足成键条件。
克罗托的多面体星穹模型(右图)。它塞在克罗托家中一只旧的复印机箱子里，位于 9 600 千米外的苏塞克斯，后来发现，它和斯莫利的模型形状一模一样。

柯尔也十分兴奋，但他毕竟是个实用主义者。如果这真的就是 $C_{60}$ 的结构，那它上面的每个原子都应该能够满足碳原子的成键条件，是否能做到这一点并不是显而易见的。柯尔和克罗托从斯莫利的秘书蒂明斯(Jo Anne Timmins)那里借来一盒不干胶标签，开始检验这一点。在这个结构上，每个碳原子要与 3 个相邻的原子成键，这就意味着其中某些化学键是单键，而另外一些必须是双键，就像石墨中的情况一样。他们在标签上画上双线以示双键，把它贴到斯莫利的纸模型上。经过一阵子令人屏息的忙碌，标签全都贴好了，成键的要求得到了检验。整个结构上单键与双键相间分布，使得每个碳原子以 2 个单键和 1 个双键与周围 3 个碳原子成键。这个模型通过了它的首次检验，柯尔信了。

这么对称的结构，那些专门研究这类玩意儿的家伙不会不知道。斯莫利给赖斯大学数学系主任维科(William Veech)去了个电话，向他仔细描述了这个结构。维科和同事们商量了一会儿回了电话。电话是柯尔接的，维科在电话中说，他们可以从许多不同的角度解释这个结构，“……但是，孩子们，你们所发现的，就是一个足球啊！”

他们怎么这么呆啊！现在人家一点破，一切显得如此显而易见。$C_{60}$结构不仅是他们见到过的最完美、最对称的分子结构，而且其实也是一个简单得让人哭笑不得的常识。一个现代足球正是由 20 块白色的六边形球皮和 12 块黑色的五边形球皮缝成的，每块五边形的周围环绕着 5 块六边形。它正好有 60 个顶点，也就是五边形球皮和六边形球皮的角沿着接缝相会的那 60 个点。他们当中的每个人都曾不知多少次看到过足球，却从未意识到这么一个简单的事实。希思跑到“村子”里的体育用品店抱回一个真正的足球，似乎只有这样才能表

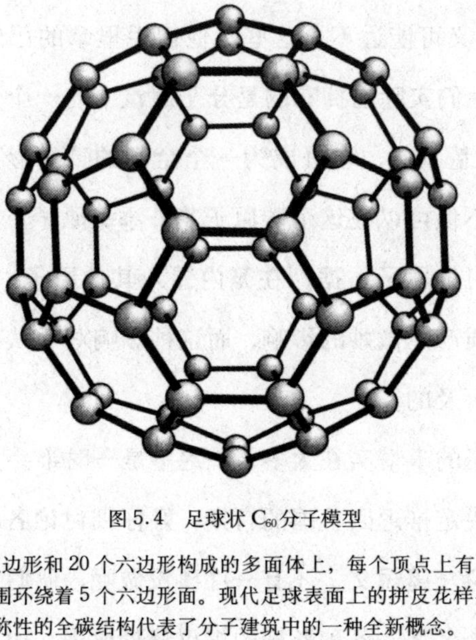

图 5.4　足球状 $C_{60}$ 分子模型

在这个由 12 个五边形和 20 个六边形构成的多面体上，每个顶点上有 1 个碳原子，每个五边形面的周围环绕着 5 个六边形面。现代足球表面上的拼皮花样与此一模一样。这个具有完美对称性的全碳结构代表了分子建筑中的一种全新概念。

达他们的崇敬之情。奥布赖恩跑到学校书店，把店里所有的分子模型组件存货都买了下来，此后一度泛滥成灾的球形 $C_{60}$ 分子模型中的第一个就出自他之手。

他们的讨论达到了巅峰。各种各样的可能性似乎层出不穷，他们完全意外地发现了一种崭新的碳分子，甚至可能是碳的第 3 种存在形态——除金刚石和石墨之外的一种新形态。而他们作出这一发现所使用的那台团簇束流发生器内部的工作环境，一开始就被认为与富碳红巨星的外层大气极其类似。这是不是意味着 $C_{60}$ 在星际空间也有丰富的含量呢？$C_{60}$ 能不能解释星际漫射带呢？如果真是这样，那无疑是这个天文学中最后一大难题的最为优美的解答了。

如果星际尘埃中真的有 $C_{60}$，那么可以想象，它的存在将为催化太空中的化学反应提供一个重要的反应表面。如果孕育地球的旋转的尘埃云中果真富含 $C_{60}$，或者它们随着陨石雨来到早期的地球，或许它还促进了维持生命存在的诸多分子的形成呢！

但 $C_{60}$ 的意义可能远不止这些。他们手里拿的已经不仅仅是一种新的分子了，他们实际上拥有的是分子建筑中的一个全新的概念。如果 $C_{60}$ 真的能大量制备，它将成为一个全新的“球形”化学分支的起始材料。我们不但可以在这个碳原子笼外添缀原子，笼子里面还有一个独特的位置可供原子占据。在笼内置入其他原子，或许会对 $C_{60}$ 的物理和化学性质产生微妙的影响，而这种影响对于从前的化学家们来说是可望而不可及的。

现在要考虑的事情实在太多了，绝不是一时半会儿能理出个头绪来的。克罗托决定推迟回英国的行期，好仔细讨论各种前景，并且就他们的工作草拟一篇短文。还有一件事没做呢，他们发现的这个结构到现在还没有个名字。各种各样的提议蜂拥而来。由于这个新的分子里面有双键，习惯上它的名字要以 ene（烯）结尾，比如 butene（丁烯），benzene（苯）。该怎么叫才最贴切呢？是 ballene（“球烯”），spherene（“球面烯”），还是 soccerene（“足球烯”）？当然 footballene 肯定不行，这个名字在美国以外的其他地方还凑合能用，可是在美国，它会把大多数美国人弄糊涂。*

克罗托觉得他们应该铭记巴克明斯特·富勒，感谢他在建筑学方面的丰富想象力为解开 $C_{60}$之谜提供的帮助。正是关于富勒网格球顶的讨论把他们引入了正轨，尽管斯莫利那一刹那的灵感也不容抹杀。$C_{60}$显然是网格球面。克罗托建议把这种新的分子叫做“巴克明斯特富勒烯”（Buckminsterfullerene）。**

斯莫利和柯尔觉得这个名字并不怎么样，它看上去太长了，太累赘了，甚至有点可笑。真的就这么叫？但是，他们也觉得这个名字更富有感情色彩，而且他们也确实找不到更好的名字，所以最后只好接受了克罗托的意见。斯莫利坐在他的办公计算机前开始往字处理器里输入论文。他首先敲入标题“$C_{60}$：巴克明斯特富勒烯”，回头看了看大家有什么意见，大家一致同意。

在这天余下的时间里，他们加工了文章的正文部分，论文第二天一早就完成了。为了说明他们的发现，希思打印了一些有代表性的飞行时间质谱，并加了一张团簇束流发生器的示意图，图中画出了气阀、旋转的石墨盘、气化激光束，以及积分罩。为了强调他们发现的结构是多么新颖，他们在论文中还加了一张克罗托拍的足球照片。照片上的足球就是昨天希思从店里买的那个，它被放在空间物理大楼前的草坪上。

---

* 在美国，football 可能被理解为橄榄球。——译者

** 克罗托对此一直记忆犹新，但斯莫利认为巴克明斯特富勒烯这个叫法在前一周接近周末的时候，也就是足球状结构还没发现时就已经在用了（参见“资料来源与注释”）。

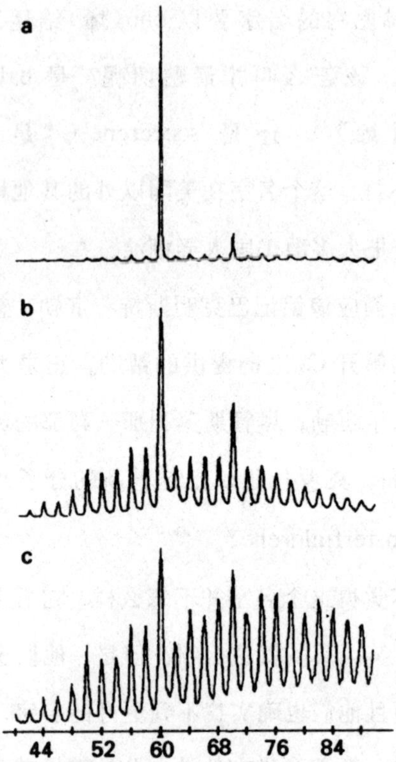


图 5.5　发表在《自然》杂志那篇文章中的飞行时间质谱

这篇文章发表于 1985 年 11 月。在(c)图中，气化过程中靶面的氦气压强为 1.3 千帕，此时形成的偶数原子团簇分布在很宽的范围内，$C_{60}$ 和 $C_{70}$ 只是稍稍冒个头而已，这个结果和罗尔芬、考克斯、卡尔多 1984 年报道的结果类似。在(b)图中，氦气压强升至 101 千帕(1 个大气压)，$C_{60}$ 和 $C_{70}$ 信号显著多了。(a)图中的质谱就是那张"旗杆"谱。

就这样，这个本来意在证明富碳红巨星的外层大气中确有可能形成氰基聚炔烃的深奥研究，到头来却为他们提供了他们科学生涯中最最重要的发现。克罗托、希思、奥布赖恩、柯尔和斯莫利在这个过程中都作出了各自的贡献，但这个发现无疑是集体合作的结晶。尽管刘元和张清玲曾参与过其中某些实验，并分享了大家的兴奋，但她们并未参与最终导致问题解决的激烈讨论。她们演的角色还没上场。

这 5 位科学家在空间物理大楼前合了影以示庆贺。柯尔站在后排，胳膊里夹着一个足球。其他人在前排半蹲，希思和奥布赖恩各有一只手放在一个 $C_{60}$ 的模型上，这些模型就是用奥布赖恩买来的那些分子模型组件搭成的。这真是个令人自豪的时刻。他们 5 个人合在一起凑成了最终胜利的 5 人足球队。他们站在世界之巅。

为了留作纪念，克罗托给斯莫利的纸制模型也拍了照。他还问希思能不能给他的粘熊模型也来上一张。这个模型尽管不成功，但它无疑是整个小组探索 $C_{60}$ 分子结构征途中的一块里程碑。希思不得不承认这个模型已经离开了这个世界。和斯莫利的模型不一样，希思模型上的碳原子是可以吃的，自从星期一晚上把它们摆在一起之后，已经被另一位研究生慢慢地消耗掉了。

第二天上午，他们讨论了进一步的研究计划。现在，他们至少可

图 5.6　最终胜利的 5 人足球队

这些“巴基”先驱们分别是：柯尔（站者）和奥布赖恩、斯莫利、克罗托以及希思（蹲者，从左至右）。柯尔手捧着希思从体育用品店买来的那个足球。奥布赖恩和希思的手放在此后泛滥成灾的第一批 $C_{60}$ 模型上。

以试一试能不能在 $C_{60}$ 笼子里裹上 1 个原子。克罗托、斯莫利、柯尔和奥布赖恩认为应该先试铁原子，因为铁原子和 $C_{60}$ 分子构成的复合体与二茂铁分子很相似。二茂铁分子是由 2 个五边形的碳氢化合物分子中间夹着 1 个铁原子构成的。同时，铁也是星际空间中含量最为丰富的金属原子之一，斯莫利想看看漫射带是不是可以由笼内俘获 1 个铁原子的 $C_{60}$ 分子来解释。而希思则认为，他们应该先试镧原子。他的理由是，在镧的化合物 $LaF_3$ 中，每个镧原子被周围 12 个相邻的氟原子所包围，这些氟原子所形成的球形电子分布对于身处其中的带正电的镧离子来说真是再舒服不过了。希思认为，镧原子在 $C_{60}$ 笼内将遭遇到与此类似的环境。他们最后达成妥协，决定先试铁，后试镧。

到这天中午，奥布赖恩已用表面吸附着三氯化铁的石墨靶进行了实验，希望在质谱上能找到 $FeC_{60}$ 复合体的踪迹。希思也在实验室里，但他并未参与实验（他对进行铁的实验心里多少有些不满，他想做的其实是镧的实验）。奥布赖恩使尽浑身解数，但还是无功而返。后来，在这天晚上，他又重复了这些实验，但仍然一无所获。铁的实验最后不得不放弃，希思尝试镧原子的机会终于来了。

克罗托终于到了起身回英国的时候。斯莫利开车把他送到机场。飞往伦敦的直达航班还未从休斯敦起飞，克罗托已禁不住思绪飞扬了。随着飞机腾空而起，得克萨斯那散乱曼延的风景线在眼前变得越来越小，克罗托的脑海中不禁又浮现出这忙碌而兴奋的两星期里的一幕幕。如果说得克萨斯真的是智者之州，那么她赐予这些智者的机遇则超出了他们最丰富的想象。

到星期四下午，这些科学家们已经把他们关于 $C_{60}$ 的论文打好包，通过联邦快递投给了《自然》杂志设在华盛顿的办事处。希思和刘元在 AP2 上用表面吸附着镧的石墨靶开始了新一轮实验。到当天晚上，他们在质谱上不仅看到了 $LaC_{60}$ 的信号，而且还看到了镧原子与所有较大的偶数原子团簇形成的复合体的信号。他们还没有把握说金属原子一定就在 $C_{60}$ 笼内，但这至少看上去很合乎逻辑。这将意味着所有其他偶数原子团簇也必须像 $C_{60}$ 那样具有网格球“富勒烯”式结构，其中以 $C_{60}$ 最为稳定，因为它具有完美的对称。这些有关镧的实验为他们提供了存在一类全新的有机金属化合物的初步证据，它们将成为一个崭新的化学领域的首批成员。这些东西以前可从来没有看到过。显然，漫漫征途才刚刚起步。

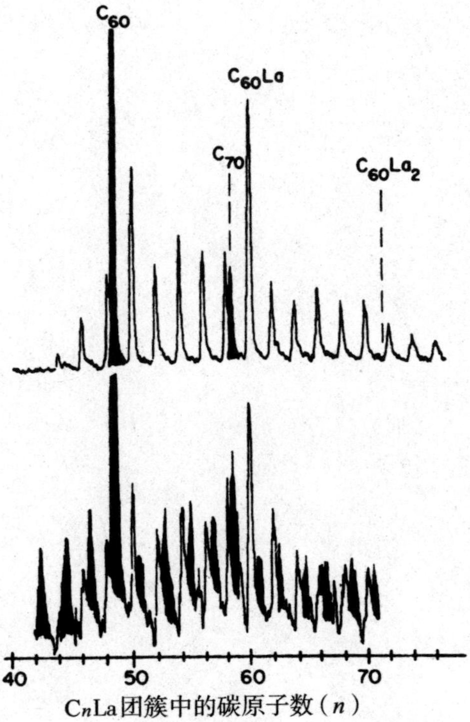


图 5.7

$C_{60}$ 发现后不久，赖斯小组又成功地获得了一类笼内裹有镧原子的碳原子团簇。在这些质谱中，与“裸”碳原子团簇对应的信号用涂黑的峰加以区分。所有的其他信号都对应于含镧团簇。在上面那条谱迹中，电离激光器的高能脉冲辐照使许多裸团簇破裂，只剩下 $C_{60}$、$C_{70}$ 和一系列含镧团簇。

星期五，《自然》杂志华盛顿办事处收到了这篇关于 $C_{60}$ 富勒烯的论文。按照惯例，文章被送到两位学术评审人那里，评议它的学术价值，以及是否适合在《自然》杂志上发表。其中一位评审人写道：

> 我想作者应该在参考文献中纳入道格拉斯在《自然》杂志1977年269卷130页上发表的关于星际漫射带的早期工作。另外，还有克雷奇默、索格和赫夫曼的工作，尽管我给不出其准确出处。

# 第二篇

# 从对称到实物

nature
INTERNATIONAL WEEKLY JOURNAL OF SCIENCE
Volume 347 No. 6291 27 September 1990 £2.50
UNDERSTANDING ANTARCTIC OZONE DEPLETION
The cellular defect behind cystic fibrosis

# 第六章　形状与几何

如果有人宣称，在20世纪晚期的科学中已经很难找到真正原创的思想了，那未免有点夸大其词。但是，如果我们不被原创性与创造性(同样值得钦佩)这两者表面上的相似所迷惑，那么这个似乎有些鲁莽的断言也不无道理。分析一下最近的历史，你就会发现，科学研究当中产生的那些所谓原创性思想往往都曾在不同的背景下，或者在一个完全不同的学科中提出过。对那些富有洞察力的发现背后所包含的创造性活动，我们当然是欢迎的(而且大加赞赏)；对它们的认同丝毫不会因为这个发现本身可能只是对前人工作的重复，或者仅仅是一种新的表述而有所保留。真理有它存在的时间和地点，而且它是否容易被人们接受，还要看是由谁来表述。

在这些领域里工作有时简直是一场灾难。在科学上，作出某项你认为完全原创性的，前人从没有看到过或想到过的发现，那是一种无法比拟的体验。如果说科学家们梦寐以求的正是这样的时刻，梦魇却在无情地吞噬它。当你随后发现你并不是第一个作出这一发现的人的时候，那种难以言表的强烈沮丧之情将把一切美梦撕得粉碎。墨菲第二定律*告诉我们：某处的某人早就有过你的“原创”想法。

当他把最后一个五边形粘上那个纸模型的时候，斯莫利心中荡起的那种“我发现了！”激情无疑会永远与他相伴，而且就他个人而言，此后不论发生什么事，这都不能说是自作多情。但是，斯莫利的经历，实际上不过是重新发现早在20年前就已发现的一种可能性。这不免要让斯莫利的那阵子美妙回忆失色不少。

当然，$C_{60}$的足球状结构其实并不稀奇，可这还不是问题的关键。就斯莫利、克罗托、柯尔、希思和奥布赖恩他们这帮人所知，以前从没有人提出过足球状结构的全碳分子。就一个分子而言，这种结构确实很独特。在体验到墨菲第二定律的全部威力之前，这群科学家确有一段颇感荣耀的美妙时光。

克罗托的同事，诺丁汉大学的波利亚科夫（Martyn Poliakoff）提醒他们，碳原子空心笼的想法几乎在20年之前就提出过了。提出这一想法的是一位姓琼斯的英国人，他是一个喜欢标新立异的化学家，曾先后在多个不同部门作过工业研究和担任顾问，现任教于纽卡斯尔大学泰恩分校。他喜欢狂想，他的那些想法虽然不是个个可取，但常常魅力十足。他的这个已有些名头的第二职业，为他极其丰富的想象力提供了一块自由驰骋的空间。他曾用笔名代达罗斯在英国科普杂志《新科学家》上经年累月地描绘这些奇思异想。至今他还在为《自然》杂志做着同样的事情。

在1966年11月出版的《新科学家》杂志中，代达罗斯对一种巨型的石墨“气球”的性质进行了猜测，这些石墨“气球”是在普通石

---

* 墨菲第一定律说的是，一件事如果有错的可能，那它准对不了。

墨平坦的碳原子平面中引入缺陷，使其发生变形和翘曲之后闭合而成的。*在 1982 年出版的著作《代达罗斯的发明》一书中，他进一步完善了这个想法，并且猜测这些缺陷可能是五边形。

琼斯断定，缺陷是必不可少的，因为如果没有缺陷，一个完全由六边形构成的平面不论怎么弯曲也不会形成一个封闭的结构。正如他在书中所指出的那样，这一点可以由瑞士数学家欧拉（Leonhard Euler）1752 年证明的一个简单公式推知。该公式指出，一个多面体的顶点数（$V$）加上它的面数（$F$），等于其边数（$E$）加 2。如果我们想到，顶点数决定着边数，而边数又决定着面数，那么不难理解 $V$、$E$、$F$ 三者之间应当存在某种关系。

我们可以先对某种结构进行猜测，把它的 $V$、$E$ 和 $F$ 的值代入欧拉公式。如果方程的两端相等，这种结构就有可能（但并未自动地证明）以多面体的形式存在。但是，如果由 $V$、$E$、$F$ 的值我们得不到一个等式，我们就只能断定，这种结构绝不会是一个多面体。比如，如果我们想用一张有 60 个原子的石墨网来折出一个 60 个原子的多面体，欧拉公式会告诉你这是在白费力气。

这是因为，这样一个假想的多面体必然具有 60 个顶点（$V=60$），它们对应于 60 个碳原子的位置。而每个顶点必与 3 个其他顶点相连，因此每个顶点伴有 3 条“半边”（1 条完整的边连着 2 个顶点），这样，总共就有 90 条边（$E=90$）。如果这个多面体完全由六边形所构成，每条边将为以这条边相邻的 2 个面各贡献 1/6，因此，面的总数是 30（$F=30$）。我们立即发现，$V+F$ 的值（90）不等于 $E+2$（92）。因此，由一层石墨网格我们得不到 $C_{60}$ 多面体。

---

* 这篇文章被复制作为本书开场白。

实际上，如果我们把以上推理推广到任意顶点数的结构上去，我们就会发现，如果这个结构的表面全都是六边形，那么数学上欧拉公式的两端就永远不会相等。如果斯莫利、克罗托、柯尔、希思或者奥布赖恩他们当中有谁知道欧拉的这个著名公式，他们就不必白白浪费时间用六边形来构造封闭的笼了，这根本就办不到。

正如琼斯所指出的，如果引入一些五边形，由六边形构成的平展结构就会发生变形，这样我们就有可能把它闭合成一个球。欧拉公式准确地告诉了我们需要些什么。如果在既有五边形面，又有六边形面的情况下考察 $V$、$E$ 和 $F$ 的关系，我们马上会发现，为使欧拉公式两边相等，我们需要不多不少正好 12 个五边形面，这与六边形面的数目根本无关。我们如果已经有了 12 个五边形面，那么就可以用任意数目的六边形面来构造多面体(只有一个例外，由 12 个五边形面和 1 个六边形面得不到多面体)。

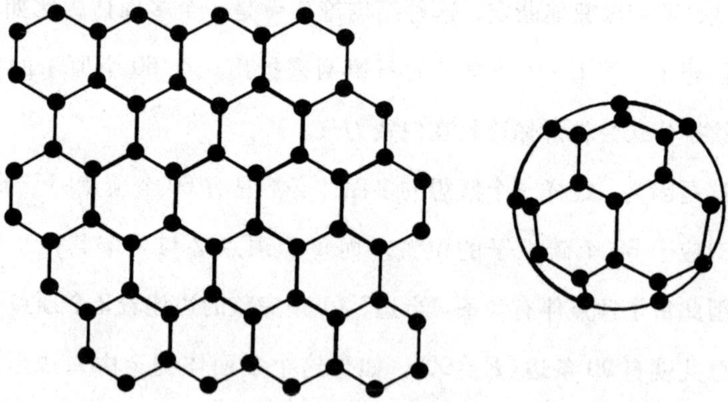

图 6.1　别被它的外观所愚弄

根据欧拉公式，左边这片由 60 个原子组成的石墨网是折不出一个闭合球面的，不管右边的二维球面图让你觉得多么信心十足。

自然界似乎早就懂得了欧拉公式。正如汤普森(D'Arcy Thompson)在他 1917 年第一次出版的经典著作《论生长与形状》一书中所描述的那样，有一种叫做放射虫的单细胞微生物，虽然从表面上看它的多面体外骨骼似乎全是由六边形面构成的，但更细致的观察却表明情况并非如此：

> 但奇怪的是，仅有六边形的面无论如何也形不成封闭的结构，不管这些六边形是否相同，也不管它们是否规则。在任何情况下，这在数学上都是不可能的。正如欧拉告诉我们的那样，你可以随意延展一块由六边形构成的面，不论是平面还是曲面，但它永远也不会闭合。不管是我们的网织组织，还是表面上看起来具有完美六角对称的 *Aulonia*，它们的结构都不是像我们想当然地认为的那样完全由六边形面所构成。在它们的结构中，六边形面确实占据着主导地位，但是除六边形面以外，它们还必须具有一定数量其他类型的表面。我们如果仔细观察卡努瓦(Carnoy)精心绘制的插图，就会发现，在他的网织组织中，既有六边形的面，也有五边形的面。海克尔(Ernst Haeckel)也曾提到过，在他绘制的 *Aulonia hexagona* 的素描中，你可以在六边形面当中找到一些四边形或五边形的面*。

引入五边形缺陷，使石墨形成空心分子的想法是琼斯读了汤普森的著作，并对海克尔画的 *Aulonia hexagona* 骨架图作了一番研究之后产生的。这个美丽的对称结构如此生动地说明了空心分子这一概念，因此，在他 1982 年出版的著作里，琼斯在概要中复制了海克尔的这幅图。

---

* D. W. 汤普森《论生长与形状(1961)》(简编本，J. T. 邦纳编)剑桥大学出版社。

琼斯解决了如何由石墨网构造一个封闭结构这一基本问题。但是，由于他感兴趣的主要是包含成千上万个碳原子的巨型分子，因此，他没有进一步猜测存在足球状 $C_{60}$ 分子的可能性。他的目的，毕竟只是想通过发明一种“未知的物质第五态”来跨越气体密度与液体或固体密度之间“奇异的不连续性”。

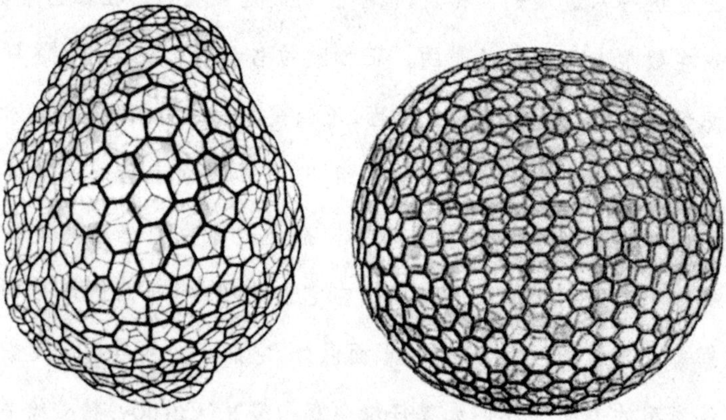

图 6.2

这是一种被称为放射虫的微生物的精致的外骨骼，它们是自然界中六边形面所主导的多面体结构的一个例子。这些图经许可复制于汤普森的《论生长与形状》一书(该书的简编本 1961 年由剑桥大学出版社再版)。左边这幅是卡努瓦绘制的网织细胞，右边是海克尔绘制的 *Aulonia hexagona*。再次提请注意，不要被它们的外观所愚弄，*Aulonia hexagona* 的骨架上并不全是六边形的面。

琼斯时常把自己的“第二个我”代达罗斯看作是科学殿堂中的弄臣。富勒烯被发现之后，每当他回想起他的这些空心碳分子的时候，就觉得这是代达罗斯发明史上最辉煌的一页。

海克尔所描绘的 *Aulonia hexagona* 还催生了另一项发明，那就是后来为理解 $C_{60}$ 分子的结构，以及为其命名提供重大线索的网格球顶。就在汤普森的著作首次出版的 1917 年，富勒，一位来自新英格兰的发明家对自然界中的基本形状也产生了浓厚的兴趣，并且开始了他关于基本形状的理想化模型研究。这一研究使他最终得以在35年后建造他的第一个网格球顶。

富勒认为，那种把家居、办公建筑、桥梁这些人造的宏观结构仅仅看作是建筑材料的堆砌物的传统观念是错误的。从表面上看，情况确实如此。但是，这些建筑材料本身同样又是由晶体、分子、原子这些微观结构组成的。因此，他认为研究这些微观结构将有助于导出某些支配人造宏观结构中的能量分布的基本关系：张力与压缩的关系。

由于缺乏原子内部相互作用的详细理论知识，他决定以所谓的“能量球”概念为基础建立自己的模型。这里所谓的能量球，其实是一些相互作用完全平衡的理想能量场。他把这些球以密堆积方式排列并考查所得到的结构，结果发现，在每一个球的周围正好可以挤下12个球，这算第1层，第2层可以放42个球，而第3层则是92个。

由密堆积，他得到一个被他称为“矢量平衡体”的基本结构。这是他在研究作用于密堆积结构上的作用力时发现的，该种排列由一个中心球和外围的12个球组成。由于球与球之间存在不可避免的空隙，最终的结构并不是一个大球，而是一个十四面体，它有6个四边形的面和8个三角形的面，所有的棱长度都相等，并等于每个顶点与该结构的中心之间的距离。如果用这些线段代表能量力(矢量)的大小和方向，那么所有这些矢量合成起来是平衡的：把各部分结合在一起的力与使结构分离的力准确地平衡。

由矢量平衡体到网格球顶，这其间的推理过程极其错综复杂，是这位怪癖的发明家思维方式的“典型”。他的思路由矢量平衡体跃向正二十面体、正八面体和正四面体，这是仅有的5种正多面体(柏拉图体)当中的3种，在柏拉图(Plato)的《蒂迈欧》一书中，它们被设想为水、空气和火这3种元素的基本组成单元。通过对这些基本的三维形状的研究，他选择三角形作为能量矢量的基本平衡方式。富勒思维之旅的最后一步是把矢量平衡体，或者说正多面体的表面投影到球面上。这一步完成之后，这个结构上的棱就变成了球面上大圆的弧，或者叫做测地线(geodesics)。富勒把包含这些基本关系的一般体系称为能量几何学。

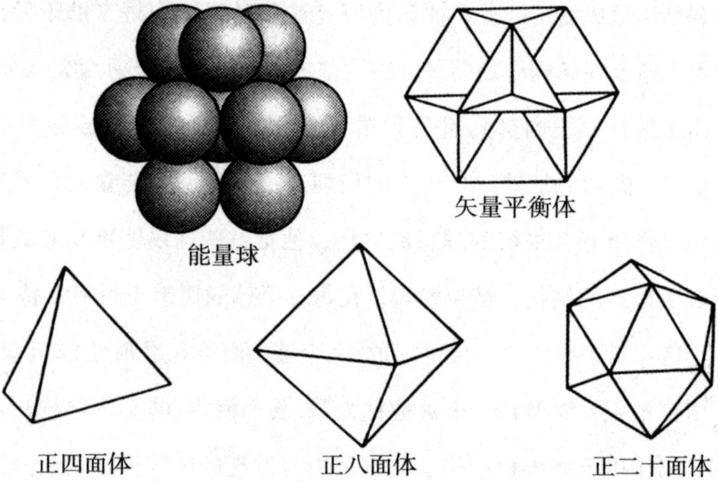


图 6.3

由密堆积到矢量平衡体以及正多面体，富勒发现，将 12 个球均匀地摆在一个中心球的周围所形成的结构，在转换成相应的矢量排布之后，代表了一种独特的力平衡方式。矢量平衡体是一个十四面体，有 6 个四边形面和 8 个三角形面，所有的棱都相等，并等于每个顶点到中心的距离。富勒认为矢量平衡体是一个基本结构，可与正多面体(或称柏拉图体，这里画出了其中的 3 种——正四面体、正八面体和正二十面体)相提并论。

从能量球到测地线，这之间的每一步都忠实地体现了富勒的原创目标。他从代表理想能量场的球形构件出发，最终又将能量矢量构成的三角形投影到球面上。他发现的是一种能够把矢量平衡体或者柏拉图体所体现的力平衡转化到一个任意维度的球形结构上去的方法。

有了这一原理，他就可以设计建造载荷、张力和应力分布异常均匀的建筑。网格球顶(geodesic dome)以其高效性和经济性成为建筑学领域中的希望之星，它可以达到传统结构不可想象的强度自重比。

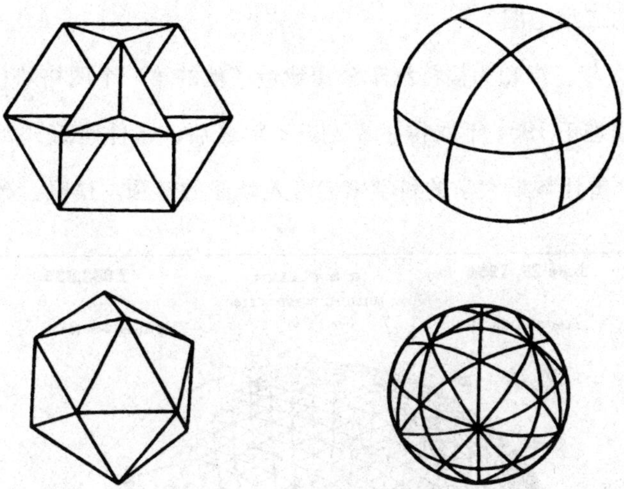

图 6.4

如果把矢量平衡体或者正二十面体的表面投影到球面上去，那么它们的棱就变成了球面上大圆的弧，或称测地线。这样，多面体结构所表达的力的平衡就转化为球面的形式。这便是富勒的能量几何学。

三角形是这个设计中的关键结构单元，多面体表面三角形化的程度越高，能量点在投影球面上的分布就越均匀。五边形和六边形(以及欧拉公式)十分自然地出现在这一框架中，但它们本身却并不属于富勒原初的设计概念范畴。因此，也难怪斯莫利、克罗托、柯尔、希思和奥布赖恩没能一开始就注意到五边形在富勒的网格球顶中所扮演的角色。

事实上，富勒提出的原理的首次实际应用包含的却是逆过程：把一个球面投影到一个多面体的表面上。这就是富勒发明的Dymaxion 地图，它于1946 年获得专利。任何二维世界地图对真实的三维球面的折中处理方案都或多或少地存在着失真，这使得世界的某一部分显得要比它们的真实面积大(或小)。通过把三维的世界地图投影到一个正二十面体的表面上，这种失真就可以极小化并均匀地分布到整个表面积上。把这个正二十面体展开，我们就得到了一张平展的投影图，这就是 Dymaxion 地图。这是第一张能够准确地表示世界陆地面积的二维地图。

1952 年，富勒为福特汽车公司建造了他的第一个网格球顶建筑，其设计原理于 1954 年取得了专利。2 年之后，这种建筑开始风行一时，那个曾让赖斯大学的科学家们误入歧途的球顶，是联合罐车公司

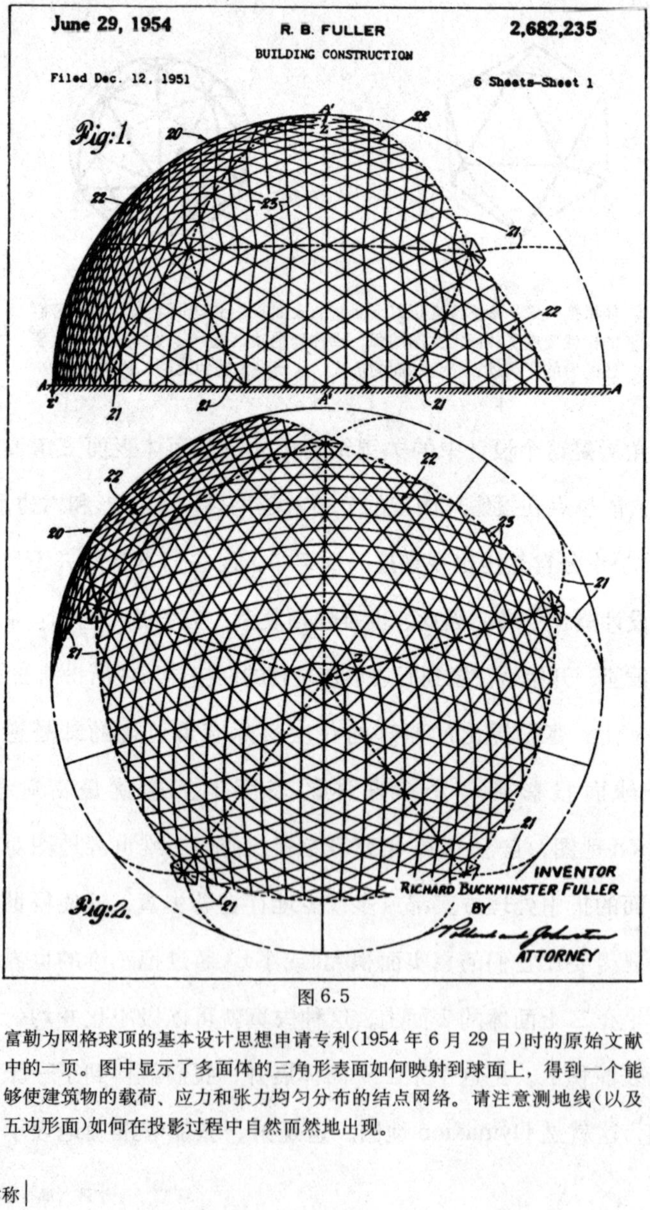


图 6.5

富勒为网格球顶的基本设计思想申请专利(1954 年 6 月 29 日)时的原始文献中的一页。图中显示了多面体的三角形表面如何映射到球面上，得到一个能够使建筑物的载荷、应力和张力均匀分布的结点网络。请注意测地线(以及五边形面)如何在投影过程中自然而然地出现。

1958年建造的。它是当时世界上最大的无支撑建筑物。它横跨117米，覆盖面积达10 735平方米，而结构的总重量仅为1 200吨，按其容纳的空间计算，平均每立方厘米仅重0.002克，其每平方米使用面积的造价还不到100美元。

网格球顶成为美国创造性与工业文明的象征。对于它的发明人来说，这无疑是一个渴望已久的成功。不论是在生意场上，还是在他的发明天才的实际应用过程中，富勒都曾饱尝艰辛。1927年对他来说是一个转折点。这一年，破产的他与妻子和一个新生儿一起挤在芝加哥的一家廉价公寓里，隔壁住着一名卡彭*(Al Capone)手下的职业杀手。他想到了自杀，但他并没有结束自己的生命，而是放弃了继续传统生活的念头，改而投身后来被他称为综合预想设计学的智力创造计划中去了。

这一计划带来了一系列的发明，它们确曾引起公众的遐想，但从未真正实施过。他的失败让人们觉得他是一个怪癖而难以捉摸的人。这与他所使用的那套古怪离奇、富于幻想而却又头绪纷繁的推理语言也不无关系，人们很容易把他看成是一个狂想家而弃之不理。

但是所有这一切，都无法掩去球顶设计背后那一缕天才的灵光。据称，在1959年莫斯科世界博览会上，赫鲁晓夫(Nikita Khrushchev)在一网格球顶建筑物中漫步时曾说："我希望富勒能来俄罗斯教教我们的工程师。"用一个网格球顶来充当1967年蒙特利尔世博会美国馆的建筑，这主意真是太妙了。这个四分之三球面最宽处有76米，高61米，内部设好几层展厅，相互之间由自动扶梯和楼梯相连。整个建筑没有任何柱子或内部支撑物，参观者可以从各种有利的角度尽享令人屏息的景象。像许多其他参观者一样，一位年轻的英

* 卡彭(1899—1947)为1920年代美国芝加哥的黑帮老大。——译者

图 6.6 蒙特利尔世博会美国馆的内部景象
注意在这个结构上出现的五边形面，它就在图上方中心偏右的位置。

国博士后也被眼前的一切征服了，他叫克罗托。

富勒关于能量球结构中力的平衡形式的思考使他发明了网格球顶。他由假想的微观结构中的力的平衡的研究，为宏观结构的设计提供了某些新的思路。至于这些网格球顶后来又在一类新的碳的微观结构的问题中为重新揭示这些基本原理提供了线索，这其间的对称关系，富勒的在天之灵知道了一定会感到欣慰，如果他不十分惊讶的话。

富勒的工作中并没有提到足球状结构。尽管在一幅用来说明能量几何学基本关系的图中，确曾出现过一个表面完全三角化的足球结构，它包含 92 个顶点，180 个面和 270 条棱。而代达罗斯在他提出空心分子概念之后也并未进一步探讨足球状的 $C_{60}$。那么，这是不是说由 60 个碳原子构成的球形分子仍然算得上是一个首创呢？答案依然是不。墨菲第二定律的威力不容置疑。

20世纪60年代末，和当时许多其他有机化学家一样，日本化学家大泽映二(Eiji Osawa)对芳香族分子的结构和性质十分着迷。这些分子之所以这样命名，是因为头几种分离出来的这类分子具有香甜的气味。它们都具有碳—碳单键与碳—碳双键相交替的环状结构。实际上，双键上的电子并不总待在一个地方，而是要在整个环上巡游(或曰“离域”)，以降低分子的总能量。

分子当中实际发生的情况是，相邻碳原子上的电子波(它们有时也被称为“轨道”，可以把它们想象为一些朝外伸展的叶瓣)相互交叠，在两个原子之间的空间区域形成一个键，把电子约束在分子框架之内。这些键被称为 σ 键。此外，还有另外一类与之垂直的电子轨道，它们之间也可以相互交叠，形成所谓的 π 键，其电子波处在分子平面的上方和下方。因此，1个“双”键由1个 σ 键和1个 π 键组成。

在碳—碳单键和碳—碳双键交替的分子中，双键的位置并不固定，其 π 键电子将在分子所有的碳原子上巡游，以使电子分布更加均匀，从而达到能量更低的状态。在苯分子中，这一离域效应使得 π 键遍布于整个环上，其电子轨道看上去就像原子环平面上下两个炸面圈，这就是分子“芳香性”的由来。一般认为，形成芳香族分子所需的这种电子离域效应只有当分子具有平展结构时才有可能，苯就是这一观念的典型体现。大泽对这一点并不怎么以为然。

1966年，密歇根大学的两位有机化学家巴思(Wayne Barth)和劳顿(Richard Lawton)宣称他们成功地合成了一种包含6个碳原子环的分子，其中心是一个五边形环，周围环绕着5个六边形的环，经验式为 $C_{20}H_{10}$，按照有机分子特定的命名规则，它应该叫做双苯荧蒽，但是，巴思和劳顿用拉丁文中表示心脏的 *cor* 和表示环的 *annula* 给它起了一个更加简单的“俗”名心环烯(*corannulene*)。心环烯的出现向芳香性的传统观念发出了挑战。

一方面，为了使 π 键电子充分离域化，体现芳香性的特征，增加分子的稳定性，心环烯应当具有平展结构。但是另一方面，在平展结构中，中心五边形“缺陷”显然会带来可观的应变，如果把这个结构折成碗状，这部分应变就可以得到释放，正如多年后斯莫利用他的纸制模型所发现的那样。

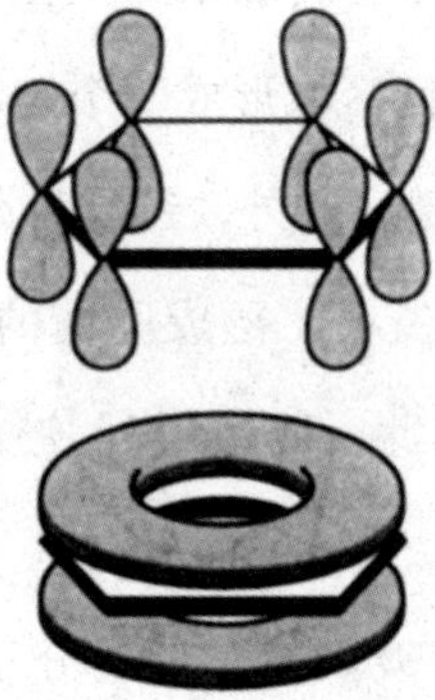

图 6.7　苯的 π 电子轨道系统

这个六边形分子中的每个碳原子都有一个垂直于分子平面的 π 电子轨道。每个轨道容纳一个电子。这些轨道相互交叠形成一个连续的，像炸面圈那样的轨道，使电子能够在整个分子上“离域化”，从而降低能量。这一离域效应直接影响着苯的物理和化学性质，即那些可归类为“芳香族”分子的性质。

不出化学家们的预料，这两种因素之间竞争的结果是它们的某种折中。心环烯是一种芳香族分子，但它并不具有平展结构。晶体学研究清楚地表明这种分子的形状像一只浅碗。大泽仔细地研究了这个结构，能不能进一步把它扩展成一个球，从而获得一种全新的三维芳香分子呢？

一次，他在沉思这个问题的时候，偶然看到他的小儿子在玩足球。像通常的足球一样，他儿子玩的那个球的表面上也饰有五边形黑色拼皮图案。大泽在这个图案中认出了心环烯的碗状结构。就是它！看来，把心环烯结构扩展为一个球至少在几何上是行得通的。

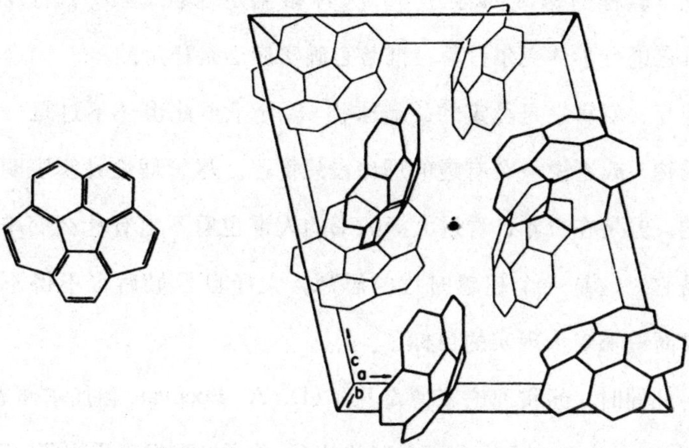


图 6.8

心环烯分子（左图）是由 1 个中央五边形和周围环绕的 5 个六边形构成的。为使这个结构的内禀应变最小，这个分子应该畸变成碗状。而另一方面，为使 π 键电子最大限度地离域化（因而降低能量），它应该保持平展结构。正如 X 射线衍射研究得到的心环烯晶体中分子的形状和位置所表明的那样（右图），实际情况是两者的折中。

大泽发现，这个球形结构是一个截角正二十面体。把一个正二十面体的顶点全部截掉，其结果是一个三十二面体，它包含 20 个六边形面和 12 个五边形面。他发现的正是一个形似截角正二十面体的分子，它的 60 个顶点被碳原子所占据。在一篇发表于日本通俗化学杂志《化学》的文章中，大泽描绘了这一分子，接着，他在 1971 年出版的与吉田善一（Zenichi Yoshida）合著的《芳香性》一书中对这种分子又作了进一步的描述。

大泽已经有了 $C_{60}$ 的思想，这离实际制备 $C_{60}$ 还远得很。但是，原则上这种分子是否稳定是有办法加以检验的。20 世纪 30 年代，德国理论化学家休克尔(Erich Hückel)针对含有离域 π 键电子的分子，提出了一种计算其分子能级的简单的近似方法。这种方法如此简单(但又如此有效且有说服力)，现在它(以及它的现代变体)已经成为大学本科化学教程的标准内容之一。大泽根据足球状 $C_{60}$ 分子的几何形状，对它进行了休克尔计算，推断它确实应当是稳定的。

但是，就算它是稳定的，足球状 $C_{60}$ 分子至此也还不过是一个优美的结构，或者说一个有趣的理论设想而已。尽管理论计算表明它是稳定的，但是在日本，看过大泽的书的人谁也看不出有什么简单的办法制备它。这是一个超越时代的思想，大泽自己最后也不得不放弃它，改而追求更为现实的目标了。

与此同时，苏联理论家博奇瓦尔(D. A. Bochvar)和加尔佩恩(E. G. Gal'pern)也独立地发现了足球状的 $C_{60}$ 分子。在发表于 1973 年苏联科学院院刊的一篇文章中，他们给出了与大泽类似的计算结果。对于博奇瓦尔来说，$C_{60}$ 只是他想象当中的一大类有趣的碳原子结构中的一种，它们包括碳炔、多面体状的碳分子，直至奇异的无穷碳原子网络。像大泽一样，博奇瓦尔觉得 $C_{60}$ 不过是个有趣的理论设想而已。

1981 年，特拉华州杜邦研究开发部的戴维森(Robert Davidson)再次重复了 $C_{60}$ 的休克尔计算，他的结果与以前的计算完全一致。他指出，这一结果对于芳香族分子具有典型意义，足球状 $C_{60}$ 分子如果真的能够制备出来，那它将是第一种具有三维芳香性的分子。

20 世纪 80 年代初，有机化学家查普曼(Orville Chapman)感到他所研究的领域正处于极其混乱的状态。有机化学已变得不思进取，有机化学家们对于科学其他分支取得的进展毫无热情和兴趣。查普曼希望为他所在的领域重新焕发青春注入新的动力。隔着办公室的窗子，看着阳光照耀下的加利福尼亚大学洛杉矶分校(UCLA)的校园，他企求上帝之灵的启示。他扪心自问："如果上帝垂青让我有幸创造一种分子，它该是什么呢？"

答案便是足球分子 $C_{60}$。1981 年 7 月，查普曼出差到德国埃朗根大学，作为期 2 个月的研究。在法兰克福机场，他碰到了以前的博士后研究助理迪德里克(François Diederich)。在博士后研究结束后，迪德里克回到海德堡马克斯·普朗克医学研究所工作。午饭后，查普曼向他提起了球形碳分子的想法，并告诉他，他准备利用在埃朗根逗留的时间为 $C_{60}$ 制备流程的研究草拟一份申请报告。对迪德里克来说，这一切听起来既新鲜又让人兴奋。

查普曼没能从美国国立卫生研究院获得经费支持，但他获得了美国科学基金会的资助。他的 5 个研究生中的第 1 位不久就开始了工作。在 1981 年到 1985 年间，查普曼不断向他的有机化学同事谈起足球状的 $C_{60}$，不断在各研究所作类似的演讲。但大多数人对这种分子能否制备出来持怀疑态度。

至 1985 年 9 月，足球状 $C_{60}$ 分子的想法当然算不上是首创的了。大泽早在 70 年代初就提出过这一想法，而且此后又有至少 4 个小组独立地提出了这一想法。实际上，足球状结构的概念甚至在更早就已经被应用到分子体系中去了。霍尔德(J. L. Hoard)以及他在康奈尔大学和宾夕法尼亚大学的同事曾指出，在一种高温下稳定的晶态硼——β 三方硼的晶体结构中，60 个原子组成的截角正二十面体是一个基本的组成单元。在 $B_{60}$ 的笼子里，另外还有一个由 24 个原子构成的正二十面体结构，它们合在一起形成的 $B_{84}$ 单元在整个晶格中周期性地重复。

现代科学门类划分的不断深化，使得跟踪迅速膨胀的科学知识的希望变得十分渺茫。因此，克罗托、希思、奥布赖恩、柯尔和斯莫利他们不知道其他化学分支的科学家们已经提出过 $C_{60}$ 的想法其实一点也不奇怪。但是，如果他们关于碳原子团簇实验的解释真的是正确的，他们无疑是最早在实验室中制备出足球状 $C_{60}$ 分子的人，他们现在需要知道怎么证明这一点。

# 第七章　富勒烯园

回到英国，克罗托还没来得及喘口气，就又登上回休斯敦的飞机了。尽管在斯莫利的实验室里他只是一名访问学者，但是他直接参与了富勒烯的发现，斯莫利也认为他有充分的权利照看这个刚刚来到人世的宝贝。根据他们之间的协议，克罗托应该积极参与有关富勒烯的进一步研究，而不是呆在大洋彼岸消极观望。对于克罗托来说，这意味着只要能从其他课题中抽出空来，学校里的教学和行政任务又允许，就尽可能与赖斯小组待在一起。

其结果是频繁的国际旅行。在苏塞克斯每工作三五个星期，克罗托就要停下手中的活，去休斯敦呆上两三个星期。但是，克罗托并没有觉得生活的弦绷得太紧。他喜欢旅行，而且，多来几趟休斯敦也没什么坏处，至少可以让他对这座城市多如牛毛的古旧书店保持接触。这不，刚刚离开3个星期，10月3日，他又回来了。

此间，斯莫利又向《美国化学会会刊》投了一篇短文，文中描述了他们在赖斯用掺镧石墨靶所做实验的结果，文章的作者中加进了张清玲、刘元和蒂特尔的名字。这篇文章总结了由希思在 AP2 上开创的实验工作所取得的一些结果。其质谱揭示了大量的 $LaC_n$ 复合体，而“裸的”（不含金属的）团簇却只有 $C_{60}$ 和 $C_{70}$ 这两种。质谱还表明，$C_n$ 团簇似乎至多只能携带 1 个镧原子，这正好与金属原子被填在笼内这一独特位置的想法相符，因此暗示着所有的团簇可能都具有闭合的笼状结构。很容易证明，含有 2 个以上镧原子的 $C_{60}$ 复合体形成不了，原因很简单，$C_{60}$ 笼内根本没那么大地方。

这一解释是他们在发现 $C_{60}$ 的特殊性之后向前跨出的一大步。如果这个解释是正确的，那么形成超过一定大小的闭合笼状分子将是一种普遍现象，它完全区别于我们关于石墨已知的一切。他们假设，这些分子和 $C_{60}$ 一样，也是由五边形和六边形构成的多面体，但显然没 $C_{60}$ 那么对称。作为一例，他们描述了 $C_{70}$ 的一种可能结构。这是在两个 $C_{60}$ 半球中间插入一条由 10 个碳原子组成的环带后形成的“压扁”的球状结构。

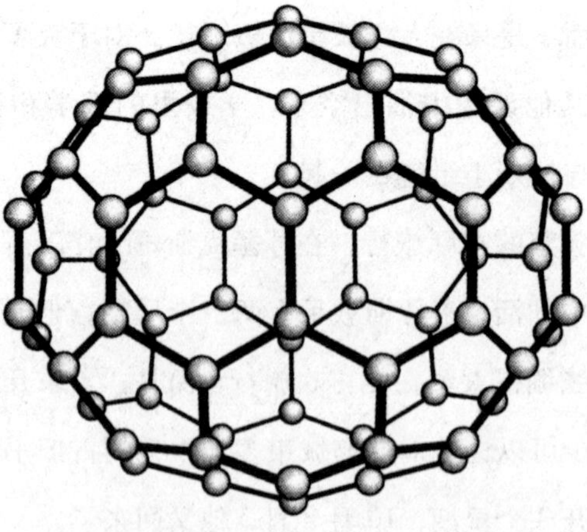

图 7.1

张清玲、奥布赖恩、希思、刘元、柯尔、克罗托和斯莫利首次提出的 $C_{70}$ 的闭合笼状结构。

克罗托10月份回到休斯敦的时候，奥布赖恩和张清玲正忙于研究大团簇($C_n$，$n>40$)的反应活性。希思则开始尝试用激光气化技术大量制备$C_{60}$，从而可以用常规化学分析手段更细致(也更轻松)地研究它的性质。

他们在8月份开始的实验，其最初的目的是想通过长碳链分子与氢气和氮气的反应来合成新的氰基聚炔烃分子。这一方法有它独立的意义，也可以应用到大的团簇上，但科学家这回并不想通过团簇与各种气体的反应得到什么新分子，而是要证明，甚至是最活泼的气体，$C_{60}$也拒绝与之反应。

他们是这么想的：如果$C_{60}$真的是一个封闭的笼，那它就没有悬键，因此在化学侵扰面前就会处之泰然。化学当中有一类被称为基团的化学物质，由于它们含有一个或多个未配对电子(或称悬键)，很容易和一氧化氮、二氧化硫以及氧气这样一些小分子发生反应。由于这一反应活性，这些小分子常被称为基团“清除剂”。气相化学的一种标准做法是，如果某些基团据认为是形成特定产物的重要中间体，则在反应体系中加入大量的清除剂。如果这些基团在反应中真的很重要，那么当清除剂迅速地干掉这些基团后，那种产物的形成就会受到极大的抑制，甚至完全被禁止。

此前AP2上的实验就曾证明大团簇不易与氧气发生反应。奥布赖恩新一轮实验结果表明，对一氧化氮和二氧化硫也有相同的结果。这些结果一方面进一步证明了$C_{60}$特殊的稳定性，而另一方面，所有的大团簇普遍缺乏反应活性这一事实也暗示着它们也具有闭合笼状结构。斯莫利几个星期来一直在抱怨这些实验没能揭示任何反应活性，最后他不得不接受了奥布赖恩的结果。看来，他们发现的已不单单是一种惊人的分子结构，而是一个名副其实的闭合笼状分子的“动物园”，它们从40个原子一直延续到100个原子以上，这些分子后来被总称为“富勒烯”。和它们的行为形成鲜明对比的是，小团簇($C_n$，$n<40$)与一氧化氮和二氧化硫的反应十分迅速，这表明它们具有完全不同的基团结构，即设想当中的两头带有悬键的长链。

斯莫利办公室里的小组讨论还像往常那样充满活力。他们现在关注的焦点是“怎么”——$C_{60}$和其他富勒烯在AP2中是怎么形成的。克罗托、希思和奥布赖恩在赖斯大学图书馆浩如烟海的藏书中翻了个遍，寻找与微小碳粒形成有关的内容，并把他们的每一点收获都带到小组讨论中去。

他们觉得，$C_{60}$的实验数据似乎暗示它是一个“幸存者”。在AP2中形成的所有笼状分子中，只有$C_{60}$能够在特定的成簇条件下幸存下来。在最佳的成簇条件下，$C_{60}$信号之所以那么显著，未必表明这是形成$C_{60}$的先决条件。相反，情况有可能是其他团簇由于进一步的反应，获得越来越多的碳原子，从而长得越来越大，最终变成了微小的碳灰颗粒。和通常意义下的尘埃颗粒相比，这些碳粒当然很小，但比起分子来，它们就成了巨人，因此，不难预料用质谱仪是看不到它们的。他们推断，由于$C_{60}$具有球对称性和特殊的稳定性，它不能继续生长变成一个碳灰颗粒，从而可以在成簇过程中幸存下来。而其他团簇最终将长得过于庞大，在一大堆碳灰中只剩下一小点$C_{60}$。

看来，这一切与碳灰颗粒的形成存在着某种联系。通过调研大量文献，克罗托、希思和奥布赖恩已充分掌握了碳灰形成机制的现有知识。他们相信这确实与他们的实验结果存在着某种联系。这些碳灰颗粒通常是一些直径1—5微米的小球，这些小球相互结合再形成更为复杂的结构。经在斯莫利办公室的猜测和讨论，他们的脑中形成了一幅有趣的图像。

他们认为，整个过程是这样发生的：正如代达罗斯1966年所指出的那样，通过引入五边形的面，使网状石墨碎片形成闭合的结构，其边缘上的悬键所造成的不稳定性就可以得到降低。在这一过程中，随着石墨碎片结合更多的碳原子而不断生长，在它的边缘上又可以引入更多的五边形的面。这些碎片并不会自动闭合起来形成一个球。在大多数情况下，它们的边沿会不断生长，像鹦鹉螺那样一层层地卷起来形成一个螺状结构，并最终长成一个实际大小的碳灰颗粒。

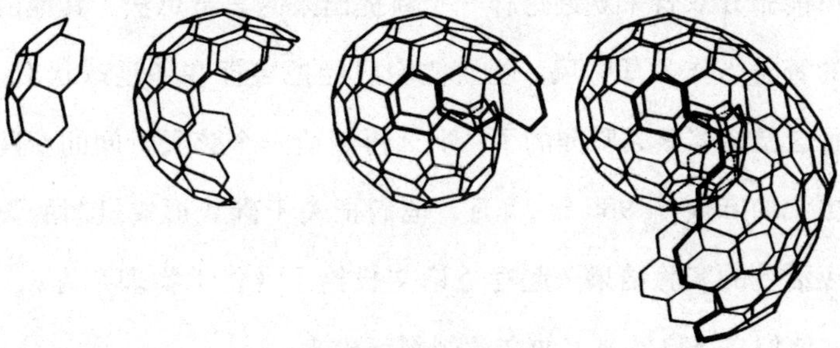

图7.2　螺状成核机制

由基本的心环烯单元即1个五边形周围环绕5个六边形的结构开始，这个结构一步步地长成一个近乎球的形状，但是，它并没有闭合，其边沿将自身覆盖，并像鹦鹉螺那样一层层卷起来。赖斯小组的研究人员认为这一结构是碳灰颗粒形成的籽核。

他们将这一过程称为“螺状成核机制”。它确实很诱人，尽管这未免有些离奇。但如果情况果真是这样，那足球状$C_{60}$的形成就只是一个意外事件而绝无规律可循，它的形成依赖于生长中的结构偶然发生的闭合。据他们估计，在气化激光所产生的那一片混沌以及随后的超音速膨胀过程中，AP2里面形成$C_{60}$的机会只有大约万分之一，甚至只有百万分之一，这使他们在某种程度上松了一口气。在那混沌中形成如此有序而优美的结构似乎与热力学第二定律格格不入，这一定律要求在所有自发的过程中，有序的程度趋于减小。AP2里面形成富勒烯无疑是一个机会事件。

尽管如此，其意义仍然十分深远。这一机制表明，哪里有碳灰，哪里就有足球状 $C_{60}$ 分子。这是不是说在每支蜡烛火焰冒出的烟中都有 $C_{60}$ 呢？还有，像 IRC+10°216 那样的庞大的红巨星正不断向星际空间喷射大量的含碳颗粒，如果 $C_{60}$ 时刻伴随着碳灰产生，那它必将是宇宙中分布最广的一种分子，同时也是最为古老的一种分子。

尽管他们对这一机制抱有极大的热情，柯尔却站出来提醒大家保持冷静。科学界对碳灰的形成机制和性质已经作过长期的研究，他们不大可能张开双臂来欢迎这样一个新提出来的离奇想法。其他的人把柯尔的警告当作了耳旁风，既然他们已经把宝押在了足球状 $C_{60}$ 分子上，而这已经够骇人听闻的了，那么再制造一个骇人听闻的新闻也不会惹更大的麻烦。1985 年 11 月，他们把关于碳灰形成机制的设想连同反应活性的实验结果一起写进论文投给了《化学物理杂志》。这个时候，他们在《自然》上的文章刚刚印出来。

他们仍然没有过硬的证据来证明他们在 AP2 中制备的 $C_{60}$ 分子确实具有足球状结构。他们手头有的只是一些质谱，它们在 60 个碳原子团簇位置上有一个显著的峰，还有一个由 12 个五边形面和 20 个六边形面构成的球形纸模型，以及根据反应活性的比较推断到的一些旁证。这是不够的。把 $C_{60}$ 信号与足球联系在一起是要有点想象力的，而且也需要有坚定的信念。在那些被训练得对一切都疑心重重的科学家面前，你最好别犯傻，以为你说足球状结构有多么优美，他们就会相信它一定是真实的，那是在自找没趣。

他们现在需要大量制备 $C_{60}$，对它进行彻底的化学分析。尽管希思已为此付出艰苦的努力，但仍然无济于事。这些科学家至今也只能制备极其微量的 $C_{60}$，而且只能在一个转瞬即逝的瞬间捕捉到它的身影。他们必须首先用强大的激光束将它电离，然后用质谱仪——这种最为灵敏的分析仪器来探测。他们的结论是，$C_{60}$的形成只是例外而不是通则。据他们的估计，他们每次至多只能制备几万个$C_{60}$分子，对于AP2这台精密而复杂的探测机器来说这当然是足够了，但是要想搞点放在手上瞧瞧，那还早着呢。

但是，他们仍然在做着各自的梦。斯莫利和克罗托曾想象，如果$C_{60}$有朝一日真能大量制备，它的固体或者溶液会是个什么样子。斯莫利念叨着黄色的溶液，而克罗托则认为$C_{60}$可能是粉红色的，但他们谁也没把握是否有机会能看看究竟谁是对的。

在克罗托看来，有一种测量手段可以为$C_{60}$的足球状结构提供极为漂亮的证明，这就是核磁共振谱的测量。

原子核由质子和中子组成，但元素的化学性质仅决定于质子的数目。质子数相同而中子数不同的原子其质量不同，但它们都属于同一种元素，被称为同位素。碳最常见的同位素是$^{12}C$(6个质子，6个中子)，但地球上也存在少量天然的$^{13}C$(6个质子，7个中子)。

核磁共振谱的测量原理可以说明如下：像$^{13}C$这样的原子核，其行为很像一个微小的磁体，在磁场中，它们的磁矩将沿着磁场的方向排列。如果让它们在电磁场中吸收处于射电波段特定频率上的辐射，其磁矩就可以在不同的取向之间"跳转"，或者说在这些取向之间"共振"。在分子中，原子核发生共振的精确频率决定于作用在核上的磁场，而这又依赖于周围原子的电子对外磁场"屏蔽"的程度，因此直接反映了核周围的化学环境。

平均而言，如果实验用的石墨靶含有天然丰度的$^{13}C$，那么可以想象，制备出来的$C_{60}$分子中总会有一小部分含有1个$^{13}C$核。在对称性较差的结构中，我们将会观测到许多不同的核磁共振频率，因为$^{13}C$核在结构中可以处在多种不等价的位置上(从而化学环境也就不一样)。但是在足球状$C_{60}$中，所有碳原子的化学环境都一样，在这个结构中，$^{13}C$核不管处在什么地方，核磁共振频率都将相同。$C_{60}$的核磁共振谱如果真能测出来，上面将只有一条谱线。克罗托认为，对于$C_{60}$结构来说，这就是一锤定音的“单谱线证据”，但他们手头没有足量的$C_{60}$。

如果说实验家们尚受自然规律的限制的话，那么理论家要怪就只能怪自己缺乏想象力了。富勒烯——这一类全新的全碳分子设想的提出，为理论家们提供了一个宝贵的机遇，该他们露脸了。

自从20世纪20年代初量子理论建立以来，理论化学已走过了大约60年的历程。尽管目前直接应用量子理论的第一性原理(所谓“从头开始理论”)还只能在较简单的分子上实现，但是在这60年间，一大批精确度和复杂性不等的近似理论方法发展起来，休克尔理论就是其中之一。在AP2的灼热环境里诞生的$C_{60}$，这时摇身一变成了理论家们的宠儿，迎接它的是一大堆为计算它的性质而精心设计的理论工具。对许多理论家来说，这么好的机会错过了简直是罪过。

大泽、博奇瓦尔和加尔佩恩以及戴维森此前已经用休克尔理论处理过$C_{60}$，结果表明这种分子应当十分稳定。在全然不知这些早先计算结果的情况下，奥布赖恩在斯莫利的办公室里天机泄露的那一天(也就是9月10日)后不久开始了他自己的计算工作。这些计算于一周之后完成，奥布赖恩独立地证实了该理论确实支持足球状结构。

与此同时，加利福尼亚大学伯克利分校的海米特(Anthony Haymet)在进行完全等价的计算。他实际上从头到尾重新发现了一遍$C_{60}$，根本不知道前人在这方面的工作以及赖斯小组正在进行的实验。他的计算再次证明了足球状 $C_{60}$ 的稳定性。随着笼状富勒烯分子家族的实验证据的不断出现，一些理论家开始重新审视欧拉公式以及由五边形面和六边形面构成的多面体的其他数学关系。这些优美的结构与大碳团簇之间的联系犹如一扇敞开的大门，向我们展现了一个激动人心的碳化学新世界，至少在纸面上是这样。如果大的碳原子团簇真的具有多面体结构，那么偶数原子团簇所受到的偏爱就不难理解了，因为奇数顶点根本就拼不出一个多面体来。但是可能的多面体多得很，为什么 $C_{60}$ 最稳定？而且，就算只考虑 60 个原子的情况，形成闭合笼的方式也多达 1 760 种，人们猜测足球状结构具有特殊性，但它的特殊性究竟体现在哪里呢？

由 12 个五边形面构成的（不含六边形面）十二面体笼状分子 $C_{20}$，或称十二面体烯，由于其结构内部存在很强的应变而不可能稳定存在，此外，还有另一个因素也在制约着它的稳定性。对笼状 $C_{20}$ 分子的能级所作的休克尔计算表明，这个分子具有 2 个未配对的电子，因此它具有“未闭合”的电子壳层，而那些稳定分子的电子壳层往往都是闭合的。（注意不要与闭合的笼子混为一谈，它指的是分子的几何结构。）

当初，柯尔之所以坚持要看一看斯莫利纸模型上的成键情况，以此对其电子结构进行初步的检验，原因就在于他知道任何“剩下来”配不了对的电子都会导致结构失稳。不难理解，多面体分子的稳定性不仅取决于其几何形状所固有的应变，还要看它的电子结构能不能闭合。和以前其他计算一样，海米特的计算表明，足球状 $C_{60}$ 分子的电子壳是闭合的，而且通过 $\pi$ 键电子的离域效应还可获得惊人的稳定性，它远远超过了已经均匀分布在整个球面上的那一点点应变所引起的不稳定性。

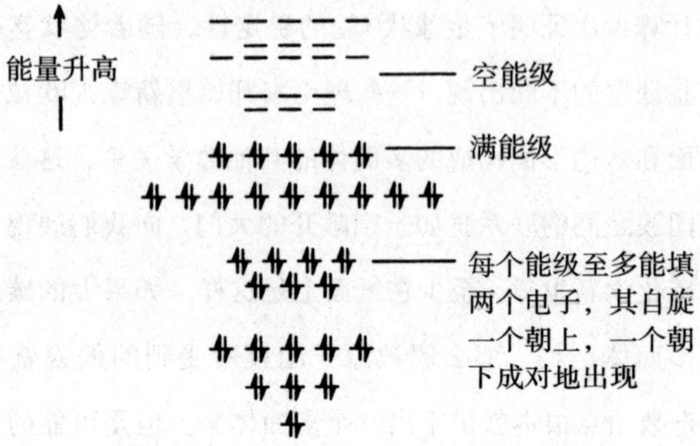


图 7.3　用休克尔方法可以计算 π 电子体系的能级

这里显示的是对足球状 $C_{60}$ 分子的计算结果。每个能级最多能填两个电子，其自旋方向相反：一个朝上，一个朝下。$C_{60}$ 有 60 个 π 电子(每个碳原子贡献 1 个)，它们由下至上地顺序填入这些能级，填完之后可以发现，这 60 个电子成对地填入了 30 个较低的能级。由于没有剩下未配对的电子，这个分子被认为具有闭合的电子壳层。

关于富勒烯的稳定性，还有另外一条线索，它来自 1986 年 10 月发表的一项相关研究的结果。在满足欧拉公式的前提下，我们有许多不同的方法把 20 个六边形面和 12 个五边形面拼成一个多面体，但仅由它们的几何形状我们还不知道它们当中哪个更稳定。得克萨斯 A&M 大学加尔维斯顿分校的施马尔茨(Tom Schmalz)、塞茨(W. A. Seitz)、克莱因(Douglas Klein)以及海特(G. E. Hite)，利用休克尔理论以及更定量的(但仍然是近似的)“共振”理论，检验了 5 种不同的 $C_{60}$ 笼的相对稳定性，其中也包含足球状结构。结果表明，在所有的结构中，足球状 $C_{60}$ 最为稳定。这些化学家认为，其特殊的稳定性来源于此结构中五边形面从不相邻这一事实。由于 12 个五边形面的周围都环绕着一圈六边形面，所以每个五边形面是相互隔开的。这样，某种退稳效应就可以得到回避。正是在这个意义下，足球状结构是独一无二的。

这一切在理论上确实头头是道。足球状结构也确实有可能是 $C_{60}$ 分子唯一的选择，但这一切还远未得到证实。科学界的一些人开始躁动不安起来，在他们看来，这个招摇过市的“巴基*时尚”已经走得过了头。这些哗众取宠的家伙不但吹嘘什么新形态的碳，什么新的金属团簇化合物，而且声称富勒烯与碳灰的形成还有着密切的关系，乃至每支蜡烛的火焰中都有 $C_{60}$ 形成。他们甚至说它充斥于整个星际空间，是最古老的分子之一。而所有这一切，其依据只不过是质谱上的那一点蛛丝马迹，外加一点猜测。看来该给它泼瓢冷水了。

第一个向他们发难的是考克斯、卡尔多以及他们在埃克森石油公司的同事特雷弗(D. J. Trevor)和赖克曼(K. C. Reichmann)，他们的文章发表在 1986 年 1 月的《美国化学会杂志》上，论文的标题极富煽动性——“$C_{60}$La：一个放了气的足球？”如果说埃克森的研究人员对自己刚刚错过一项最重要的化学发现仍愤愤不平的话，他们可没表现出来。相反，他们指出，对于像 AP2 这样复杂的机器产生的谱，解释的时候应当格外谨慎，这些谱有的时候是很会误导的。他们的团簇束流发生器向他们暗示的可不是什么优美而稳定的足球状结构，而是团簇电离效率与团簇离子分裂行为之间的复杂的相互关系。

他们认为，在两种情况下，都有可能获得显著的 $C_{60}$ 信号。其一是直接电离中性的 $C_{60}$ 产生 $C_{60}^{+}$，在这种情况下，正如赖斯小组所设想的那样，信号的大小直接依赖于团簇束流中 $C_{60}$ 的含量，因此反映了它的稳定性。另一种可能的情况是，$C_{60}^{+}$ 由较大的团簇离子的分裂所产生，这时信号的大小与中性 $C_{60}$ 的含量和稳定性没有任何关系。这样，特殊的可能就不是 $C_{60}$ 的结构，而只不过是电离激光束在频率和

* 巴基(bucky)是巴克明斯特·富勒的昵称。——译者

强度方面的某种特征。

埃克森小组的研究人员对 $LaC_n$ 复合体质谱的解释也提出了质疑。他们可以轻而易举地重复赖斯小组报道的那些效应，但并不认为这些结果暗示了存在笼内填有镧原子的富勒烯。在他们认为最具代表性的成簇条件下，与 $LaC_n$ 复合体对应的信号要比赖斯小组所显示的结果小得多，尤其是，$LaC_{60}$ 信号只有裸 $C_{60}$ 信号的百分之几。

赖斯小组再三强调他们在质谱上看不到包含 1 个以上镧原子的团簇信号。埃克森小组则认为，$La_2C_{60}$ 信号在预料当中就比 $LaC_{60}$ 信号弱得多，因此质谱上看不到它不足为奇。这些团簇从表面上看只能俘获 1 个镧原子，但这与富勒烯是否具有笼状结构毫无关联，它只能说明包含 2 个以上金属原子的团簇含量太低而已。用一句格言来说就是，没有证据并不能证明没有。不能仅仅因为看不到 $La_2C_n$ 类型的复合体，就断定它们一定不存在。

但埃克森小组的研究人员至少还没忘了在一通文攻笔伐之后加上几句意在安抚的声明。他们警告由质谱来推断结构是多么容易误入歧途，却又竭力主张足球状结构的研究应当继续下去。但是，在将来的工作中最好少一点猜测，而应该多使用能更直接地给出有关结构信息的技术。

就在《自然》杂志上的那篇文章面世前不久，新泽西州美国电话电报公司贝尔实验室的一个研究小组在一篇文章中提出了大致相似的非难。他们文章中所描述的激光气化石墨实验在赖斯小组的实验开始之前好几个月就已经完成了。在实验中，为了避免离子分裂引起的复杂性，研究人员布卢姆菲尔德(L. A. Bloomfield)、戈伊西克(斯莫利以前的一个学生)、弗里曼(R. R. Freeman)和布朗(Walter Brown)干脆去掉了电离激光。他们直接在团簇源中监测离子，这样可以测量正负团簇离子的分布。

在他们测得的正离子分布中，$C_{60}^+$确实比较突出，但怎么说也不像赖斯小组看到的那么显著，因此，贝尔实验室的研究人员并不觉得它有什么“特殊”*。但是，他们得到的负离子分布完全是另一码事。他们认为，如果这些信号真的与中性团簇的分布存在着某种联系，那么由这些中性团簇产生的正离子和负离子的分布不至于会有很大的差别。

1986年9月，UCLA化学与生物化学系和固态科学中心的一个小组再次提出了这些观点。研究人员哈恩(M. Y. Hahn)、霍尼亚(E. C. Honea)、帕吉亚(A. J. Paguia)、施里弗(K. E. Schriver)、卡马雷纳(A. M. Camarena)和惠滕(Robert Whetten)发现，在他们得到的正离子分布中，$C_{50}$、$C_{60}$和$C_{70}$信号确实显示出幻数特征，但与之对应的负离子分布与此大相径庭。他们的结论也是，团簇分布强烈地依赖于大团簇的分裂行为，那些幻数不大像是由某种特殊的分子结构造成的。足球状富勒烯，还有其他那些笼状富勒烯结构，尽管看上去很漂亮，但赖斯小组现在还拿不出什么像样的理由证明石墨气化实验中形成的团簇一定就是这副模样。

光阴荏苒，转眼已是$C_{60}$一周岁的生日了，奥布赖恩、希思、克罗托、柯尔和斯莫利他们还在努力为这颗智慧的结晶寻求庇护。他们现在已经能够证明，适当调节AP2中的成簇条件，正负离子分布中的$C_{50}$、$C_{60}$和$C_{70}$信号可以同时变得很显著。他们还反驳，如果大团簇的分裂真能产生显著的$C_{60}^+$信号，那么当他们逐步提高电离激光的强度

* 实际上，他们确曾对$C_{60}^+$作过特殊的处理。他们曾专门用另一台激光器轰击正离子，试图观察会产生什么碎片，但他们未能由这些结果就$C_{60}$的可能结构作出任何结论。

时，随着越来越多团簇的分裂，$C_{60}^{+}$信号将变得越来越大。

而他们发现的却正好相反。当激光强度较低时，他们还可以设法调整实验条件获得旗杆状的$C_{60}^{+}$信号，可是当他们提高激光强度时，$C_{60}^{+}$信号的相对强度实际上是在下降，与此同时开始出现相邻的团簇信号。在AP2中形成的以及随后受到电离的，确实是中性$C_{60}$。要是激光强度太大，足球状结构就会被打破，产生更小的富勒烯并放出许多碎片，这些碎片还可以再结合起来形成一些较大的富勒烯。

赖斯的研究人员并不否认离子分裂有其潜在的重要性，但他们认

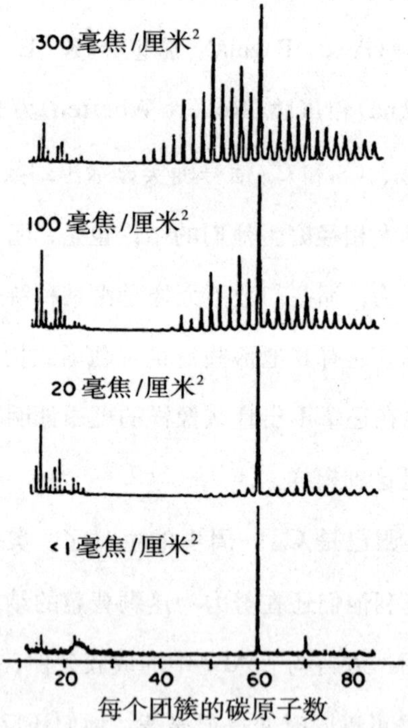


图 7.4

质谱中显著的$C_{60}$信号并非来自大团簇的分裂。随着电离激光功率的提高，$C_{60}$的信号实际上是在逐步减小。在最底下那张谱中，电离激光的功率较低，因此$C_{60}$的信号占主导地位(这实际上就是“旗杆谱”的结果)。随着激光功率的提高，$C_{60}$信号的相对大小由于$C_{60}$离子的分裂而开始下降，而其他偶数原子团簇的信号则开始上升。为方便比较，各图中的$C_{60}$信号被画成了一样大小。

为这些问题并不会从本质上影响他们原来结论的正确性。$C_{60}$所以显得魔幻，就在于它具有足球状的非凡结构，而且，除此之外，它还有一大群具有笼状结构的堂兄堂弟。

从1985年11月到1986年底，关于$C_{60}$和其他偶数碳原子团簇，一共发表了35篇实验和理论研究论文，这其中既有支持足球结构和其他笼状富勒烯分子想法的文章，也有持不同意见的。理论上的证据当然是一边倒，它们普遍预言富勒烯的结构是稳定的，并且这种稳定性与多面体的性质存在着有趣的联系。足球状$C_{60}$的特殊性既可以从它的几何形状(五边形面相互分离)去理解，也可以从它的电子结构上获得说明。它具有闭合的电子壳，而且它还可以从电子的离域化获得可观的稳定性。

但预言毕竟只是预言。尽管那些支持$C_{60}$的实验证据听起来头头是道，但它们都只是些旁证，过分地依赖于推测而不是过硬的事实。克罗托和斯莫利一直惦记着他们说到过的粉红色和黄色的溶液，克罗托也时时忘不了那只有一条谱线的核磁共振谱。但一年时间过去了，他们离这些梦想一步也没有靠近。

# 第八章　病态科学

到 1987 年 4 月，克罗托为了和赖斯小组一起进行富勒烯的研究工作，18 个月来已经去了 8 趟休斯敦。他的第 8 次访问结束于 4 月 29 日，这也注定是他最后一次访问了。他与斯莫利间不断增长的紧张情绪，终于发展成了公开的敌视。尽管在外人面前，他们一直坚持 $C_{60}$ 是集体努力的结果，但是，他们之间在某些特殊的细节上产生了难以弥合的分歧。克罗托和斯莫利带着仇视分道扬镳了，曾一度给他们的科学生涯带来累累硕果的合作关系这时已支离破碎。

回到苏塞克斯后，克罗托虽然沮丧，但还是决定为洗清富勒烯所蒙受的不白之冤尽一份力，并尽可能在经他一手帮助建立起来的碳化学新领域中继续开展研究工作。此时，斯莫利、柯尔、希思和奥布赖恩正用斯莫利的那台复杂机器为富勒烯的真实性寻找进一步的实验证据。

赖斯小组的成员开始感到绝望，他们始终找不到不容辩驳的证据证明 $C_{60}$ 确实具有足球状结构。看来，最像样的证据应该是光谱上的特征了。$C_{60}$ 完美的对称性在它的紫外—可见吸收谱以及红外吸收谱上将有重要的反映，理论家们现在正忙着用一个比一个精致的方法计算这些谱。现在想制备足量的 $C_{60}$ 并测量它的红外谱当然还不现实，但是，有 AP2 这样精密的机器，原则上测量 $C_{60}$ 的紫外—可见吸收谱不会有太大问题。只要研究人员能够测出这些谱，并证明它能够和理论家的预言对得上号（甚至只要大致相似），那么足球状结构的正确性就会多一个有力的筹码。

早期所有的休克尔计算都表明，足球状 $C_{60}$ 是一个具有闭合电子壳的稳定分子。但是，休克尔方法为了计算上的简捷，对问题作了过于粗糙的简化。尽管这一方法可以用来估计 $\pi$ 键电子离域化所获得的稳定性，但其计算的能量不是绝对的量值，而是关于一个未知“共振参量”的相对量值。获得能量的绝对值要困难得多，但推断分子紫外—可见吸收谱的结构、位置以及强度时所需要的正是这些绝对值（而且还不止这些）。

自从休克尔提出他的简化方案以来，理论家们对该方案做过许多改进，主要是在计算中引入了一些当初被休克尔有选择地忽略掉的因素。所有这些经过改进的方法仍然是“半经验”方法，因为它们能否成功地应用还依赖于由实验获得的分子实际性质的知识。你必须先用选定分子的实验数据估算理论中某些参量的值，然后再反过来用这些值计算其他分子的未知性质。这些方法不同于非经验的从头计算方法，那种方法一切都由第一性原理计算，不需要来自实验的先验知识。半经验方法代表的则是某种折中方案。

在可供理论家们“选用”的众多半经验方法中，最为精致的要算是“全略微分重叠”（CNDO）法。顾名思义，在它的应用过程中仍然要忽略某种由于电子轨道的重叠产生的贡献。基本 CNDO 法还有几种改进形式，它们之间的不同在于经验参量的选取以及由哪些实验数据来估计这些参量。其中，一种被称为CNDO/S的方法特别适合于计算电子跃迁的能量，其中当然也包括吸收跃迁的能量。

用CNDO/S法计算足球状$C_{60}$分子的结果发表于1987年7月，作者是瑞典查默斯理工大学和哥德堡大学的拉松(Sven Larsson)、沃洛索夫(Andrey Volosov)和阿梅·罗森(Ame Rosén)。他们的理论预言了一系列分子能级，并由此得到了一大堆吸收跃迁的能量和强度。但是，并不是所有这些跃迁都会出现在吸收谱上。跃迁的强度强烈地依赖于跃迁初态和终态电子轨道的对称性，对称性的某些特定组合将导致某一跃迁成为“禁阻”跃迁，其强度将降为零。

$C_{60}$的高度对称性意味着许多预言的跃迁将由于对称性的原因受到禁阻，只留下一小部分“容许”跃迁出现在紫外—可见吸收谱上，其中能量最低的是340纳米左右的一个微弱结构，此外在260、240、230和220纳米处还有一些强得多的谱结构。

斯莫利的那台团簇束流发生器，当初在设计的时候就是用来研究新异分子的光谱的。但是现在赖斯的科学家们使尽浑身解数，就是测不出一张$C_{60}$光谱。当初刚与克罗托合作的时候，柯尔就叫唤着要使用的那项技术——共振加强双光子电离——对$C_{60}$似乎就是起不了作用。他们只好把它解释为，$C_{60}$吸收第1个光子后所激发到的中间态寿命太短，以至于几乎不可能在这么短的时间内吸收第2个光子产生可测量的离子信号。

无奈，他们只好尝试另外一种截然不同的方法。斯莫利在芝加哥大学的沃顿和利维手下做博士后研究时，不但学会了如何建造和使用大型仪器，还学会了用超音速膨胀的方法把分子冷却到极低的温度，从而可以制备并研究那些在常规条件下早已分解的极不稳定的分子。他曾与沃顿和利维用这种方法一起研究过由2个或2个以上分子形成

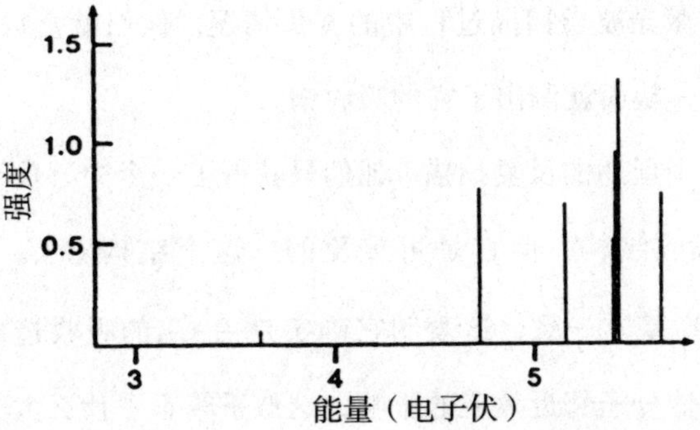


图 8.1

拉松、沃洛索夫和阿梅·罗森用 CNDO/S 法预言的足球状 $C_{60}$ 分子的紫外—可见吸收谱。理论只预言了这些跃迁的位置（能量或波长）以及它们的总强度，它们在这张谱中用线表示。在“真实”分子中，每个跃迁的强度将分布在一个“带”内，占据一个较宽的波长范围，因此在观测的光谱中，理论光谱的每一条线将表现为一个宽带，带与带之间存在着重叠。除了这里所显示的 6 组跃迁，理论还预言另外 15 组跃迁，但是由于受到对称性的“禁阻”，它们不出现在光谱上。

的复合体，这些分子由分子之电子体系间最为微弱的一种力松散地结合在一起。这些复合体被称为范德华复合体，这是以荷兰物理学家范德华(Johannes van der Waals)的名字命名的。这些复合体的发现为化学成键机理以及分子光谱提供了某些令人兴奋的新洞见。它们同时也为测量 $C_{60}$ 的光谱提供了一条间接的途径。

希思、柯尔和斯莫利研究了 $C_{60}$ 和苯（$C_6H_6$）以及二氯甲烷($CH_2Cl_2$)组成的范德华复合体。其实验过程是：用超音速膨胀法制备这些复合体，用激光加以电离，然后用常规方法进行探测。首先，他们在一个独立的实验中测出 $C_{60}\cdot C_6H_6^+$ 和 $C_{60}\cdot CH_2Cl_2^+$ 复合体信号的强度，并以此作为本底。然后，他们用另一台激光器辐照这些分子复合体，激光的波长在可见光到近紫外范围内扫描。由于 $C_{60}$ 和 $C_6H_6$ 或 $CH_2Cl_2$ 的范德华键十分脆弱，复合体的能量稍有上升这种键便会断裂。因此，如果复合体中的 $C_{60}$ 吸收了激光器发出的光子，复合体就会分崩离析，随之测得的离子信号就会下降。这样，通过观察离子信号在激光波长扫描过程中的贫化情况，他们就会得知 $C_{60}$ 是否吸收了光子，从而就测出了它的吸收谱。

经过几个星期的反复扫描，他们只获得了一个中心位于386纳米的微弱的吸收结构，但它是可重复的。这个结构对 $C_{60}\cdot C_6H_6$ 和 $C_{60}\cdot CH_2Cl_2$ 基本一致，这表明它确实是由 $C_{60}$ 的吸收造成的，不受复合体中其他分子邻近效应的影响。这似乎算不了什么大成果，但看来他们至少已经测出了 $C_{60}$ 吸收谱中的一个带。

拉松、沃洛索夫和罗森预言，足球状 $C_{60}$ 分子在340纳米左右应

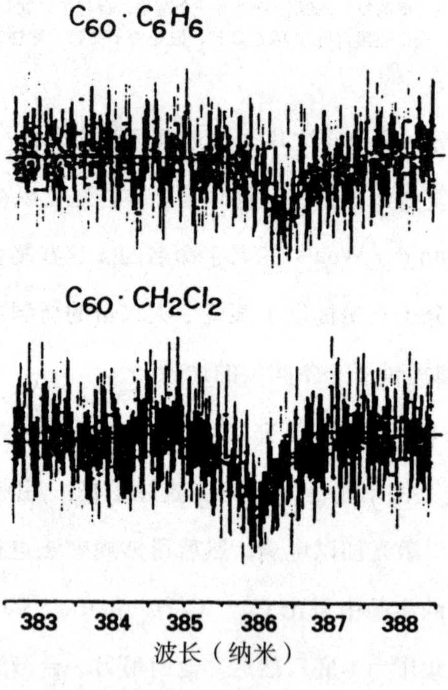


图8.2

$C_{60}$ 与苯（$C_6H_6$）以及二氯甲烷（$CH_2Cl_2$）的范德华复合体的吸收谱。这些复合体是在AP2中的缓冲氦气中加入少量苯或二氯甲烷后形成的。经电离，它们由飞行时间质谱仪探测。通过一台可调的染料激光器的辐照，以及监测 $C_{60}\cdot C_6H_6^+$ 和 $C_{60}\cdot CH_2Cl_2^+$ 的信号，赖斯小组的研究人员就可以得知这些复合体何时吸收了光子。在这两种复合体中，他们都观测到了386纳米附近的微弱结构，这被认为是由 $C_{60}$ 的吸收造成的。

该有一个微弱的谱结构。考虑到理论的局限性，340 纳米与 386 纳米之间的差别似乎还是可以忍受的。测得的吸收带比预言的还要弱得多，但这个差别也不难用其他减轻因素加以解释。

在一篇短文中，他们描述了这些实验及其结果，还特别强调了如下不容辩驳的事实：包含 60 个原子的不对称大分子通常将有很宽的吸收谱，而 $C_{60}$ 只有 1 个窄带，这本身就为 $C_{60}$ 高度对称的刚性结构提供了有力的支持，而且，这个带与理论预言的一个谱结构位置接近，这更为这群科学家们添了一分胜算。

很明显，除了 386 纳米弱吸收带以外，赖斯小组的研究人员在 $C_{60}$ 的紫外—可见光谱方面已难有建树了。但同样明显的是，这点证据还远远不够。他们冥思苦想可以证明 $C_{60}$ 确实具有足球状结构的其他实验。最后他们认定，研究 $C_{60}$ 在高能激光冲击下的分裂行为，可以为他们的想法增加进一步的筹码。

赖斯小组的科学家们已经与克罗托联手击退了 1 年前埃克森小组和 UCLA 小组在质谱解释和离子分裂问题上向他们提出的挑战。当初，为了回击他们的非难，他们曾指出，在高能激光的辐照下，$C_{60}^{+}$ 本身也会分裂，产生一系列大大小小的富勒烯离子。赖斯小组的研究人员认为，关于这些团簇如何在高能辐照的作用下发生分裂，还有许多值得探讨的问题。

1 年以前，贝尔实验室的研究人员曾指出，较小的碳团簇离子（$C_n^{+}$，$n<31$）主要以失去 $C_3$ 碎片的方式分裂。这与这些小团簇具有长链状或环状结构的想法完全相符。理论计算表明，$C_3$ 是特别稳定的碎片，因此在 $C_n^{+}$ 团簇离子发生分裂的众多可能途径中，失去 $C_3$ 在热力学上最有利。

但是，奥布赖恩在AP2上所做的一系列实验的结果表明，大团簇离子($C_n^+$，$n>32$)的行为与此截然不同，这一工作后来成为奥布赖恩博士学位论文的主要内容。首先，大团簇离子的分裂要困难得多，需要强得多的激光，尤以$C_{60}^+$为甚。其次，这些团簇离子分裂之后一般产生其他偶数团簇离子，这表明它失去的是稳定性稍差的$C_2$碎片而不是$C_3$碎片。看来，笼状结构可能是解释这一差异的唯一途径。

赖斯的研究人员推断，富勒烯笼获得能量后，其成键情况将发生重组，最终使其放出一个$C_2$碎片，然后重新闭合形成下一个较小的富勒烯。这个过程将不断重复下去，产生越来越小的富勒烯，直至$C_{32}$。对$C_{32}$进行辐照将使其爆裂形成线性的链。这是一个合乎逻辑的机制，与已有的实验结果相容，并与富勒烯笼的设想一致，但他们该怎么证实这一点呢?

这时，柯尔提出了一个极为精巧的实验。如果在一个富勒烯笼里填入一个金属原子，将它电离，然后再用高强度的激光束轰击它，那么会发生什么情况呢? 如果他们的分裂机制是正确的话，那么含有金属原子的富勒烯笼也会发生同一过程。碳原子笼将以每次减少2个原子的方式不断收缩，直至它小到已经容纳不下该金属原子为止，而此时它将爆裂。笼子尺寸的下限将依赖于里面金属原子的大小：金属原子越大，容纳它所需的富勒烯就必须越大。他们把这称为“收缩包装”机制。如果实验上能证明这一点，那么它不仅为笼状富勒烯的想法提供了支持，而且还表明富勒烯笼中确实可以填入其他原子。

奥布赖恩在AP2上开始了这些实验，但不久他完成了博士学位，并留在赖斯，在金西(Jim Kinsey)手下做博士后，继续从事化学物理学方面的深入研究。希思在大约同一时间也完成了博士学位，之后他去了加利福尼亚大学伯克利分校，在萨伊卡利(Rick Saykally)手下做

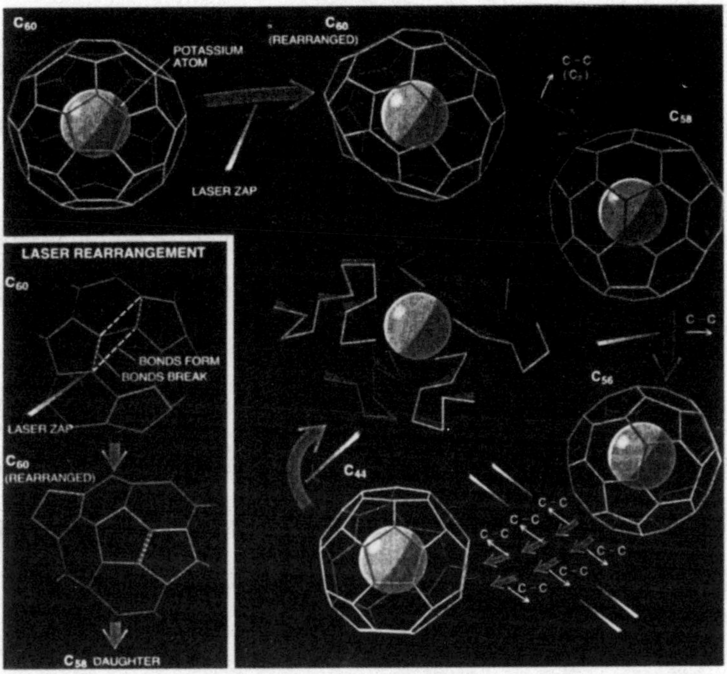


图 8.3　收缩包装机制

用强激光辐照裹有一个钾原子的 $C_{60}$——$KC_{60}$，受到扰动的碳原子笼将释放出一个 $C_2$ 碎片，然后自行闭合形成 $KC_{58}$。进一步辐照 $KC_{58}$ 将产生 $KC_{56}$，这个过程一直重复到获得 $KC_{44}$ 为止。随着碳原子笼包装的逐次收缩，中央原子将被裹得越来越紧，$C_{44}$ 是理论上容纳一个钾原子所需的最小碳原子笼。辐照 $KC_{44}$，企图使它进一步收缩将导致其爆裂，形成线性链状分子。

博士后。斯莫利、柯尔和手下的博士后埃尔金德(Jerry Elkind)以及研究生韦斯(Falk Weiss)继续进行实验。他们制备了只含 1 个钾原子的 $C_{60}$ 笼，电离之后将它俘获在一种被称为傅里叶变换离子回旋共振谱仪(FT-ICR)的装置中，这台仪器使科学家们能够把俘获的离子储存一段较长的时间(以分钟计)，从而可以轻松自如地研究它们的分裂行为。

这些实验取得了极大的成功。结果证明，和 $C_{60}^{+}$ 一样，除非有高强度的激光，否则休想分裂裹有钾原子的 $KC_{60}^{+}$。而它一旦分裂，将产生 $KC_{58}^{+}$，$KC_{56}^{+}$……直至 $KC_{44}^{+}$，裹有钾原子的更小的团簇就观测不到了。

小于$KC_{44}^+$的团簇离子之所以不能形成，是因为包在笼心的钾原子个头太大了。当碳原子包装收缩到44个原子以下时，笼子里就撑不出足够的空间来容纳一个钾原子了，这时笼子将被撕破形成碳链。

金属原子的大小不一样，富勒烯包装破裂时的团簇临界尺寸也将不一样。赖斯小组用嵌有1个铯原子的富勒烯电离之后形成的$CsC_{60}^+$进行的实验，表明情况确实如此。铯原子比钾原子大。富勒烯最小尺寸的简单估计表明，至少要$C_{48}$才能装下1个铯原子，它比能装下1个钾原子的最小团簇多4个碳原子。通过辐照俘获在FT－ICR谱仪中的$CsC_{60}^+$离子，科学家们获得了从$CsC_{58}^+$、$CsC_{56}^+$……直至$CsC_{48}^+$的离子信号。含有铯原子的更小的团簇确实形成不了。

所有这一切看上去都符合得天衣无缝。在化学界，许多科学家都认为支持富勒烯的实验证据已经相当充分了，尽管都还只是一些旁证。但并非所有的人都已心服口服，埃克森小组还在不断找他们的麻烦。他们甚至证明$C_{60}$上可以附带3个钾原子。埃克森的科学家指出，这与足球状结构是完全矛盾的。笼子里那么小的地方根本就挤不下3个钾原子，而把钾原子黏附在笼子外面则更说不过去。如果$C_{60}$上每个碳原子的成键条件都已满足，钾原子在笼外将无处栖身。唯一的解释是，$C_{60}$根本就不像足球——而是某种边沿上带有悬键的石墨碎片。

出局的克罗托显得孤立无援，他开始强烈地意识到，有必要在揭开富勒烯神秘面纱的进军中，做出一项属于自己的重要贡献，他必须在与赖斯小组合作的工作中留下自己的印迹。至此，制备$C_{60}$及其他富勒烯的唯一办法仍然是先用激光气化石墨，然后再用超音速膨胀的方法冷却这些团簇。因此，他向英国科学和工程研究委员会申请经费

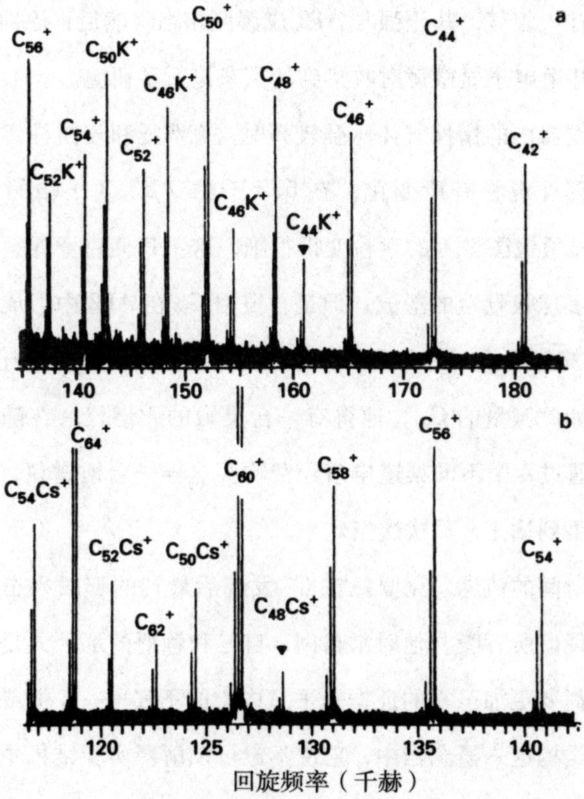


图 8.4

这些质谱显示的是对含钾和含铯的富勒烯收缩包装的结果。上面那张谱显示了 $KC_{52}^+$、$KC_{50}^+$、$KC_{48}^+$、$KC_{46}^+$、$KC_{44}^+$ 以及裸碳原子团簇的信号，富勒烯 $C_{44}$ 是能装下一个钾原子的最小的碳原子笼，因此质谱上不会出现 $KC_{42}^+$ 的信号。对于较大的铯原子，至少要 $C_{48}$ 才能装得下它。因此在下面那张谱中，看不到 $CsC_{46}^+$ 或 $CsC_{44}^+$ 的信号。这些结果为收缩包装机制、笼状分子家族的存在以及笼内填入原子的可能性提供了支持。

（并最终获得了这笔钱），在苏塞克斯开始建造自己的团簇束流发生器。

他和学生麦凯（Ken Mckay）用旧的电弧蒸发器做了一些初步实验。克罗托想看看在惰性气体气氛下蒸发石墨棒得到的烟尘和碳灰中是否可以形成 $C_{60}$。他们在蒸发器的底盘上钻了一个孔，并从这个孔向蒸发器注入氩气，其压强与AP2成簇区相当。然后，他们蒸发了一些石墨，并用电子显微镜对收集到的碳灰进行了研究。

当蒸发器内的惰性气体压强较高时，克罗托和麦凯注意到碳灰淀积物的物理外观将有所变化。在5.3千帕到13.3千帕的氩气压强下，电子显微镜图像上的颗粒变得很细，这不禁使克罗托猜测他们是不是看到了球状颗粒的形成。但是，根据$C_{60}$在AP2中形成的假想机制，$C_{60}$就算能形成，它在碳灰中也只占一小点，因此克罗托认定，要想探测到如此微量的$C_{60}$，他得有一台灵敏的质谱仪。在随后的2年中，他曾通过4个不同渠道申请经费购买这样一台质谱仪，并总以为这笔钱能手到擒来，却次次空欢喜。

随着时间的流逝，克罗托在$C_{60}$发现后最初的那股兴奋劲已渐渐地被重重疑虑所吞噬。他时常自问，自己和赖斯的那帮人是不是太招摇了。他需要更加可靠的证据来平息内心的不安——证据或许就隐含在足球状结构这一概念当中，它说不定可以解释实验结果中一个尚未触及的特征。足球状$C_{60}$是包含12个互不邻接的五边形面的最小的富勒烯，这一事实对于结构的稳定性显然至关重要。那么，下一个具有孤立五边形面的富勒烯是什么呢?

克罗托摆弄了一些分子模型，发现除非允许五边形邻接，否则看不出怎么才能形成笼状的$C_{62}$、$C_{64}$、$C_{66}$和$C_{68}$分子。实际上，他寻找的答案远在天边，近在眼前。在他与赖斯小组合作发表的那篇关于$LaC_{60}$复合体的文章中，他们曾为$C_{70}$构造了一个可能的笼状结构。这个结构是把$C_{60}$分成相等的两半，中间插入一圈10个碳原子的环带，再把三部分合在一起而得到的，它上面的五边形面当然也互不邻接。

如果$C_{70}$确实是$C_{60}$之后下一个具有孤立五边形面的富勒烯，那么人们或许就不必奇怪质谱上的$C_{70}$信号为什么总是忠实地出现在$C_{60}$信号的旁边了，这很自然地解释了孤胆骑侠和堂托这对好兄弟为何总是形影不离。由于五边形面互不邻接，$C_{70}$比周围其他团簇以及其他结构的$C_{70}$要稳定得多。克罗托曾看过得克萨斯 A&M 小组 1986 年 10 月发表的那篇关于不同结构$C_{60}$相对稳定性的文章，他决定找施马尔茨讨论一下孤立五边形面问题。施马尔茨告诉他，他们也获得了完全相同的结果。他们证明了$C_{62}$、$C_{64}$、$C_{66}$和$C_{68}$的结构中五边形面不可能完全孤立。

60 为什么是一个幻数，我们很容易从足球的角度去理解，可 70 为什么是下一个幻数，理由就没那么明显了。看来，五边形面是否邻接是问题的关键。克罗托想，按照这条思路，团簇分布中曾一再出现的其他幻数是否也能得到解释呢？

克罗托认为，如果关于五边形面的说法是正确的，那么按照挤在一起的五边形面的数目，富勒烯就可以分成不同的稳定性等级。对给定的富勒烯(碳原子数给定)，最稳定的将是所有的五边形面都互不邻接的那种结构，就像$C_{60}$和$C_{70}$一样，次最稳定的将是那些最多只有 2 个五边形面邻接的结构，然后是 3 个、4 个，依此类推。划分这一等级的根据其实是应变能的大小：结构中挤在一起的五边形面越多，结构的应变能越大，稳定性就越差。

回想在 AP2 上获得的数据，克罗托发觉 50 似乎是 60 以下的下一个幻数。当然，$C_{50}$上的五边形面不会完全孤立，但它会不会是第一个没有 3 个五边形面挤在一起的富勒烯分子呢？施马尔茨、塞茨、克莱因和海特后来证明情况确实如此。那么第一个能够避免 4 个五边形面邻接的富勒烯又该是哪一位呢？通过摆弄他的分子模型，克罗托发现，它应该是$C_{28}$。这可非同小可。克罗托想起，他们在赖斯得到的

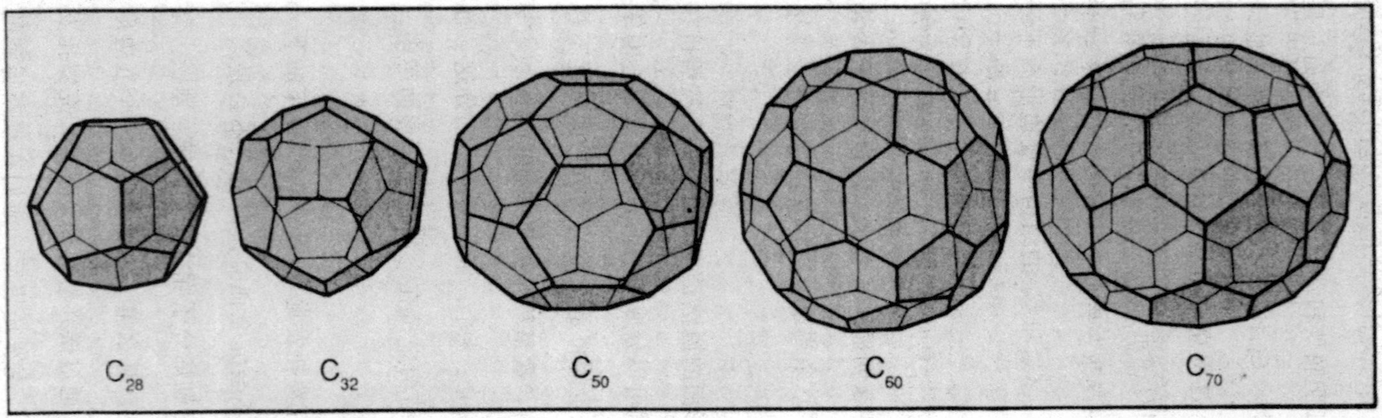


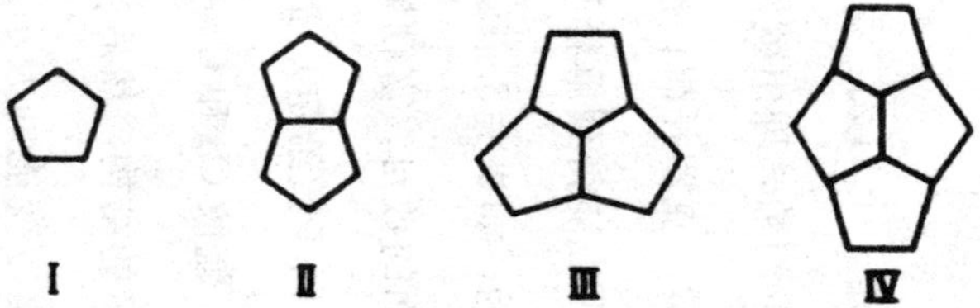


图 8.5

克罗托摆弄分子模型得到的五种“幻数”富勒烯结构。$C_{28}$是第一个能避免 4 个五边形面邻接的富勒烯分子（Ⅳ）。$C_{32}$是在强激光辐照下，由大富勒烯分子分裂所能得到的该类富勒烯分子中最小的一个。$C_{50}$是第一个能避免 3 个五边形面邻接的富勒烯分子（Ⅲ），而 $C_{60}$则是所有的五边形面都相互孤立的最小的富勒烯（Ⅰ）。$C_{70}$是下一个能避免 2 个五边形面邻接的富勒烯（Ⅱ），它上面的五边形面也是完全孤立的。

某些团簇分布中，$C_{28}$信号有时简直有$C_{60}$信号那么高。

克罗托发现，通过类似的推理，他还可以解释具有24和32个碳原子的富勒烯表现出的“魔幻性”。在适当的条件下，$C_{24}$是第一个能表现出某种稳定性的偶数大原子团簇，而赖斯小组的研究人员证明，在强激光的辐照下，$C_{32}$是通过大团簇的分裂所能获得的该类团簇中最小的一个。因此，幻数的序列应该是：24，28，32，50，60，70。在不同的时间和不同的条件下，这个序列中的所有碳原子团簇都曾显示过其自身的“特殊性”。

几何上的考虑，再加上一点化学直觉，这些就是导致幻数富勒烯分子特殊稳定性这一解释的逻辑基础。但对于更大一点的富勒烯分子，问题仍然没有得到解决，这些分子可能的多面体结构多得数都数不过来，要在它们当中作出选择无异于大海里捞针。而且，不作休克尔计算，我们也说不出哪种结构会具有闭合的电子壳层。

这个值得注意的问题在1987年，也就是在克罗托得到他的孤立五边形面规则大致相同的时间，获得了部分的解决。在此期间，理论化学家福勒(Patrick Fowler)以及他在埃克塞特大学的同事就多面体结构之间的关系、它们的对称性及其相对稳定性发表了一系列文章。福勒和斯蒂尔(J. I. Steer)合作建立了一组简单规则，由它就可以预测给定的富勒烯结构是否同时具有孤立的五边形面以及闭合的电子壳层，这就是福勒的“跳背游戏”*规则。

由任意五边形面和六边形面构成的多面体开始，按照“跳背游戏”规则，你可以构造出一个顶点数为原来3倍的多面体，它上面的五边形面是完全孤立的，而且，作为一个笼状富勒烯分子，它保证具

* 跳背游戏——分开两腿，从弯背站立的人身上跳过。——译者

有闭合的电子壳层。

构造过程的第一步是给起始结构“戴帽”，即在每个面的中心着上一个点，然后用直线把它和各顶点连起来。这样，每个五边形面就变成了 5 个三角形，而每个六边形面就变成了 6 个三角形。（这个“完全三角化”的过程和富勒的能量几何学有点像。）现在从这个戴帽结构中抽取出“对偶面”，方法是，在每个三角形的中心点一个点，然后用虚线将相邻的点连起来。这一系列相连的点就定义了最终的结构。

经“跳背游戏”构造（其所以这么叫，是因为它“跳过了”一个中间的三角形组成的多面体），起始结构中的一个六边形面在最后得到的结构中仍是一个六边形面，但转了 30 度。原来的一个五边形面变换之后还是一个五边形面，但转过了 36 度，并且被六边形面所包围。原来的一个顶点变成了一个六边形面，而原来的一条棱则变换成一条转过 90 度的棱。把这一规则应用到最小可能的富勒烯分子 $C_{20}$ 上——这个由 12 块五边形面拼成的笼不仅从几何学的角度上来看很不稳定，而且它的电子壳也不闭合——得到的跳背结构就是足球状 $C_{60}$。

福勒的构造方法的价值，在推求某些较大富勒烯分子的可能结构时得到了充分的体现。拿 $C_{78}$ 来说，几何上允许的笼状结构有 21 822 种，但 $C_{26}$ 的可能结构只有一种。对 $C_{26}$ 作跳背构造，我们将得到 $C_{78}$ 的一种可能结构，它具有完全孤立的五边形面，而且电子壳也是闭合的，因此它是 21 822 种可能结构中唯一的一个稳定结构。跳背规则未必能得到每一种稳定的结构，但它无疑使寻找稳定结构的过程大大简化了。

福勒发现，他的构造原则可以概括为一个简单的公式。只要 $n$ 满足 $n = 60 + 6k$，$C_n$ 富勒烯的电子壳就是闭合的，这里 $k$ 可以等于

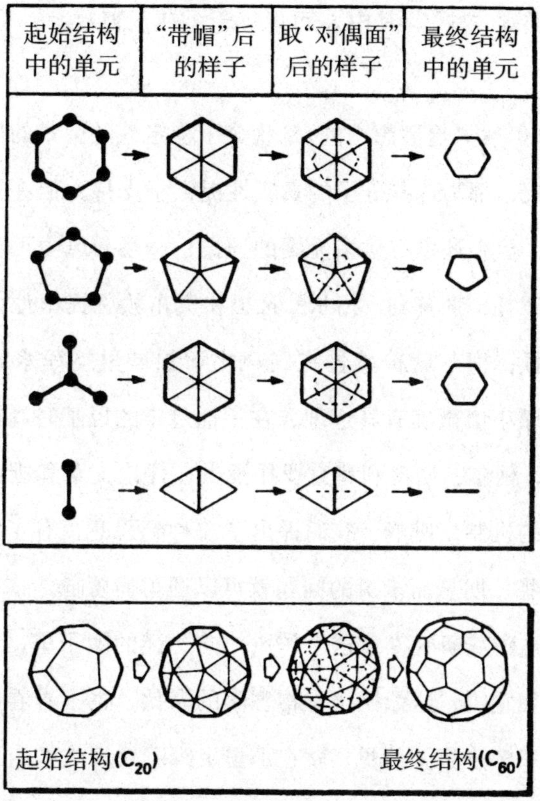


图 8.6 “跳背游戏”构造法

在起始多面体的每个五边形面和六边形面的中心着上一个点，并把它和这个面的每个顶点连起来，这样就得到了一个“戴帽”多面体，它很像富勒的所谓“完全三角化”结构。现在在每个三角形的中心着上一个点，并把这些点连起来(虚线)，得到戴帽结构的“对偶面”。由此获得的网络是一个顶点数为原来 3 倍的新多面体，它上面的所有五边形面都是孤立的，而且，如果它是一个富勒烯分子的话，它将具有闭合的电子壳层。对 $C_{20}$ 应用这一构造规则，得到的将是足球状 $C_{60}$。

零，或者是任何比 1 大的整数，这样，$C_{60}$、$C_{72}$、$C_{78}$、$C_{84}$、$C_{90}$ 和 $C_{96}$ 等，都是预计具有闭合壳层的分子。这个规则只适用于那些通过“跳背游戏”原则用较小的富勒烯分子构造而得到的结构，因此并未穷尽所有的可能。比如，$C_{70}$ 虽然不能通过“跳背游戏”构造得到，但它仍具有闭合的电子壳层。福勒和他的同事后来发现，对于那些不能由“跳背游戏”构造得到的结构，又可以分出 $n = 70 + 30k$ 和 $n = 84 +$

$36k$ 这样两类碳“柱”，其中 $k$ 可以等于零或正整数。

对影响(仍然只是假想中的)笼状分子稳定性的因素的理解所取得的每一步进展，都为这些分子的真实性提供了支持。但在目光挑剔的实验家看来，至今还没有确凿无疑的证据。一场暴风雨正暗暗酝酿。

早在克罗托、斯莫利、柯尔、希思和奥布赖恩提出他们的螺状成核机制的时候，柯尔就曾警告在碳灰化学领域里搅浑水绝没好果子吃。他这么谨小慎微确有其道理。在招摇过市的巴基时尚被炒得沸沸扬扬的同时，柯尔、斯莫利和克罗托没少在评论文章和国际会议上吹嘘他们提出的机制。瞧啊，我们提出了一种新思想，有了它，碳灰形成过程中一些长期悬而未决的问题就可以迎刃而解啦。

但是，在碳灰研究专家这个作风一向严谨的圈子里，许多人大不以为然。他们觉得，这帮搞化学物理学的家伙，也不看看碳灰化学领域已经积累了多少真知灼见，就在那里上蹿下跳地吹嘘自己一举解决了这个领域的所有问题。而他们提出的那个机制在明眼人看来简直是一派胡言，他们感到自己受到了无礼的冒犯。

碳灰圈子里那些更能说会道的人达成了如下广泛的共识：螺状成核机制的想法无疑是漂亮的，但它怎么说也不会和碳灰有什么瓜葛。最直言不讳的批评来自宾夕法尼亚州立大学材料科学工程系的弗伦克拉克(Michael Frenklach)以及埃克森石油公司实验室的燃烧学专家埃伯特(Lawrence Ebert)。他们宣称，螺状成核机制存在诸多问题，简单地说，有如下几个主要问题。

首先，鹦鹉螺结构的生长速度太慢，无法解释碳灰的形成，因此它不可能是正确的。其次，化学分析表明，碳灰试样中除了碳以外还有许多其他元素(如氢、氧、硫、氮)，而按照螺状成核机制，碳灰将是超大的纯碳分子。此外，X射线衍射和$^{13}C$核磁共振光谱研究的结果也与传统的、基于多环芳香烃聚合的碳灰形成机制相符。还有，碳灰在化学上是活泼的，而富勒烯则被认为是比较稳定的。

尽管弗伦克拉克并不否认有形成笼状纯碳大分子的可能，但他认为这决不会与碳灰有什么关系。而埃伯特则干脆一步也不让，和他在埃克森公司的同事考克斯以及卡尔多一样，他认为足球状$C_{60}$，还有其他那些富勒烯分子不过是些未经证实的假说。

尽管可以用来攻击螺状成核机制的实验证据有不少，但其中大多数还是受到了反驳。斯莫利和克罗托反复辩解，他们提出的机制只用来解释碳灰形成过程的最初阶段，未必对整个过程都适用，而正是过程的这一部分连碳灰化学家们自己也不得不承认还没有充分认识。大多数实验结果，尤其是有关碳以外的其他元素，可以在碳灰形成过程中的随后阶段中寻求解释，这时鹦鹉螺结构已经长得超过了一定的大小。

有些实验证据经斯莫利和克罗托一解释，甚至成了碳灰中存在$C_{60}$和其他类似结构的证据，反过来验证了他们的机制。1987年，达姆施塔特马克斯·普朗克物理化学研究所的德国碳灰化学家霍曼(Klaus Homann)和他的同事报道，他们在一种所谓的“碳灰焰”中找到了$C_{60}$形成的证据。这些火焰由氧气和乙炔或者苯的混合物燃烧所产生，由于混合气体中的氧含量不足以使混合气体完全燃烧形成二氧化碳和水蒸气，未燃尽的含碳物质将产生大量烟尘和碳灰。

按照螺状成核机制的说法，足球状$C_{60}$是在碳灰颗粒形成的过程中，结构偶然闭合，无法继续螺旋式地生长的结果，因此，$C_{60}$是碳灰形成的一个副产品。可以预料，任何形成碳灰的燃烧系统中都会形成一些$C_{60}$。霍曼用质谱仪测到了一个正好60个碳原子的分子，因此证实了“碳灰焰”中确实有 $C_{60}$，但仅由这些数据还不能推断它的结构。霍曼相信这就是 $C_{60}$，但他并不认为这是螺状成核机制的副产品。

霍曼认为，$C_{60}$ 在火焰中已经产生了碳灰颗粒之后才形成。和螺状成核机制一样，他提出的机制图像也很生动，但是其妙处在于它不违背碳灰研究圈子的传统观念。他指出，在高温下，那些像三明治一样叠在一起的石墨网状碎片的表层碳键将发生重排，在从前是六边形的地方形成一个五边形。这个五边形缺陷将使碳原子平面发生扭曲，在表面上形成一种“泡”。随着碳键进一步重排以及更多的五边形面的出现，这个泡将不断长大并最终闭合起来，这样，表面上将释放出一个足球状 $C_{60}$ 分子。

这个实验的结果给争论的双方都留下了相当大的回旋余地，他们希望得到什么结论，就可以对它作相应的解释。在斯莫利和克罗托看来，霍曼的发现证实了螺状成核机制在碳灰形成过程中所起的作用。而在霍曼本人以及碳灰圈子大多数人看来，这些数据支持的却是一个截然不同的论点：$C_{60}$ 分子是在石墨微粒的表面形成的。

第二项被认为支持螺状成核机制的实验证据，来自一个出人意料的惊人发现。1980 年，日本 NEC 公司基础研究实验室的饭岛澄男(Sumio Iijima)在分析碳膜的电子显微镜照片时，发现照片上有一些奇怪的图样。这些碳膜是由石墨棒放电蒸发产生的非晶碳粒淀积在衬底上得到的。这项技术与 2 年后赫夫曼、克雷奇默和索格在海德堡进行的钟形罩实验中所采用的技术完全一样，这是制备供电子显微镜观察的碳膜的标准方法。饭岛注意到，在与无规分布的石墨碎片对应的杂乱的线丛中，偶尔会出现一个大得多的同心圆结构，样子就像一个切开的洋葱。

这个结构中的每一道暗线代表一个几乎是球形的碳原子壳。典型的结构包含大约10个同心壳层，层与层之间的距离约为0.34纳米，与普通石墨中平展的网状碳原子层之间的间距相等。这个洋葱状结构的中心有一个直径为0.8—1.0纳米的小球。

当时，饭岛并不清楚这些球形结构是从哪里来的，但是，他提出这些球状的壳很可能是一系列的石墨壳，而且中间那个球状结构上至少要有12个五边形的面，这样才能保证它闭合。当他在1985年获悉$C_{60}$的消息时，立刻意识到他在电子显微镜照片上看到的结构就是富勒烯，它们一个套着一个，中间那个球就是足球状$C_{60}$。毕竟，制备这张膜所采用的石墨棒放电蒸发技术——就其温度而言，与赖斯小组所采用的激光气化方法并无多大差别。1987年，饭岛在《物理化学杂志》的一篇文章中，宣布他“亲眼看到了”由60个碳原子构成的团簇。

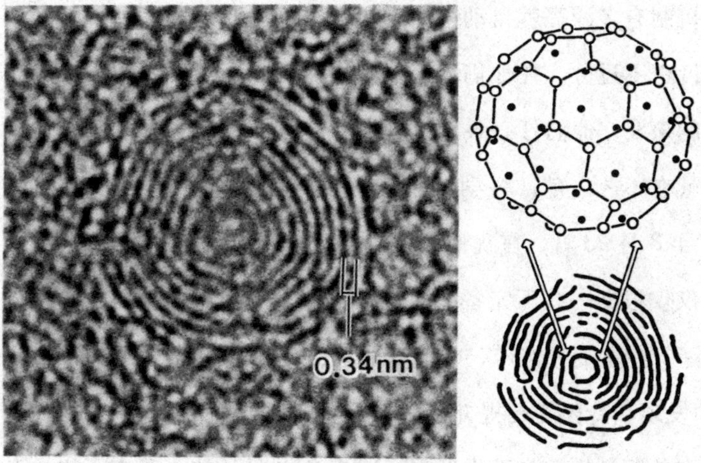


图8.7

这张电子显微镜照片显示了非晶石墨的杂乱图样以及一个引人注目的同心球面结构，球面之间的距离约为0.34纳米，中心球面的直径约为0.8纳米，与足球状$C_{60}$的直径相近。

对斯莫利和克罗托来说，电子显微镜照片中这些层层相套的近球形石墨壳无疑又为他们增加了一条支持螺状成核机制的实验证据。当然，由这些照片我们还看不出分子的结构究竟是个什么样——足球状结构仍然没有证明——但如此的巧合恐怕难有其他的解释。

到了后来，激进的螺状狂（也就是那群“巴基”先锋）与碳灰圈子里保守派之间的争论变得越来越意气用事。1989 年夏，争论双方的头目在弗伦克拉克的大本营宾夕法尼亚州立大学展开了正面交锋。会上，克罗托总结了富勒烯研究并描述了螺状成核机制。埃伯特紧跟着站起来发言，对这些新思想进行了攻击。克罗托也不是好惹的，他并不介意科学上的挑战，但也决不放过任何一个反驳的机会。斯莫利和克罗托最终击退了对他们的挑战，谴责了这些碳灰专家们的保守行为，说他们这群人在现代化学已行将变成“一潭死水”的生死关头仍不肯放弃他们陈腐僵化的传统观念，不肯接受任何一点新思想。

弗伦克拉克和埃伯特可有点坐不住了。他们争辩，不能因为螺状成核机制有多漂亮就自动认为它必然正确。对整个富勒烯时尚而言，这么说也不过分。在他们看来，这些分子的存在与否仍然是猜测多于过硬的事实，他们打心眼里讨厌发生的这一切。

就在不久之前，科学界刚刚出现过这样一个离经叛道的先例。1989 年 3 月 23 日，在犹他大学草草安排的一个新闻发布会上，一帮家伙仅仅根据一些不完备的而且无法重复的数据，戏剧性地宣布他们证实了“冷聚变”这样一个简单而优美的幻想。总有一天，人们会把 $C_{60}$ 的发现和冷聚变相提并论。

在美国《化学与工程新闻》1990 年 2 月号的一篇文章中，专栏记者鲍姆（Rudy Baum）描述了弗伦克拉克和埃伯特如何认识到富勒烯的研究已变得像冷聚变一样成了“病态”科学的又一范例。这些所谓的科学完全抛弃了传统的价值观和逻辑推理方法，代之以对那些自以为是想法的病态执迷。就像弗莱希曼（Martin Fleischmann）和庞斯（Stanley Pons）非理性地坚信冷聚变的真实性一样，在斯莫利和克罗托的眼里，到处都有富勒烯，甚至包括那些他们根本无权说三道四的领域。尽管后来埃伯特否认他在提到富勒烯研究时曾用过“病态科学”这个词，但他们争论时的语气也未必客气到哪里去，有一些科学家觉得事情确实搞得太过火了。

这类冲突在各种学科的发展过程中都曾出现过，这也是所有个性和人际关系起作用的人类活动所共有的特点，但它不是时常发生。争端的核心问题是，在没有把握的情况下，究竟该不该凭这点尚不够牢靠的证据建立碳化学的一个新的领域。到1989年末，科学界已经没什么人对那些支持 $C_{60}$ 分子足球状结构以及其他富勒烯的实验证据持异议了，可这些证据毕竟还不能说无懈可击。

那些顽固的怀疑论者会问，你们这群巴基先锋们究竟有些什么真正拿得出手的货色呢？是质谱上的那几个尖峰？可是解释它的方法多的是，哪种也不必假设什么闭合的碳原子笼。是化学反应活性（或者说缺乏反应活性）的测量结果？可是这些结果解释起来需要作许多假设，很难彻底把问题敲定。是那几张漂亮的多面体结构图和一些理论构想？可它们的稳定全是你们人为地假设的（而且话说回来，理论家们就喜欢没有根据地瞎起哄，为此他们早就声名狼藉了）。是你们那个所谓的“收缩包装”机制？可是它想证明的东西也正是它所假设的东西。是 $C_{60}$ 的范德华复合体那个微弱的吸收带？可是它既有可能和 $C_{60}$ 的吸收有关，也可能根本就没有关系，而且就算有关系，它又能证明什么？是你们提出的那个所谓的碳灰形成新机制？可不幸的是，它几乎和我们关于碳灰的化学性质所知道的一切都完全矛盾。

1988 年，关于 $C_{60}$ 以及相关物质研究的文章有 30 篇。1989 年，这个数字降到了 24，看来 $C_{60}$ 研究气数将尽了。实验家们的聪明才智毕竟有限，所有想得出来的实验，只要能提供一线证据，基本上都有人做过了。理论家们也早把该捡的便宜全捡光了，就剩下多面体和幻数的理论研究还有戏可唱，可它们又不解决眼下急着要回答的问题。现在大家想要的一样东西，那就是一份能够进行检验、分析、反应和测量的 $C_{60}$ 试样。看来，没有它，谁也别想得到什么更有价值的结论。

但是，那些玩命工作的富勒烯研究人员会告诉你，这样的试样现在还遥不可及。如果 $C_{60}$ 分子真的只能在高温下偶然形成，大量制备这种试样究竟有多少希望呢？是用实验室合成的方法一个原子一个原子地搭出足球状的 $C_{60}$？那工作量可太恐怖了。1983 年，俄亥俄州立大学的帕克特(Leo Paquette)及其同事为了合成比 $C_{60}$ 小得多的正十二面体炔($C_{20}H_{20}$)就用了整整 23 个步骤，合成富勒烯的步骤肯定比这要多得多。哪个有机化学家也没这么大的勇气(或者干脆说蛮劲)去试试这滋味。查普曼则是一个例外。

富勒烯研究人员已经试过了所有想得到的法子。他们用逻辑推理和高技术同这个难题进行了顽强的搏斗，现在看来，除非出现奇迹，很难再有什么突破了。

# 第九章　一个疯狂的念头

1985 年 12 月，赫夫曼从拉姆(Lowell Lamb)那里知道了 $C_{60}$ 的消息，从那一刻起，赫夫曼的脑子就没闲过。拉姆是最近刚从华尔街来赫夫曼小组的一名研究生，这位朝气蓬勃的年轻人以前在华尔街搞计算机系统方面的工作，就是现在他还在《纽约时报》上跟踪金融世界的事件。在 1985 年 12 月 3 日的《纽约时报》上，他看到了一篇署名布洛文(Malcolm Browne)的关于足球状 $C_{60}$ 分子的文章。他把文章拿给了赫夫曼。

赫夫曼心里一激灵。1982—1983 年，他出差去海德堡的时候，与克雷奇默和索格一起做的那批碳灰实验中，也曾得到过一些让人百思不得其解的结果。一开始，他猜想那些驼峰状的突起是不是说明他们制备的试样里有什么极稀罕的玩意儿。但这些“驼峰”来无影，去无踪，太像是实验出了岔子时出现的东西了。后来，他也听了克雷奇默的劝说，相信这些突起不过是某些杂质所致。

现在 $C_{60}$ 出来了。这个魔幻分子不知道是从那台复杂的团簇束流发生器的哪个角落钻出来的。它如此惊人，绝对错不了。如果赫夫曼要猎奇，这分子就够奇的了。会不会他们在海德堡的时候，用克雷奇默实验室里的那台碳蒸发器已经制备了大量的足球状全碳分子呢？这用不着别人提醒，他刚听说 $C_{60}$ 这回事的时候就意识到，他们制备的试样其实就是这玩意儿。然而他越考虑，又越觉得这想法好像有点荒唐。

$C_{60}$ 分子是在 AP2 中经过优化的成簇条件下形成的。按照对这些实验的解释，$C_{60}$ 是一个幸存者，由于它具有高度的对称性和稳定的结构，在团簇发生器中不容易受到破坏，同时也不能进一步生长，这和其他那些不太稳定的偶数原子团簇不同（当然，那个忠实的 $C_{70}$ 除外）。结果，在合适的条件下，所有其他的偶数原子团簇都大浪淘沙般地消失了，只剩下惹眼的 $C_{60}$（和 $C_{70}$），而且据推测，$C_{60}$ 的形成几乎完全靠运气，其概率只有万分之一，甚至只有百万分之一。

没人相信单单靠石墨棒在惰性气体中通电加热就会自发地形成大量的 $C_{60}$，这想法太不可思议了。可是，如果真想用 $C_{60}$ 来解释碳灰试样紫外谱上的驼峰状突起，赫夫曼又必须这么认为。在碰到科学上尚无定论的问题时，没有哪个科学家反对稍微来上一点规规矩矩的猜测。但这哪里还是猜测，这简直是痴人说梦。

赫夫曼把这个想法告诉了克雷奇默，并问他怎么看。克雷奇默是个直来直去的人，他认为这简直是一个疯狂的念头。

在利用基体隔离技术对碳原子小团簇的可见谱与红外谱结构的关系作过一些初步尝试之后，赫夫曼和克雷奇默之间的来往就不多了。此后，克雷奇默的时间越来越多地花在了欧洲航天局红外空间天文台(ISO)的重要工作上。这其实是一颗轨道卫星，上面装有由液氦制冷的红外探测器，用来研究宇宙中的红外天体，它计划于1993年升空。ISO计划的经费使克雷奇默得以购买了一台最新的傅里叶变换红外谱仪(FTIR)，它比以前用的那台破旧不堪的玩意儿可要高级多了。这台新的光谱仪主要用来对天文台的滤光片和光学元件作细致的校准。

克雷奇默从他在巴黎大学的同行莱热(Alain Léger)那里知道了$C_{60}$的消息。莱热是多环芳香烃物理性质方面的专家。人们普遍认为，星际尘埃云在紫外辐射加热下产生的强烈的红外发射正是由这些分子造成的。1985年11月，莱热把《自然》杂志上的那篇文章的一份预印本(也就是斯莫利的办公计算机上打印出来的手稿)寄给了克雷奇默。克雷奇默被这一发现彻底惊呆了，他十分赞同$C_{60}$形似足球的设想。在星际尘埃，尤其是星际碳领域作过几年研究的他，立即意识到这将是对碳——这种人们最熟悉的元素——的认识上的一场革命。但直到赫夫曼跟他说起这件事为止，他压根没想到$C_{60}$会和那个驼峰状的突起有什么联系。在他的脑子里，那个驼峰早就被当作让人讨厌的实验伪迹抛到九霄云外了。

虽然克雷奇默对赫夫曼的想法深表怀疑，拉姆却准备给赫夫曼"无罪推定"。赫夫曼的想法已经激起了他的兴趣，而且这个时候他的硕士学位论文的课题正好还未完成。因此，他请求赫夫曼考虑让他作$C_{60}$的研究。赫夫曼不支持这样做，他没钱进行这些研究，而且为这样一个疯狂的念头申请经费恐怕不会有什么指望。相反，他为一项旨在研究小颗粒对光的散射的计划拼凑了一个简短的报告，这项研究与半导体制造有关，它最终得到了一家本地半导体公司的资助。拉姆有点失望，但是现在连赫夫曼自己也对海德堡的蒸发器中形成的东西是否就是$C_{60}$没了把握，他当然不会贸然同意拉姆在图森耗时间在这些谁也说不准结果的实验上碰运气。

光阴荏苒，公元1986年的日历已经翻尽，时间悄悄地走进了1987年。赖斯小组还在为$C_{60}$的足球状结构寻找新的证据，而埃克森小组也信誓旦旦地要斗争到底。与此同时，理论家们的文章也越来越多，内容涉及对这种“假想”足球状分子的结构、成键、能态和光谱的预言。

赫夫曼对拉松、沃洛索夫和阿梅·罗森1987年7月发表的CNDO/S计算结果尤其感兴趣。这些结果表明$C_{60}$在紫外区的340纳米左右应该有一个很弱的吸收。另外，它还预言在260、240、230和220纳米处将出现比这强得多的吸收。赫夫曼想起那些驼峰状的突起大致出现在340、265和215纳米处。虽然不能指望CNDO/S计算给出光谱的细节，但它预言的吸收线位置与驼峰位置大致还是符合的，这已经很能说明问题了。

赫夫曼把这篇文章交给了克雷奇默，看他的反应。克雷奇默承认这确实很有意思，但觉得还是太牵强了。驼峰结构是相当宽的，而且也没那么显著，另外，在光谱的这个区域，许多不同种类的分子都表现出强烈的吸收。还有，这些理论计算被公认为很难做得十分精确。拉松、沃洛索夫和罗森他们自己就说，用这个方法试算萘分子得到的结果与实验数据的误差大致为0.5电子伏，而这就算符合得很不错了。有这么大的误差，$C_{60}$的紫外吸收带在275到200纳米之间随便放哪里都行。克雷奇默觉得，CNDO/S理论的预言和驼峰位置的相符纯粹是巧合，说明不了什么。赫夫曼抓住的不过是理论和实验之间的巧合，它碰巧给他关于$C_{60}$的那个疯狂念头递上了一根救命草。

在1987年9月一个星期五的晚上，赫夫曼终于拿定了主意。在图森的一家拥挤的酒吧里，赫夫曼正和他的同事们一边喝啤酒一边聊科学问题。几瓶啤酒落肚，话题转到如何用专利来保护知识产权。身为亚利桑那大学技术委员会专利律师的克里德（Phil Krider）坚持认为，科学家应该为他们的每一项发现争取专利权，不管它看上去多稀松平常。理由很简单，如果后来确实证明这个发现平淡无奇，那么除了花一点时间和钱，费点工夫填填表之外，你什么也不会损失，可如果后来证明这个发现真的意义十分重大，嘿嘿……

不管赫夫曼如何看重他的那些证据，眼下还确实不能说蒸发器里的碳灰中一定形成了 $C_{60}$。但现在他听克里德的了，科学家应该为哪怕是芝麻粒大的发现争取专利，万一它有意义呢？赫夫曼打定了主意，不管这个愚蠢的念头正确的可能性有多小，他也不想因为错过这样一个机会后悔一辈子。

赫夫曼第二天就开始拟定申请报告。他把这个想法告诉了克雷奇默，并向他描述了那天晚上在酒吧的经历。他说他打算为他们的碳灰制备过程申请专利，在他看来，那种能产生驼峰状突起的神秘物质就是 $C_{60}$。克雷奇默觉得这简直就像一个刚刚在亚利桑那的酒吧里灌下几大瓶啤酒的醉鬼在信口胡说，在大白天能说出这种混账话也够疯的了。

但赫夫曼主意已定。他已经请了一位专利律师，并正以他和克雷奇默的名义为蒸发过程草拟专利申请。他还计划进一步做实验提高驼峰试样的可重复性。克雷奇默此时正被 ISO 计划的活忙得晕头转向，哪有空回过头来做碳蒸发实验，因此他预祝赫夫曼专利申请取得成功并随他去了。克雷奇默不禁觉得这一切简直是在瞎胡闹。

克雷奇默的怀疑当然是有根据的。1987 年 12 月，在曼彻斯特大学天文系举办的一次星际尘埃会议上，他碰到了克罗托。克雷奇默向克罗托提起了理论预言的 $C_{60}$ 的紫外谱，克罗托提议他看一下希思、柯尔和斯莫利那年夏天报道的贫化谱的研究结果。克雷奇默还不知道有这个工作，在读了那篇文章后，他发现用这个间接方法分析 $C_{60}$ 谱，在 386 纳米处确实可以看到一个弱的吸收结构。但它看上去既不大像 CNDO/S 理论预言的吸收带，也不像驼峰。

1988 年初，拉姆用他们在图森的蒸发器重复了赫夫曼、克雷奇默和索格 6 年前在海德堡所做的实验。紫外谱上的那个神秘的驼峰是在较低的惰性气体压强下发现的，因此拉姆也采用了相同的条件。他发现，有时他也可以看到这个驼峰现象，但很难重复。现在，至少这个现象已经不是海德堡蒸发器所独有的了，而如果把它们简单地归结为实验伪迹的话，它们就不该在这台机器上重现。赫夫曼对拉姆的这一结果给予了肯定，但也就是肯定而已，他们并未因此对发生的一切有进一步的理解。

直到 1988 年 2 月，赫夫曼和拉姆也没能可重复地制备出具有驼峰结构的碳灰试样。赫夫曼没办法，只好放弃了专利申请。他还有许多其他研究项目，它们也没这么棘手，另外，克雷奇默那爱理不理的态度也让他没兴趣再一个人坚持下去。赫夫曼泄气了，注意力转移到其他事情上。但他的信念丝毫未受动摇：他才不想让这个疯狂的念头就这么白白地算了呢！

1988 年 7 月，死灰又复燃了。在加利福尼亚州圣巴巴拉举行的国际天文学联合会（IAU）的一个研讨会上，赫夫曼和克雷奇默又碰了头。这次研讨会的主题是星际尘埃，在关于 217 纳米星际带解释的大会发言之后，紧接着是小组讨论。赫夫曼是小组发言人，克雷奇默在下面听。赫夫曼讨论的是石墨颗粒在星际空间的角色，他首先提出了一些有利的证据，但随后话锋便转了向。

他说起了他和克雷奇默在某些由石墨棒蒸发得到的碳灰试样的紫外谱上看到的驼峰现象，并吼道："对不对，沃尔夫冈？"克雷奇默正在下面打盹呢，被他这一叫吓了一跳，他没料到赫夫曼会来这一手。接着，赫夫曼当众宣布了他的疯狂念头，造成驼峰的可能就是 $C_{60}$，并说最近理论上预言的足球状 $C_{60}$ 的紫外谱就是这个设想的根据。赫夫曼坚持："不管怎么说，它还能是别的什么呢？"

没人把他的话真当回事。一般，那些提交给研讨会的论文，还有小组讨论的内容都是记录在案的，它们将发表在一卷论文集当中，但是 1988 年 7 月 26 日至 30 日在圣巴巴拉举行的 IAU 第 135 次研讨会出版的论文集对赫夫曼的设想只字未提。

赫夫曼和克雷奇默会后讨论了下一步的工作。赫夫曼极力劝说他的德国同行重操旧业，进一步做碳蒸发器实验。赫夫曼这么顽固，克雷奇默都有点烦了，但最终还是屈服了。他同意在海德堡的钟形罩蒸发器上做进一步的实验，不为别的，只是想让赫夫曼睁大眼睛仔细瞧瞧自己有多荒谬，这样也好死了那份心，免得一天到晚把人搅得不得安宁。对克雷奇默来说，这无疑是个累赘，眼下他手下没有合适的学生做这些实验，而他自己又正忙着为 ISO 计划写可行性报告，根本抽不开身。

1988 年夏末，瓦格纳(Bernd Wagner)为了打工来到了马克斯·普朗克核物理研究所的天体物理部。他是科隆大学物理系的一名本科生，想花上两三个星期感觉一下科学前沿那高深莫测的气氛，并看看一个真正的研究所内部究竟是个什么样子。克雷奇默觉得这小伙子不简单，大多数学生似乎在研究所里都呆不住，更想到外面瞧瞧。由于没人能给这位年轻的理想主义者提供一个有偿的活儿，克雷奇默问他是否有兴趣用碳蒸发器做点实验。

克雷奇默向瓦格纳解释了如何使用蒸发器，瓦格纳开始了工作。这个年轻学生并不清楚他在干些什么，但操作过程很简单，很快他就制备出了一份供分析使用的碳灰试样。克雷奇默原打算是重复一下1982—1983年间他和赫夫曼还有索格所做的实验，看看驼峰现象还能不能重复。但不同的是，这次他从ISO计划中捞到了一台功能强大的FTIR光谱仪，可以细致地观测碳灰试样的红外和紫外谱了。

根据克雷奇默的建议，瓦格纳把钟形罩内的惰性气体压强一直控制在2.7千帕以下。重复这些实验的目的，仍然是产生能够作为星际尘埃颗粒实验室类比的石墨颗粒，因此必须防止过高的气压可能造成的凝团效应。

蒸发器上的活儿由瓦格纳干，他把淀积有碳灰的衬底盘交给克雷奇默，由克雷奇默来测量光谱。测量紫外谱的时候他们用的是石英衬底，而测量红外谱时用的则是硅或锗衬底。在某些试样的紫外谱上，那神秘的驼峰又出现了，但它们的可重复性还是很差。在这些新制备的驼峰试样的红外谱上，除了碳灰所特有的宽吸收带之外——这些吸收来自畸变石墨的拉伸和弯曲振动，似乎还有一些分子所特有的锐线，但这些线太弱，很容易让人觉得它们是杂质沾污的结果而弃置不理。

有一点需要交待，在这种情形下，没有任何好的理由可以解释瓦格纳怎么会想起来去做他下面所做的事情。几乎任何一个稍稍清醒一点的科学家都肯定不会这么干。此前，按照克雷奇默的指示，瓦格纳在制备试样的时候一直把钟形罩里的惰性气体压强控制在2.7千帕以下。这些实验想得到的是物理上尽可能小的颗粒，因此为了避免颗粒在生长过程中发生凝团，惰性气体压强必须保持在较低的水平。在高的气压下进行这些实验是毫无意义的，但是，在后来据他自己说“完全是为了好玩”而做的一个实验中，瓦格纳把惰性气体压强调到了13.3千帕，并在这种条件下蒸发石墨制备出了一份碳灰试样。

他把试样交给了克雷奇默。现在紫外谱上的驼峰显著多了。这表明碳灰中形成了大量导致这一现象的物质。但它的红外谱才叫人吃惊呢！在“普通”碳灰宽吸收带的背景上，赫然挺立着4条很强的吸收线，此外还有一些其他的吸收线，但唯有这4条最显著。重复这些实验，立即显示这4条线只在那些出现驼峰的试样上才有。克雷奇默惊得目瞪口呆。

大学化学系的本科生都学过，由 $N$ 个原子组成的非线性分子总共有 $3N-6$ 个振动的“简正模式”。这些模式起源于决定分子成键状态和几何结构的机械力和电学力之间的微妙关系。要正确地理解这些振动，你必须多少懂点量子力学那有些神秘的代数运算，但大多数化学家通常更愿意用老式的“硬球—弹簧”模型来分析这些振动。

如果我们想象分子由软弹簧(键)连在一起的一组球砝码(原子)所构成，那么对振动的简正模式我们可以作如下直观的理解。如果用钳子夹住其中的一个球砝码让它来回振动，然后慢慢提高振动的频率，你会发现，这个运动将通过弹簧传递给所有其他的球砝码，而且在一般情况下，整个模型将毫无规律地跳来跳去。但是在某些特定的振动频率下，在这一片混乱之中会出现一种有迹可循的运动形态，这时所有的原子将以同一步调运动。在这些运动形态中，那些弹簧既有可能对称地拉伸和压缩(原子“同相”运动)，也有可能反对称地拉伸和压缩(原子“反相”运动)，还有可能是整个分子在弯来弯去，它们就是振动的简正模式。

一个由球砝码和软弹簧构成的足球状 $C_{60}$ 的模型，将像一块果冻那样颤动。由于 $N=60$，这个分子预计有 174 个振动的简正模式。在其他任何分子中，这么多振动模式将使分子的红外吸收谱高度复杂化（最起码是这样），很难分析解释，因此也就提供不了什么信息。可是其中有蹊跷：只有那些能改变分子偶极矩的振动才能引起光的吸收，这就使 $C_{60}$ 的完美的对称性有了用武之地，在 $C_{60}$ 的 174 个振动模式中，只有 4 个能改变它的偶极矩，因此红外谱上只会有 4 条谱线。

几年来，好几个理论小组曾预言过这 4 条谱线的位置，他们的结果以波数（即振动跃迁所对应的波长的倒数的形式）报道，单位是厘米分之一（厘米$^{-1}$）。*受实验结果的鼓励，克雷奇默调研了各种已有的理论预言。

1987 年 6 月，纽约州立大学布法罗分校的吴（Z. C. Wu）、叶利斯基（Daniel Jelski）和乔治（Thomas George）预言这 4 条谱线分别位于 1 655、1 374、551 和 491 厘米$^{-1}$处。挪威特隆赫姆大学的 S · J · 叙温（S. J. Cyvin）、布伦萨尔（E. Brendsal）、B · N · 叙温（B. N. Cyvin）和布伦沃尔（J. Brunvoll）又作了进一步的计算，他们的结果是：1 434、1 119、618 和 472 厘米$^{-1}$。翌年，卡尼修斯学院（也在布法罗）的斯坦顿（Richard Stanton）和纽约阿普顿布鲁克黑文国家实验室的马歇尔 · 牛顿（Marshall Newton）又用更复杂的方法进行了计算，得到的结果是1 628、1 353、719 和 577 厘米$^{-1}$，而克雷奇默在光谱上看到的 4 条线分别位于 1 429、1 183、577 和 527 厘米$^{-1}$。

考虑到这些计算可能的误差，实验谱线的位置与理论预言差得并不大远。只要仅有 4 条谱线，能体现出足球状结构的正二十面体对称性，并且以正确的方式分布在光谱中，那就行了。对任何人来说，他

---

* 这个单位可能有点别扭，但使用它主要是因为光谱学家大多不愿意处理 10 的高次幂。如果用厘米分之一作单位，则分子红外跃迁的波数大致在几百到几千的范围。

的碳灰试样里有 $C_{60}$ 似乎已经是铁证如山了。

但是有多少呢？这 4 条谱线在光谱中这么明显，$C_{60}$ 的含量肯定少不了。由谱线的高度，克雷奇默估计 $C_{60}$（如果真是它的话）在碳灰试样中的含量绝不下于百分之一。这真让人难以置信！世界上其他地方的科学家为了制备那微不足道的一点点 $C_{60}$ 可费了功夫啦，他们用的激光气化石墨的设备可值好几十万美元呢！在那些团簇束流实验里，$C_{60}$ 的收率据估计还不到万分之一（甚至只有百万分之一）。而我，克雷奇默和瓦格纳在海德堡用区区几千美元的旧的钟形罩蒸发器就轻而易举地把 $C_{60}$ 的收率提高到了百分之一的量级！

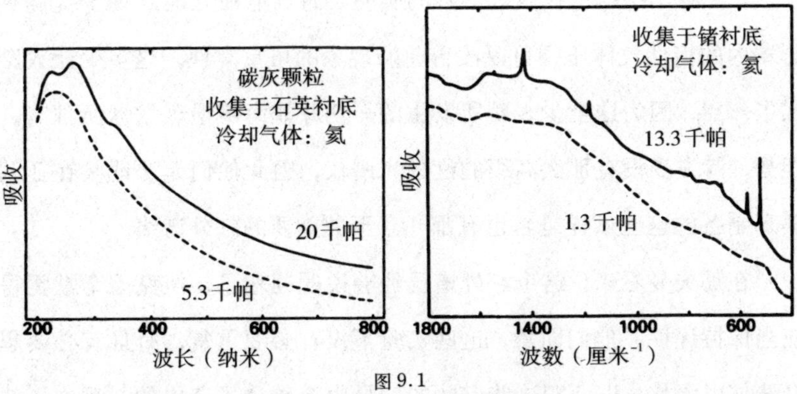


图 9.1

左图显示的分别是在 5.3 千帕和 20 千帕氦气压强下获得的碳灰试样的紫外吸收谱。在较高的气压下，3 个"驼峰"很明显。右图显示的是淀积在锗衬底上的碳灰试样的红外谱。"普通"碳灰特有的既宽又毫无特征的连续背景来自于畸变石墨结构中的拉伸和弯曲振动。在较高的氦气压强下，1 429、1 183、577 和 527 厘米$^{-1}$ 处将出现 4 条明显的锐线，叠加在宽的连续背景上。理论家们此前曾预言足球状 $C_{60}$ 在其红外谱上只会有 4 条谱线，位置与这张谱中的 4 条锐线的位置大致相符。

但没多久，克雷奇默保守的天性又重新占了上风，他开始怀疑起来。如果这一切确实是真的，如果碳灰试样里确实有大量的 $C_{60}$，那当然太棒了。可如果一切都是假的，那该怎么办呢？那么多聪明的家伙都在用昂贵的仪器研究这个问题，怎么会他们全是错的而唯独我克雷奇默是对的呢？要是大量制备 $C_{60}$ 真这么简单，以前怎么没人发现呢?

克雷奇默再次想到是不是又是什么杂质在和他开玩笑。来自真空泵的油污会沾污碳灰试样，这或许可以解释其中1条红外谱线，留下另外3条有待解释。而如果红外谱上只有3条谱线，再要说碳灰中一定有$C_{60}$就显得牵强了。不管怎么解释，显然只有这些结果还是不够的。他们必须有更牢靠的证据来证明这些谱线的确是由全碳分子造成的。

克雷奇默打电话把这个结果告诉了赫夫曼。如他所料，赫夫曼听了十分激动，他那疯狂的念头终于有了第一个实实在在的证据。实际上，在图森，拉姆也在做进一步的实验，而且他独立地发现了提高钟形罩内的惰性气体压强可以改善驼峰现象的可重复性。这多少让人踏实了一点，因为这至少表明所发生的一切并非海德堡蒸发器所独有。但是，赫夫曼没有那么高级的红外光谱仪，因此他们无法证实在亚利桑那制备的这些试样是否也有那4条至关重要的红外谱线。

在赫夫曼看来，这个红外谱已经够说明问题了，但克雷奇默觉得应当保持谨慎。他们同意，这些实验不仅有必要重复，而且有必要想办法加以深化，以证明这些谱线的确是由全碳分子造成的。现在，他们必须想法子提高$C_{60}$(或者不管它究竟是什么)的收率，只有这样他们才能从碳灰试样中提取足量的这种物质来作化学分析，这可不容易。

摆在克雷奇默面前的最大的问题是，他没有学生来做这件事。瓦格纳现在已经回科隆大学上课去了，这小伙子尽管也知道自己参与了某件激动人心的事，但他绝不知道自己所做的工作蕴涵着多么重大的意义。

福斯蒂罗波洛斯(Konstantinos Fostiropoulos)曾在海德堡大学学物理，1988年夏，他完成了化学物理专业的学习并获得了物理化学学院授予的学位。尽管他从小一直在附近的曼海姆长大，但他还是希望在他的祖国希腊实现他的科学理想。在夏天即将结束之际，他去了趟希腊，走访了各研究所，希望能找到一位导师收他作博士研究生。但这段时间在希腊正好不适于联系学校，因此他无功而返。

他带着失望回到了海德堡。在四处寻找研究项目的过程中，他从学生时代的一个朋友那里得知克雷奇默正找人做有关碳灰的实验。于是，他找到克雷奇默，对他说自己能行。

由于没有明确的前进方向，1988年底，拉姆停止了在图森蒸发器上的工作。次年2月，福斯蒂罗波洛斯开始了他在海德堡蒸发器上的工作。他的第一个任务是拆开蒸发器进行彻底的清洗，然后再将它重新组装起来，看看重新得到的紫外谱和红外谱有什么不同。结果没什么不同。

下一件事是更换真空泵，看看会有什么结果。以前他们使用的一直是油蒸气扩散泵，尽管隔离钟形罩和气泵的阀门在蒸发过程中是关闭的，但是很显然，气泵中的油蒸气及其裂解产物仍有一定的机会进入钟形罩沾污碳灰试样。物理学家们十分清楚，这些油蒸气中的碳氢化合物在3 000厘米$^{-1}$附近有很强的红外吸收线，它们是这些化合物中碳—氢键振动所特有的。尽管在碳灰试样的光谱中没有观察到这些谱线，克雷奇默还是坚持要核查每一种可能。福斯蒂罗波洛斯用一台装有吸油器的涡轮泵换下了那台扩散泵，但光谱还是老样子。

接着，他们核查了所使用的惰性气体，看看其中是否含有什么杂质。他们先后用氦气和氩气做了实验，发现形成碳灰中那种神秘驼峰物质的最佳气压对氦气和氩气来说分别是27千帕和13千帕左右。这些气体是从市售气瓶中灌进钟形罩的。如果这些气体中确实有杂质的话，那么气压越高，碳灰试样受到沾污的可能性就越大。他们接着用另一种高纯氩气源做了实验，其杂质含量可以小于总体积的百万分之一，但这也没有使光谱产生什么变化。

随着核查一步步地进行，那种神秘物质就是 $C_{60}$ 的可能性越来越大了。但是，除非有确凿的证据证明那 4 条红外谱线是由一个全碳分子造成的，克雷奇默绝不会轻易罢休。福斯蒂罗波洛斯几个月来一直在处心积虑地提高这种神秘物质的收率，但一切进行得极不顺利，收率并未得到明显的改善。尽管和团簇束流发生器相比，他们已经制备了“大量” $C_{60}$，但它仍然只能以微克计。而且，克雷奇默总觉得要想把这种物质从碳灰试样当中分离出来，将十分困难。他看不出 $C_{60}$（如果真是它的话）的物理化学性质和普通的碳灰会有什么明显的不同，因此分离提纯这种物质基本上是异想天开。

随着那几个月不顺当日子的过去，福斯蒂罗波洛斯开始相信这一切了。那些驼峰还有那 4 条红外谱线，无疑是真实的，也是可重复的，而且 $C_{60}$ 也得到了理论预言的支持。但克雷奇默似乎总是强迫自己处于一种怀疑一切的状态，至少可以说对一切都半信半疑，他只信那些他们想搞错都搞不错的东西。1989 年 3 月，庞斯和弗莱希曼宣称他们在试管中室温下获得了核聚变，随着事实真相的败露，克雷奇默对科学以及科学家本人的名声所受到的各方面的攻击越来越恐惧。他不想成为另一出冷聚变式闹剧的牺牲品。

他们该怎么办？他们已经没法再提高这种神秘物质的收率了，从碳灰试样中分离这种物质似乎更是一点门儿也没有，至少现在情况就是这个样子。他们真正需要的是这样一个实验，它既不用更高的收率，也不用分离提纯，就能证明那种神秘物质确实由全碳分子组成。

赫夫曼觉得，证据已经够充分的了，但他知道，如果没有进一步的证据，他的德国同事是不会善罢甘休的。经过商议，赫夫曼和克雷奇默决定用$^{13}C$制成的石墨来制备一些碳灰试样。

分子红外光谱中的吸收线位置取决于原子间成键的强度以及这些原子的质量。移动一个较重的原子核将比移动一个较轻的原子核更困难，这种对运动的惯性影响着分子振动的周期(或频率)，这就好比弹簧的振动周期受其两端物体质量的影响一样。和弹簧一样，分子振动的频率反比于原子质量的平方根。

用较重的同位素$^{13}C$原子代替$^{12}C$原子，不会改变分子中任何化学键的强度，但会改变这些原子所参与的振动的频率，红外谱线的位置也会发生相应的改变。和$^{12}C$组成的分子相比，各条谱线的位置将以一个恒定的比例发生变化，这个比例取决于$^{12}C$和$^{13}C$原子质量平方根的比值。这些原子的质量可以通过查表获得。赫夫曼和克雷奇默估计，如果这4条红外谱线的确是由$C_{60}$这种全碳分子造成的，那么用$^{13}C$代替$^{12}C$之后，它们将以一个恒定的比例因子0.9 625移向低能端(波数小的那头)。只要能证明这一点，他们就有了苦苦追求的证据。这样做既用不着制备更多的这种物质，也不必费劲分离提纯。

这也不是件容易的事，但克雷奇默和福斯蒂罗波洛斯觉得这是他们唯一的出路了。用$^{13}C$做成的石墨棒在市面上是买不到的，但可以买到纯度99%的$^{13}C$粉末试样。他们现在要做的是如何由这些粉末得到碳灰。

1989年夏，福斯蒂罗波洛斯购得了大量的$^{13}C$粉末。起初，他想用激光束来气化这些粉末。他从同事施奈德(Klaus Schneider)那里借来一台红宝石激光器，希望这样就能在碳灰淀积物中得到足量的那种神秘物质，从而对它们作红外和紫外谱的测量。但那些粉末轻飘飘的，一下子就被激光器发出的脉冲给吹没了。即使在很高的惰性气体压强下，也没法得到显示驼峰现象的碳灰淀积物。看来，尽管激光气化技术曾经是揭示 $C_{60}$ 存在及其特性的功臣，用它来大量制备这种物质却行不通。福斯蒂罗波洛斯只好想办法把这些 $^{13}C$ 粉末放进蒸发器中去了，这意味着他必须想法子用 $^{13}C$ 粉末做一根石墨棒。

就在他和克雷奇默还在跟这个问题较劲的时候，眼看着夏末会议高峰季节就要到了。赫夫曼和克雷奇默决定赌一把。他们觉得证明碳灰试样中形成的就是 $C_{60}$ 的证据还不够充分，因此不想把他们的发现发表在经过同行评议的杂志上。可会议文集是另一码事，如果他们把红外谱和紫外谱的结果再加上他们的猜测发表在什么会议的文集里，那么就算后来这些结果被证明是正确的，也不会有人指责他们对外界隐瞒了其结果。而如果这些结果后来被证明是错误的，那造成的影响也不会有多严重。没人会很在意会议文集，除非以后的文章引用到它们。如果他们错了，他们的文章也就是静静地躺在图书馆的书架上，根本不会有人去理睬。

他们都希望参加 9 月 8 日至 13 日举行的第 4 届卡波迪蒙特天文台国际研讨会，地点在卡普里。研讨会的主题是星际尘埃。为此，他们匆匆赶写了一篇论文，题目是“在实验室制备的碳灰中搜寻 $C_{60}$ 的紫外和红外谱”。文中描述了他们观察到的驼峰现象、4 条红外谱线，还有为了排除实验中某些明显的人为因素的可能影响而进行的种种核查。他们强调了 $C_{60}$ 的紫外谱和红外谱的理论预言所提供的有利证据。他们还提到了希思、柯尔和斯莫利的贫化谱，并指出这与他们的结果有着明显的矛盾。他们提出，这可能是由于碳灰可能的畸变效应造成的。他们指出，他们的结果似乎表明这些碳灰试样中含有不少于百分之一的 $C_{60}$。

克罗托接到了卡普里研讨会的邀请，但那个夏天未能成行。但是，他的好友，也是他的同事朱拉(Mike Jura)去了。朱拉是UCLA的一名天文学家，他对$C_{60}$的进展一直极为关注。会上，他搞到了一份克雷奇默、福斯蒂罗波洛斯和赫夫曼的论文，这其实是提交给大会的一份扩充的摘要，对原文已作了删减。在文章的篇头他写道：“哈里——卡普里会上展示的东西——你相信吗？——迈克”，然后把这份摘要寄给了克罗托。

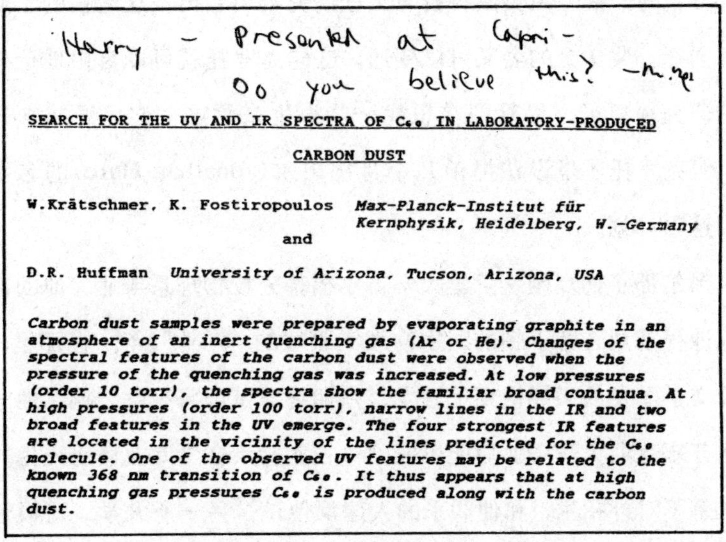
Harry – Presented at Capri –
Do you believe this? –Mike

SEARCH FOR THE UV AND IR SPECTRA OF $C_{60}$ IN LABORATORY-PRODUCED CARBON DUST

W.Krätschmer, K. Fostiropoulos *Max-Planck-Institut für Kernphysik, Heidelberg, W.-Germany*
and
D.R. Huffman *University of Arizona, Tucson, Arizona, USA*

*Carbon dust samples were prepared by evaporating graphite in an atmosphere of an inert quenching gas (Ar or He). Changes of the spectral features of the carbon dust were observed when the pressure of the quenching gas was increased. At low pressures (order 10 torr), the spectra show the familiar broad continua. At high pressures (order 100 torr), narrow lines in the IR and two broad features in the UV emerge. The four strongest IR features are located in the vicinity of the lines predicted for the $C_{60}$ molecule. One of the observed UV features may be related to the known 368 nm transition of $C_{60}$. It thus appears that at high quenching gas pressures $C_{60}$ is produced along with the carbon dust.*

图9.2

朱拉给克罗托寄去的那份克雷奇默—福斯蒂罗波洛斯—赫夫曼论文的摘要。附言如下：“哈里——卡普里会上展示的东西——你相信吗？——迈克。”

像科学界大多数知道克雷奇默、福斯蒂罗波洛斯和赫夫曼工作的人一样，克罗托开始也抱怀疑态度。海德堡蒸发器能制备出以微克计的$C_{60}$，真让人不敢相信。他所知道的有关$C_{60}$的事实，还有他所想象的$C_{60}$的形成机制，使他对克雷奇默等人的设想缺乏足够的思想准备。

同时，克罗托也感到很狼狈。2年前，他和麦凯曾尝试过几乎一模一样的石墨蒸发技术，而且从那时起他一直在等候那笔购买质谱仪的经费，可这笔吊人胃口的钱就是不落实。他重重地叹了口气。克雷奇默他们的想法虽说有点疯狂，但那些观测结果是不容置疑的。他有点想修修那台钟形罩蒸发器，亲手检验一下这些结果。

幸好，这时有人伸出了援助之手。在英国煤气公司的史蒂夫·伍德(Steve Wood)的帮助下，克罗托搞到了一个科技协作奖(CASE)的奖学金名额，该奖项专为有关燃烧的项目设立，钱由英国煤气公司出一部分，另一部分由英国科技与工程研究委员会出。这笔钱的工业赞助商同意，奖学金的名义可以变通，这样克罗托就可以自由地选择具体的研究项目了。尽管现在想找一些学生来拿这个奖已经越来越难了，但克罗托还是设法提前几个月把黑尔(Jonathan Hare)的名字写进了这项计划。

黑尔那年初夏刚从萨里大学吉尔福德分校物理系毕业。他的部分学位课程涉及在特丁顿的国家物理实验室的“产业”年。在那里，他对天文学潜在的兴趣得到了激发。在期终考试即将来临之际，他写信询问苏塞克斯大学毕业后能不能到该校实验天文学专业读研究生。但天文系不对外招生，和他联系的人建议他试试另一所大学。可没过几个星期，天文系又给他来了一封信，信中建议他找克罗托谈谈。从克罗托那里，他第一次知道了还有 $C_{60}$ 这种神奇的新分子，他立即被这个美妙的思想，还有克罗托对它的狂热征服了。

10 月中旬，黑尔来到了苏塞克斯，开始了研究生生活。克罗托向他解释了克雷奇默、福斯蒂罗波洛斯和赫夫曼的那篇文章，并说他想重复这些实验，看看是否真有那 4 条红外谱线。黑尔领命后和克罗托的另一个学生巴尔姆(Simon Balm)一起重新组装了 1987 年克罗托和麦凯被迫抛弃的那台碳蒸发器。这台设备尽管破旧，但它很简单，而且基本上还能用。没过几天，黑尔和巴尔姆就得到了他们的第一批碳灰试样。此后，巴尔姆被换到克罗托和斯泰斯新搞到的团簇束流发生器上工作，而黑尔则又添了个新帮手萨卡尔(Amit Sarkar)，他是化学物理专业的一名本科生，打算把蒸发器上的工作作为毕业设计的一部分。

经过摸索，黑尔和萨卡尔发现钟形罩内的惰性气体压强十分关键。10 月 22 日这天，他们证实在特定的条件下，碳灰试样确实能显示 1 年前克雷奇默和瓦格纳曾观察到的那 4 条红外谱线，尽管这些线还很弱而且可重复性不好。对于黑尔来说，事情进展得太神速了，短短 12 天时间，他已经步入博士学位论文的研究阶段了。

但好景不长，正当黑尔和萨卡尔费尽心机地想重复这个红外谱的结果时，这台破旧不堪的蒸发器终于垮掉了。大变压器中的绝缘材料烧了，实验只好停了下来。他们苦苦追踪的目标只给了他们惊鸿一瞥，便被这不中用的机器的一次偶然故障无情地带走了。不过，黑尔觉得旧的不去，新的不来，蒸发器迟早是要重建的。

伍德是黑尔所获的 CASE 奖学金的工业监督人。经他的活动，英国煤气公司拿出 80 英镑买了一台商用电源，就是一般电弧焊接用的那种，它代替了那个烧坏的变压器。黑尔重建了真空系统和电子设备，到 12 月初，整个实验又可以重新开始了。他和萨卡尔又一次看到了那 4 条红外谱线，尽管它们仍然很弱而且重复性不好。这已经足够让萨卡尔在他的毕业设计中有点可吹的了，但要达到克罗托所追求的那种绝对把握当然还不够。随着圣诞节的临近，黑尔加紧了步子，调节他所能想到的每一个实验环节，希望能提高这种神秘物质在碳灰试样中的含量。

在海德堡，福斯蒂罗波洛斯查阅文献之后发现，非晶碳公认为不能用来制备固态石墨。由粉末试样转变为棒状材料，被认为是不可能的。但他并没有泄气，他请教了位于美因茨的马克斯·普朗克化学研究所的同事。这个所的科学家建造了一台能在接近2 000开的高温下以很高的压强(可达8 100千帕)压缩材料的仪器。他拿了一些昂贵的$^{13}C$粉末到美因茨，看看他们能不能在高温下把它压成固体棒。让他喜出望外的是，他们居然成功了。

这个时候，黑尔正在缓慢地重建苏塞克斯蒸发器，而福斯蒂罗波洛斯则正在仿照美因茨的仪器建造他自己的高压设备，并开始了制备$^{13}C$棒的艰难历程。新年前夜，就在柏林墙轰然倒塌的时候，福斯蒂罗波洛斯正独自一个人在空荡荡的实验室里埋头苦干，四周悄无声息。

得到的石墨棒还不太稳定，但对蒸发实验来说已经够好的了。1990年2月初，福斯蒂罗波洛斯把$^{13}C$棒装进了钟形罩，这时离他博士生入学正好1年光景。他打开抽气泵的阀门，把钟形罩抽成真空，然后把钟形罩密封，放进13.3千帕的氦气。他慢慢地加大两根接触石墨棒之间的电流，直至整个钟形罩笼罩在一片耀眼的弧光中。这个过程每隔20秒重复一次，直到两根石墨棒已经不再接触。

经过焦急的等待，仪器终于冷却下来了。他小心翼翼地取出淀积着$^{13}C$碳灰的衬底，把它拿到FTIR光谱仪上。经过测量，他发现那4条红外谱线分别出现在1 375、1 138、556和508厘米$^{-1}$处。它们与$^{12}C$试样中相应谱线的比值分别为0.9 622、0.9 620、0.9 636和0.9 639，平均比值为0.9 629，而预言的比值为0.9 625。这不会错了，不管是谱线的线型，还是同位素替代所造成的移动都明确无误地得出同一结论：他们的碳灰试样里确实有$C_{60}$。福斯蒂罗波洛斯禁不住发出了一声欢呼。

正当福斯蒂罗波洛斯坐在计算机屏幕前沉思眼前这张光谱的重要意义时，费希蒂希走过来打断了他。他正陪同一位客人参观系里的实验室，为了照顾这位客人，费希蒂希问他显示器上看到的是什么？福斯蒂罗波洛斯回过神来，眼睛闪过一丝兴奋，向他们说，这是碳灰试样的红外光谱，这种碳灰试样里有 $C_{60}$，这是一种全新的分子，样子像个足球，全部是由碳构成的。费希蒂希和那位客人被他的回答吓了一跳。

克雷奇默听到了福斯蒂罗波洛斯的欢呼，在费希蒂希重复他的问题，并问“真是 $C_{60}$？”的时候走进了实验室。屏幕上显示的只是光谱的大致形状，克雷奇默还无法断定这就是 $^{13}C$ 碳灰的光谱，还以为只不过是福斯蒂罗波洛斯从计算机文件中调出来的 $^{12}C$ 碳灰的旧谱呢。“不，不，……我们还没什么把握呢”，克雷奇默满怀歉意地解释说。

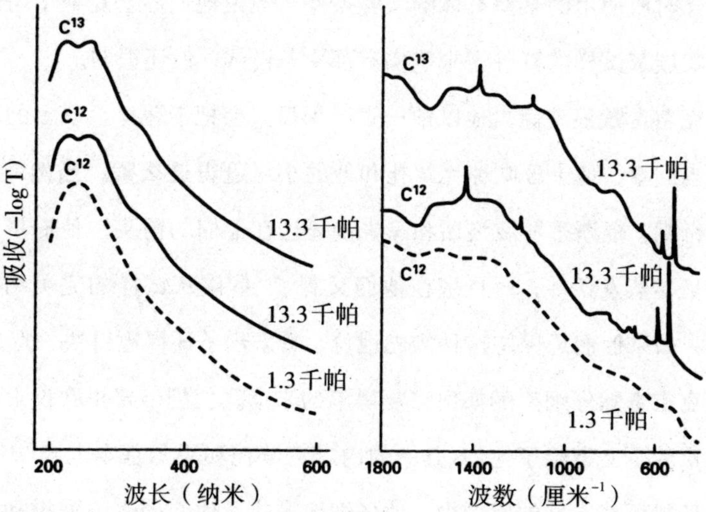


图 9.3

这是蒸发由 $^{13}C$ 做成的石墨棒得到的碳灰试样的紫外谱和红外谱，以及它们与 $^{12}C$ 的相应光谱的比较。正如预料的那样，紫外谱上的驼峰不受同位素替代的影响。相反，4 条红外谱线的位置全都发生了移动，移动量与在一个全碳分子中作同位素替代预期的值一致。

但福斯蒂罗波洛斯马上纠正说这确实是第一张$^{13}C$碳灰试样的光谱，是他刚刚得到的。克雷奇默预感着今天就有事，你瞧，这不来了？费希蒂希和那位客人悄悄地退出了实验室，让这师徒俩沉浸在热烈的讨论中。

几个星期后，克雷奇默收到了一封发自英格兰的信，落款是黑尔。

克罗托让黑尔把他们关于红外谱的初步结果以海报的形式投给即将举行的一个天体化学会议。他准备在其中提一提海德堡—图森小组的早期工作，但不知道该怎么标明这个小组在卡普里会议上提交的那篇论文的出处。因此，克罗托催促黑尔给克雷奇默写封信，问问那篇文章有没有发表，如果发表了，那么正确的出处是什么。黑尔在2月28号写了信，信中他还趁机向克雷奇默询问了他们在制备“特殊”碳灰试样时所使用的某些具体的实验条件。他说他们苏塞克斯小组也已经证实碳灰试样的红外谱中确实有那4条谱线，但还很弱。

克雷奇默很震惊。他以前一直以为没人会把卡普里会议上的那篇文章当回事，他十分吃惊克罗托和他的小组赶得这么紧。当然，现在克雷奇默、福斯蒂罗波洛斯和赫夫曼还远在他们的前头。他们早就掌握了最佳蒸发条件，而且现在他们又有了$^{13}C$碳灰试样的完美结果。但是，如果他们想保持这种领先地位，看来步子还得迈得快一点。

克雷奇默仔细斟酌如何答复黑尔的来信。他把卡普里会议上的那篇文章的全文寄给了他们(其中的内容克罗托和黑尔基本上全知道)。在他那封语气友好的回信中，他仔细地描述了他们的实验安排和具体条件，但对$^{13}C$碳灰试样的结果只字未提。

不管他们愿不愿意，$C_{60}$竞赛现在正式开始了。

# 第十章　富勒体

受克雷奇默来信的鼓励，黑尔现在制备的碳灰试样的那4条红外谱线的可重复性好多了。他系统地调节了一切可以调节的因素，发现当氦气压强超过1.3千帕时，两根石墨棒的接触点离衬底的距离对碳灰淀积物的性质起着至关重要的作用。如果仪器里真的形成了$C_{60}$，那么当衬底离石墨棒太近时，由于温度太高，衬底上积累的那点$C_{60}$将随即被赶得无影无踪。

黑尔把这个完全可重复的结果提交给了一个有关星际云的讨论会，这次会议定于1990年3月25日到29日在曼彻斯特举行。比起克雷奇默和赫夫曼在卡普里提交的那篇文章，还有赫夫曼在圣克拉拉认准的那个疯狂念头，黑尔的结果得到的响应积极多了。现在情况不同了，黑尔独立地证实了海德堡蒸发器上得到的结果。

当然，谈论碳灰中是否就有$C_{60}$现在还带有很大的猜测性，但那4条谱线确确实实存在，而且它们在光谱上的分布与理论预言的足球状$C_{60}$分子的光谱也确实一样。天文学家撒迪厄斯（Pat Thaddeus）对黑尔说，他觉得苏塞克斯小组的工作“确实有东西”。

在克罗托的鼓动下，黑尔和巴尔姆在随后几个月中分析了来自“乔托”号空间探测器的某些光谱数据，这个探测器于1986年3月穿越哈雷彗星的尾巴。此前，已有一些天体化学家对这些光谱作过分析，并认为它们是由一种特定的分子造成的，但克罗托觉得他们的结论不对。

这并不完全是为了多管闲事。苏塞克斯小组下一步计划是积累尽可能多的那种“特殊”碳灰，从而能得到足以进行各种分析研究的物质量。这意味着要时不时地转转蒸发器的把手，只要红外谱线表现出足够的强度，就把碳灰从衬底上刮下来放进一个小玻璃瓶里，瓶子里的试样正一点点地变多。每隔几天，黑尔就从处理“乔托”号资料的工作中抽空做这件事，几个月下来他已积攒了一小点儿这种特殊碳灰。按克雷奇默的估计，这些碳灰中将含有百分之一以上的 $C_{60}$。

复活节期间，克罗托从教学和行政事务中抽空去了趟加利福尼亚，与UCLA天文系的朱拉一道工作了一个来月。他在那儿认识了迪德里克，这位查普曼从前的博士后刚刚从海德堡回到UCLA化学与生物化学系。迪德里克看上去很激动，他请克罗托到他的办公室去，说有重要的东西要给克罗托看。克罗托半开玩笑地问：“不会是 $C_{60}$ 吧？”迪德里克没有笑，满脸严肃一动不动地站在那里，他透着几分疑惑地问：“你怎么知道的？”

迪德里克于1985年回到UCLA，这个时候《自然》杂志上那篇文章引起的 $C_{60}$ 狂潮才刚刚拉开帷幕。几个在查普曼和惠滕小组工作的同事，怀疑赖斯小组实验中观察到的质谱特征可能和足球状 $C_{60}$ 根本就没什么关系。换句话说，惠滕对探索 $C_{60}$ 的其他可能结构产生了兴趣，他曾对迪德里克说，由6个$C_{10}$环有可能形成一个60个原子的平展结构。

迪德里克看不出有什么办法可以制备出$C_{10}$环，但他认为制备碳—碳单键和碳—碳三键交替的较大的$C_{18}$和$C_{30}$在化学上还是可行的。它们是长链聚炔烃的环状等价物，这些长链就像一条咬住自己尾巴的蛇，其一端的悬键已与另一端的悬键结合。迪德里克着手这项工作。1989年9月，他与同事鲁宾（Yves Rubin）、克诺布勒（Carolyn Knobler）、惠滕、施里弗、霍克（Kendall Houk）以及李毅（Yi Li）一起报道他们首次成功地合成了环状$C_{18}$分子，并描述了它的特征。

和鲁宾、克诺布勒一起，迪德里克随后研究了如何将这一方法推广到更大的环状分子上去。他们最终成功地制备了$C_{18}(CO)_6$、$C_{24}(CO)_8$和$C_{30}(CO)_{10}$。这些分子有着共同的基本结构框架：一个单键和三键交替的碳原子环。在这些分子中，一氧化碳基团结合在一个圆滑化的三角形、正方形和五边形的顶角上，这些几何结构的每条边包含一个—C≡C—C≡C—单元。这是所有制备过的最大的碳氧化物分子，而且由于一氧化碳基团比较容易去掉，它们为制备全碳环状分子$C_{18}$、$C_{24}$和$C_{30}$提供了极好的母体。

UCLA小组以各种技术研究了这些氧化物，其中也包括与加利福尼亚大学里弗赛德分校的卡尔（Michael Kahr）以及威尔金斯（Charles Wilkins）一道进行的激光脱附质谱研究。这项技术采用一台二氧化碳脉冲激光器发出的红外辐射把吸附在表面上的分子揭下来，使之呈气相，然后测量其质谱。与AP2中所使用的激光气化过程不同，激光脱附过程所需的条件要缓和得多。因为其目的并不是破坏靶的表面并在由此产生的等离子体中形成奇异的新分子，而只不过是想把淀积在固态薄膜或衬底上的已经形成的分子弄下来。

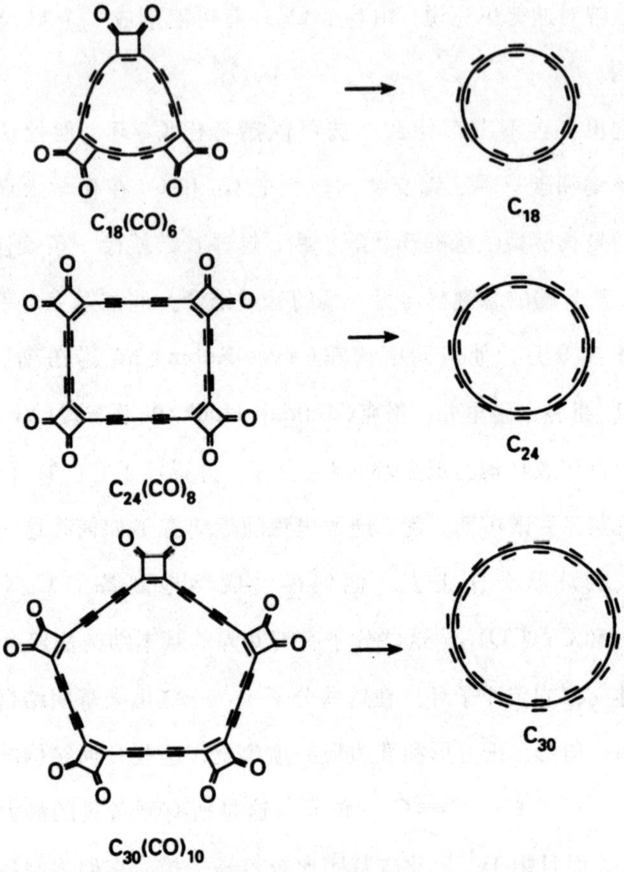


图 10.1　迪德里克、鲁宾和克诺布勒制备的大碳氧化物分子

这些分子被认为可以用作全碳环状分子 $C_{18}$、$C_{24}$ 和 $C_{30}$ 的合适母体。通过缓慢的加热，这些氧化物将分解成环状全碳分子和一氧化碳(CO)分子。这些环是长链聚炔烃的环状等价物，这些长链就像一条咬住自己尾巴的蛇，其一端的悬键与另一端的悬键结合在一起，从而不再有悬键。

他们发现脱附 $C_{18}(CO)_6$ 分子产生的正离子质谱显示出很强的 $C_{18}$ 信号，这表明一氧化碳基团在脱附过程中已经由于热效应而被除去了。或许这就是 $C_{18}$ 环状分子的正离子，尽管现在还无法由质谱数据说出它有怎样的结构。但是，在这张谱上，$C_{36}$、$C_{50}$、$C_{60}$、$C_{70}$ 的峰也很显著。对于 $C_{24}(CO)_8$，情况也相似，除了这时 $C_{24}$ 本身的信号没有那么强之外。在这张谱上，$C_{48}$、$C_{50}$、$C_{60}$ 和 $C_{70}$ 的信号占据着主导地位，其中以 $C_{70}$ 最强。对于 $C_{30}(CO)_{10}$，情况有很大的不同，质谱上根本就看不到 $C_{30}$ 的信号，而 $C_{60}$ 信号则异常强，得到的又是一张旗杆状的谱。当然，谱上还有一个忠实的 $C_{70}$ 小信号。

UCLA—里弗赛德小组的研究人员由此得出结论：上述引人注目的结果意味着 $C_{30}^+$ 并不很稳定，它将以极高的效率与中性 $C_{30}$ 分子反应形成 $C_{60}^+$。当然，$C_{60}^+$ 也有可能是由激光脱附过程中形成的较小碎片自发地形成的。但是，脱附 $C_{30}(CO)_{10}$ 分子所产生的 $C_{60}$ 信号如此显著，似乎暗示着发生的主要是所谓的自发"二聚"——由两个 $C_{30}$ 分子合成一个 $C_{60}$。

这个结果几乎和 1985 年 9 月得到的那个结果一样让克罗托感到震惊。它为有关碳链的许多问题，以及 AP2 中还有（谁又能说清楚呢？）碳灰试样中 $C_{60}$ 如何形成的一系列不解之谜，提供了一个可能的解释。由链构成环，再由环形成球，这个机制听起来如何？

但同时克罗托又很担心。UCLA 小组会不会用这项技术制备出大量的 $C_{60}$ 呢？这个小组会不会利用 $C_{30}(CO)_{10}$，经简单地加热制备出 $C_{30}$，然后让其以极高的效率自发地二聚，从而得到大量的 $C_{60}$ 呢？那个单谱线核磁共振谱，克罗托已经梦想了很久。这条谱线是属于他的，他要成为第一个测量并报道它的人，他当然不想在苦等这么多年之后功败垂成。*

回到苏塞克斯，克罗托和沃尔顿讨论了 UCLA—里弗赛德小组的结果。沃尔顿凭他在长链聚炔烃合成方面的丰富经验安慰克罗托，UCLA 的化学家就算真的能通过加速他们的制备流程得到可观的 $C_{60}$，从而进行有意义的化学分析，那也将是一个极端艰难的过程。

---

* 克罗托的担心是有道理的。1990 年春，迪德里克和他的同事从美国国家科学基金会获得经费买了一台专用激光脱附装置。他们打算由 $C_{30}$ 的聚合反应制备一些 $C_{60}$。

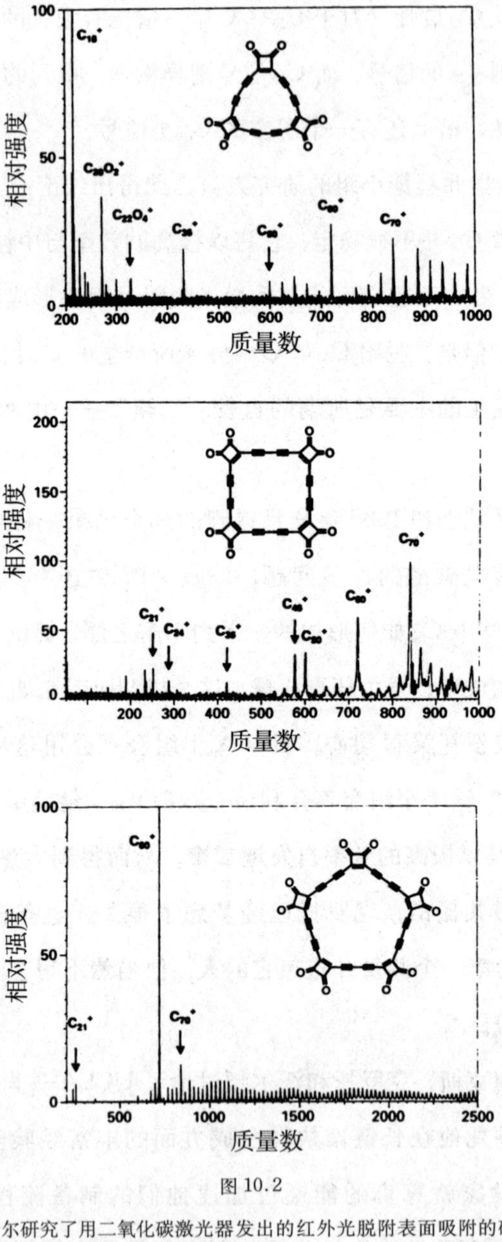


图 10.2

威尔金斯和卡尔研究了用二氧化碳激光器发出的红外光脱附表面吸附的碳氧化物时得到的产物。质谱表明，他们得到的东西比他们期望的还多。正如所料，脱附 $C_{18}(CO)_6$(上图)产生的最强的信号是 $C_{18}^+$，但 $C_{36}^+$、$C_{50}^+$、$C_{60}^+$ 和 $C_{70}^+$ 信号也很明显。对于 $C_{24}(CO)_8$(中图)，$C_{24}^+$ 信号实际上十分地小，而 $C_{50}^+$、$C_{60}^+$ 以及(尤其是)$C_{70}^+$ 信号在质谱上占主导地位。但最让人难以置信的还要算脱附 $C_{30}(CO)_{10}$ 的结果(下图)，这时根本看不到 $C_{30}^+$ 的信号，整张谱被旗杆状的 $C_{60}^+$ 信号所淹没。

他们的结果确实令人振奋，而且或许为闭合笼状分子的形成提供了某些关键的解释。但用这个办法想制备大量的 $C_{60}$ 可没那么容易。但克罗托听后还是怀疑在这场竞赛中自己的步子是不是该迈得更大一点，从而能第一个分离出这种新分子。

在 5 月末的那几天时间里，黑尔认为他已攒下了足够的碳灰，可以测量其固态核磁共振谱了。克罗托在苏塞克斯的同事赛登（Ken Seddon）此前不久曾提起过这件事，但克罗托怀疑这一小堆看上去毫无希望的碳灰真的含有足以产生可测量的核磁共振信号的 $C_{60}$。现在克罗托甚至怀疑这个疯狂的念头究竟是不是正确的。他与迪德里克的相遇，时刻提醒他不能干等天上掉馅饼的美事。

黑尔从他精心收集的碳灰试样中取出一点，拿到实验室里的核磁共振仪上进行分析，但仪器出了故障，结果什么也没得到。在他决定利用假日去苏格兰山地徒步旅行之前，他把一小份碳灰试样交给了阿卜杜勒-萨达（Ala'a Abdul-Sada）。阿卜杜勒-萨达是来自伊拉克的博士后，他对质谱很在行。当黑尔在一周后休假结束回来时，阿卜杜勒-萨达激动地对他说质谱上有很强的 $C_{60}$ 和 $C_{70}$ 信号。黑尔十分兴奋。克罗托要求证实这一结果，他知道 $C_{60}$ 很有可能是在取样过程中形成的，因此可能是误导的，让他们误以为碳灰中有 $C_{60}$。但质谱仪就在这个时候垮掉了，实验无法重复。

但黑尔坚信质谱证实了 $C_{60}$ 的存在。他手上已经有了那 4 条红外谱线，它们体现了足球状结构的特征。现在又有了一张显示出很强的 $C_{60}$ 信号的质谱。下一步不过是如何把 $C_{60}$ 从碳灰中分离出来而已。

6 月初的某一天，我给克罗托在苏塞克斯的办公室去了个电话。我看过鲍姆在《化学与工程新闻》1990 年 2 月 5 日那期上的文章。这篇文章描述了埃伯特和弗伦克拉克如何把有关碳原子团簇的工作和冷聚变相提并论，并把它也斥之为“病态科学”。埃伯特和弗伦克拉克后来在该杂志5月14日发表的一封公开信中声明，他们从未这么批评过碳原子团簇的研究。我觉得如此有趣而众说纷纭的故事实在值得讲给英国科普杂志《新科学家》的读者们听一听，于是决定找克罗托充实些背景资料。由于我曾在化学光谱学领域做过研究，因此我对这个圈子很熟。我和克罗托的私交已经不下7年了。

我们在电话上比较细致地讨论了由碳灰引起的争论，但是，克罗托认为这些都是旧闻了。他觉得隐约之中似乎有什么东西即将使 $C_{60}$ 的故事再次变得沸沸扬扬。他描述了迪德里克在洛杉矶向他显示的结果，并解释了海德堡—图森小组在碳灰试样中发现的，而且随后在苏塞克斯被他的学生黑尔证实的那4条红外谱线的事。他建议我再等一等，看看下面会发生什么事。克罗托的预感完全被印证了，就在我们还在谈笑风生的时候，在海德堡已石破天惊。

克雷奇默、福斯蒂罗波洛斯和赫夫曼通过书信、传真和电话共同加工了那篇描述他们在三四月份用 $^{13}C$ 取得的突破的文章。文中总结了 $^{12}C$ 和 $^{13}C$ 试样的紫外谱和红外谱提供的证据，并列举了为确保结果的真实性和可重复性而作的各种核查。

他们猜测那些在红外谱上勉强能看得到的谱线可能由 $C_{70}$ 所造成。直到此时他们才注意到 $C_{60}$ 与 $C_{70}$ 之间的联系，而这一点在《自然》杂志1985年那篇论文所报道的飞行时间质谱上是十分明显的。他们猜测碳灰中可能也有一点 $C_{70}$，它可以解释那些额外的红外谱线。他们再次估计碳灰中有百分之一左右是 $C_{60}$。4月末，他们把文章投给了《化学物理快报》，2个月后它发表在7月6日那期上。

与此同时，福斯蒂罗波洛斯开始不断转动海德堡蒸发器上的把手，以收集尽可能多的这种特殊碳灰。他们开始着手从碳灰中分离 $C_{60}$ 这一艰苦的工作。克雷奇默固执地认为这是他们非做不可的事。

克雷奇默觉得自己似乎被撕成了相互对立的两半，其中的一半相信他们在蒸发器中确实可以制备出大量的 $C_{60}$，而另一半则拒绝接受任何东西，除非它们已经得到明白无误的证明。他最害怕的是，他们白忙乎半天仍然可能是错得愚不可及。他担心整个 $C_{60}$ 事件会让他出尽洋相。这件事与冷聚变的对比也在不断地折磨着他。

到 1990 年 3 月，有关冷聚变的事已蜕化成一大堆未经证实，也不可能去证实的卑劣的谎言，变成了像美国福利制度以及各州政策一样的明摆着的空头支票。对于科学家来说，从中应当吸取的教训是，在你有绝对把握之前，你最好不要对新闻界张扬，搞什么新闻发布会。至今，克雷奇默、福斯蒂罗波洛斯和赫夫曼发表的论文上仅仅给出了一些有趣的新结果以及附带的几个猜测。现在他们必须有绝对的把握，他们必须设法从碳灰中分离出 $C_{60}$。

如果他们是化学家，在一个化学实验室里工作，那么问题就简单多了。但他们是在核物理研究所工作的天体物理学家，对于如何从碳灰中分离出这种东西在脑子里是一片空白。他们是在错误的场合下的错误人选，但发现又的确是他们做出的。

克雷奇默他们很走运。在完成 $^{13}C$ 的论文之后，克雷奇默给他在巴黎的同事莱热送了一份手稿。莱热回了个传真，只有一句话——“太棒了！”随后他和施米特(Werner Schmidt)进行了联系。施米特在一家研究多环芳香烃的研究所工作，他时常为莱热提供这家私人研究所制备的少量奇异的多环芳香烃。

在莱热的催促下，施米特写信建议克雷奇默在真空或惰性气体中加热那些碳灰试样，温度控制在 800—900 开，看能不能把 $C_{60}$ 升华出来。或者他们也可以振荡在芳香性溶剂中的碳灰，看看能不能萃取其中的$C_{60}$。普通碳灰颗粒本身不能溶于这种溶剂，但施米特相信足球状$C_{60}$的行为应该更像一个大的芳香分子，因此只要溶剂合适，它会很容易溶解的。考虑到苯有致癌作用，施米特建议他们试试毒性小一些的苯的衍生物。

由于不是化学家，克雷奇默和福斯蒂罗波洛斯觉得很难相信分离$C_{60}$会这么简单，但他们还是决定不管怎么样先试试施米特的建议再说，这么做也不会损失什么。由于他们是在一个物理实验室里工作，施米特建议的那几种溶剂一样也没有，因此他们首先试了试升华法。

5月初的一天，夜已很深了，福斯蒂罗波洛斯把一小点碳灰和一块薄的石英衬底放进一只玻璃试管里。然后他往敞口的管子里注入氩气，以赶跑碳灰上面的空气。他用本生灯的裸焰加热试管的底部。一开始，衬底看上去似乎没什么变化，看不到有任何覆盖物的迹象。但

图 10.3

福斯蒂罗波洛斯（照片中居右者）和克雷奇默在证明他们的论点，即通过简单的石墨蒸发就可以得到$C_{60}$时候不得不时时保持谨慎。由于种种错误的原因，到1990年3月，冷聚变在世界各地仍然吵得沸沸扬扬。

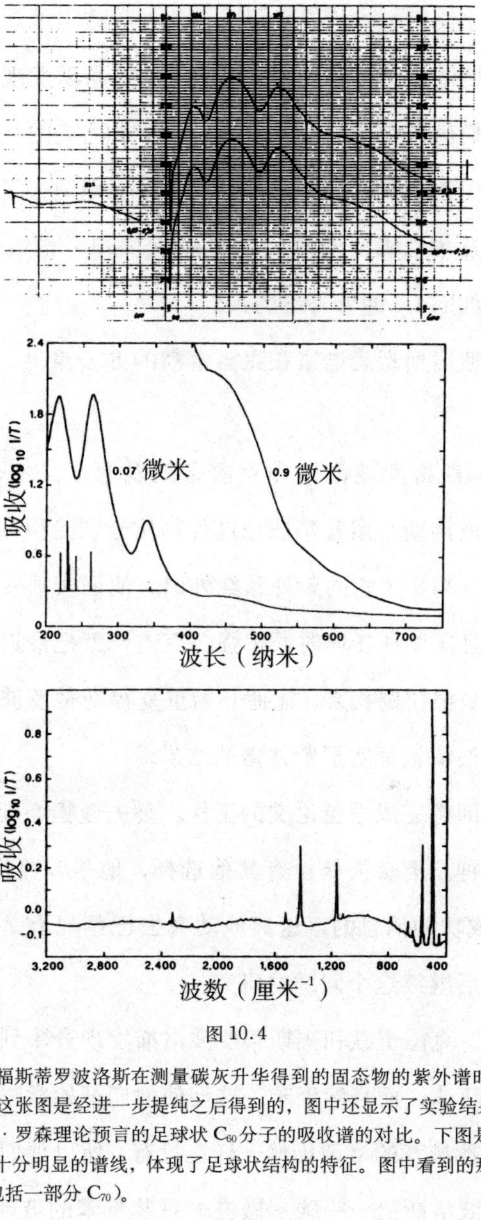


图 10.4

上图显示的是福斯蒂罗波洛斯在测量碳灰升华得到的固态物的紫外谱时看到的驼峰状突起。中间这张图是经进一步提纯之后得到的，图中还显示了实验结果与拉松、沃洛索夫和阿梅·罗森理论预言的足球状 $C_{60}$ 分子的吸收谱的对比。下图是试样的红外谱，它有 4 条十分明显的谱线，体现了足球状结构的特征。图中看到的那些较弱的谱线来自杂质(包括一部分 $C_{70}$)。

当他更细致地观察时，注意到衬底表面的反光起了变化：有什么东西淀积到上面了。

他已精疲力竭，但他还是坚持测量了光谱。他把衬底放进紫外—

可见光谱仪，让仪器对波长进行扫描。他专心致志地观察记录笔在绘图纸上一来一回的运动，平生第二次感受到了科学发现所带来的触电般的震颤。它们就在那儿，那3个最强的、最优美的驼峰，他一直在等着它们呢！而普通碳灰的背景吸收在光谱上则消失了，或者说至少大大降低了。升华法确实奏效：真就这么简单。他成为世界上第一个看到几乎是纯的$C_{60}$的紫外谱的人。

福斯蒂罗波洛斯把光谱留在克雷奇默的办公桌上，然后回了家，该睡一觉了。

2天后，福斯蒂罗波洛斯和克雷奇默发起了又一轮更猛烈的冲锋。福斯蒂罗波洛斯采用升华法把这种物质分别淀积在石英和硅的衬底上，并且反复测量了它的紫外和红外谱。他证实那4条红外谱线确实在那儿，而且比以往任何时候都强。克雷奇默把最近的进展转告了赫夫曼，赫夫曼把拉姆找来，让他开始重复福斯蒂罗波洛斯做过的某些实验。拉姆很快就证实了紫外谱的结果。

拉姆这时即将完成学位论文的工作。赫夫曼担心碳灰的事在紧要关头会分他的神。但赫夫曼没有其他选择，他是5月18日听到克雷奇默分离$C_{60}$成功的消息的，这离他动身去巴黎只有2天时间，他需要有人在他走后继续这个问题的研究。

在海德堡，克雷奇默和福斯蒂罗波洛斯发现升华到衬底上的固态物很容易冲洗下来，而且溶于苯。这促使他们开始尝试施米特建议的其他方法。但他推荐的溶剂仍然一样也没有，所以他们继续使用苯。

福斯蒂罗波洛斯把一些碳灰撒进一只装着苯的玻璃试管中，把它放在一个旧离心器上。他打开开关，身体重重地斜压在上面(这是实验室的老规矩)，这样机器就不至于抖得太凶。当这一过程结束后，他获得了一种深红色的溶液，颜色像波尔多出产的红葡萄酒。而那些不溶碳灰经压缩后沉在试管底部。福斯蒂罗波洛斯把溶液小心地倒了出来，然后缓缓加热蒸发掉苯，得到一种黑色的粉末。随后他又把这种粉末升华到石英和硅衬底上，发现它的紫外谱和红外谱和以前一样。

克雷奇默和赫夫曼在显微镜下研究了当红色溶液中的溶剂缓慢蒸发时形成的这种新物质的微小晶体。这是一些美丽的橘黄色晶体，形状千姿百态，有的呈六棱柱状，有的呈薄片状，有的像星状的雪花。把一滴这种红色溶液放在显微镜下，赫夫曼和拉姆发现他们确实可以看到溶剂挥发的过程中有晶体在形成。这将是整个富勒烯故事中最有说服力的图像：一种全新形态的碳的晶体正在他们眼皮底下悄然生长。以前可从没人看到过这些东西。

随着富勒烯这一故事的传扬，许多科学家开始把 $C_{60}$ 以及其他的富勒烯看作是一种新的形式的碳，或者说碳的一种“同素异形体”。赫夫曼认为不该使用这一术语。他们发现的实际上是一系列新的全碳分子。赫夫曼认为，除非你手上已经有了一块这种新的晶体，而且你能证明它与别的碳确实不一样，否则就不能说你得到了一种新的同素异形体。由于这个原因，他和克雷奇默决定给这种固态物取个新的名字。他们叫它“富勒体”(fullerite)。

现在，海德堡的福斯蒂罗波洛斯和图森的拉姆开始抓紧时间进行分析工作。还是那个老问题，他们不是作出这项发现的最佳人选，而一个物理实验室也显然不是作出这一发现的最佳场所。在天体物理部的同事齐格(Harry Zscheeg)和纳托(Ghaleb Natour)的帮助下，福斯蒂罗波洛斯设法测量了这种新物质的质谱，并证实 $C_{60}$ 信号很强(也有一点 $C_{70}$ 信号)。但是，这台为 CRAF 卫星计划购买的质谱仪测得的谱远不如他们希望的那么清晰。在这台仪器上的第一次测量简直糟透了，质谱上除 $C_{60}$ 和 $C_{70}$ 的信号以外还有许多其他信号。

他们在显微镜下看到的这些小晶体十分适合进行电子衍射实验，而升华或者溶剂萃取出来的粉末试样则可以进行 X 射线粉末衍射实验。尽管这些技术还不能提供有关新物质分子结构的详细信息，但它

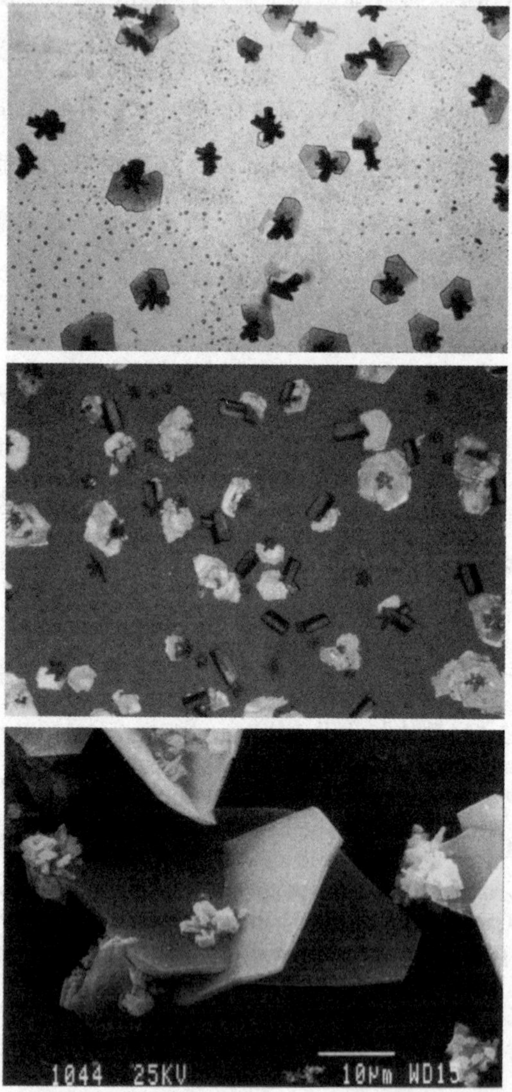


图 10.5

富勒体晶体的显微照片（上图和中图）和扫描电子显微镜图像（下图）。这些晶体以前可从来没人看到过。

们可以用来确定它是否由微小的碳原子球组成。就像一大堆真的足球一样，$C_{60}$分子应该按六角或立方密堆积方式排列，而电子衍射和X射线衍射技术都能给出堆积的方式，并且可以给出球与球之间的平均间距。

福斯蒂罗波洛斯拿了一份他制备的晶体试样来到附近的欧洲分子生物学实验室，在库尔布兰德(Werner Kuhlbrand)的协助下，他测量了富勒体的电子衍射图样。在衍射图样上，与密堆积结构中的晶面对应的特征位置上应出现很强的信号。但是衍射图样中有些信号比它们应该具有的强度弱，这表明球的堆积并非完全有序。

但是，由这些衍射图样我们可以得出，$C_{60}$足球中心间的平均间距大约是1纳米。这看上去完全合乎情理，因为单个足球分子的直径大致为0.7纳米，剩下的那0.3纳米还要留给每个球外面包围的那层电子云。在石墨中，碳原子平面的间距也由类似的电子云所决定，它大约为0.335纳米。

他们的下一个目标，是不容辩驳地证明$C_{60}$分子确实具有设想的足球状结构。而要做到这一点，他们必须有富勒体单晶试样的X射线衍射图样。X射线衍射所形成的斑点图样将揭示碳原子的位置，从而可以推求碳—碳键的键长和键角，并不容置疑地证明$C_{60}$确实像个足球。测量和解释这些衍射图样的工作，现在正逐渐变成晶体学家们独享的乐趣。

国际商用机器公司(IBM)在美国有两个研究中心，一个在纽约州约克敦高地，一个在加利福尼亚的圣何塞。IBM阿尔马登研究中心位于圣何塞市郊，沿101号高速公路从旧金山向南到这里大约有97千米。在阿尔马登研究中心，许多专职科学家从事的是与IBM的产

图 10.6

电子束在穿越晶体时发生衍射，产生斑点图样，这些斑点的位置与晶面间距有关。这是福斯蒂罗波洛斯和库尔布兰德在大块富勒体晶体上得到的衍射图样，对它的分析表明组成该固态材料的分子呈球形，平均间距约为 1 纳米。

品有直接关系的研究开发项目，但其中也有一小部分人可以自由地选择他们感兴趣的课题，不管这种研究的商业回报的前景如何。

科学界的许多人认为这对商业研究开发机构来说已是相当开明的了，但 IBM 从中还是得到了三个有着潜在商业利益的重要好处。首先，IBM 可以占有一批一流的研究成果供公司支配。尽管这些科学家的工作可能过于艰深，过于脱离现实，但总还有机会让他们把聪明才智应用到更有商业目的的项目上。其次，这些一流科学家的作用就好比是一块磁铁，每年光是靠 IBM 的博士后研究计划就可以吸引不少有才干的年轻人。最后，这些研究当中总有可能出现那些未曾预料的突破，而那些专门着眼于这方面研究的项目，由于其自身过于严格的组织往往错过这些发现。1986 年，IBM 研究部苏黎世欧洲研究中心的两位科学家米勒(Alex Müller)和贝德诺尔茨(Georg Bednorz)在镧—钡—铜—氧化物陶瓷材料上发现了高温超导电性。

贝休恩(Don Bethune)毕业于斯坦福大学并在紧邻旧金山的加利福尼亚大学伯克利分校获得物理学博士学位，随后他来到约克敦高地开始了他在IBM的研究生涯，之后他转到阿尔马登研究中心从事非线性光学方面的问题以及气体与固态表面之间相互作用的研究。1987年，在新罕布什尔举行的一次会议上，他从斯莫利的讲演中第一次听说了富勒烯。此后他时常有意无意地留心一下不断发展的富勒烯的研究。

1989年底，他决定把他对团簇，尤其是对富勒烯越来越浓厚的兴趣变成一个正式的课题来研究。那时他已经很清楚，要想对 $C_{60}$ 是否具有足球状结构作出定论，碳原子团簇的研究必须引入新的方法。

希思、柯尔和斯莫利在贫化谱研究中获得的那个386纳米吸收带，至今仍是唯一发表的 $C_{60}$ 的实验光谱信号，$C_{60}$ 显然不愿除去自己那神秘的面纱。这个谱结构本身也没有多少值得进一步追究的了。贝休恩不是天体物理学家，他不知道前1年克雷奇默、福斯蒂罗波洛斯和赫夫曼在卡普里会议上发表的那篇论文。

经过仔细思考，贝休恩提出一个新方案。方案中包括一台离子回旋共振谱仪，它与斯莫利及其同事用来俘获离子的谱仪相似。贝休恩与阿尔马登研究部的一位业务主管亨齐克(Heinrich Hunziker)讨论了他的想法，亨齐克对至今还没有十分牢靠的 $C_{60}$ 实验数据也感到很吃惊。但是，亨齐克觉得贝休恩的方案过于复杂化了，完全没必要。他想能不能用更简单的方法更快地得出结果。

亨齐克曾与同事德弗里斯(Mattanjah de Vries)以及来自荷兰的博士后赫拉德·迈耶(Gerard Meijer)一起建立了一套激光脱附装置。这台仪器与威尔金斯和卡尔在里弗赛德用来研究从大的碳氧化物获得的产物的质谱的那台仪器类似。实际上，IBM 的这台机器中也使用了超音速膨胀、激光电离以及飞行时间质谱仪。从技术角度讲它很像 AP2，不同的是，仪器中第一台激光器这时用来脱附形成后淀积在表面上的分子。

贝休恩和迈耶同意用这台仪器开始富勒烯的研究。1990 年 5 月，他们进行了初步的实验。首先，他们提高脱附激光的功率，让它气化石墨靶表面，这实际是在重复 1984 年埃克森小组的团簇实验。尽管他们成功获得了那张现在已为人熟知的团簇分布，他们却很清楚 5 年来用这项技术所做的实验没有一个能给 $C_{60}$ 结构一个明确的回答。IBM 的科学家们需要另辟蹊径。

迈耶和德弗里斯向贝休恩强调，他们设计的仪器不是用作气化实验的，而是用来脱附表面上淀积的已经形成的分子的。如果他们能想办法制备出 $C_{60}$ 并把它附着在一种合适的衬底上，那么用他们的技术来分析由此得到的固态膜将得心应手。问题是，就他们所知，还没有谁能俘获到足以进行此项实验的那很少一点 $C_{60}$。

研究 $C_{60}$ 的科学家似乎对大量制备 $C_{60}$ 不抱什么希望了，而对于 IBM 刚刚组成的这一小群搞富勒烯研究的物理学家来说，这种情况似乎与该分子公认的结构稳定性以及化学惰性相矛盾。如果 $C_{60}$ 真是那么稳定，那么从原则上讲就没有理由认为 IBM 的科学家不能在某种衬底表面上积累起一定数量的 $C_{60}$。

制备可探测的 $C_{60}$ 的唯一可靠方法，是利用像 AP2 那样的团簇束流发生器。贝休恩、迈耶和德弗里斯猜测，他们是否可以把团簇束流中形成的物质直接收集起来，而不是电离后探测单个的团簇。如果用这种办法他们真能收集到足量的 $C_{60}$，那么他们或许就可以进行更为精细的激光脱附实验了，或许他们还可以对脱附的 $C_{60}$ 分子作些光谱测量呢！

贝休恩带着冲动与罗尔芬取得了联系，罗尔芬这时已从埃克森公司前往利佛莫尔的桑迪亚国家实验室，它位于圣何塞东北 48 千米处。贝休恩问罗尔芬对他们的想法怎么看。罗尔芬感到好笑，说能测出 $C_{60}$ 光谱的人没准会拿诺贝尔奖。但是，他还是劝他们忘掉团簇束流技术，试试往某个表面上淀积碳灰，看看能不能在当中找到一些 $C_{60}$，谁知道呢！

这意味着他们必须放弃眼前这种比较稳妥的办法，去尝试有高度风险的其他方法，但罗尔芬的建议不知为什么很对 IBM 小组的口味。毕竟，人人都说气化激光产生的等离子体中可以自发地形成 $C_{60}$，而且它异常稳定。那为什么它就一定不能在更一般的条件下与碳灰一道形成呢？

按照他们自己的逻辑论断，这些物理学家决定闯一闯燃烧化学这个一片漆黑的世界。他们对这个领域可以说一窍不通，但他们知道，要想得到碳灰，你必须烧点什么东西。尽管他们身处世界上人员、设备、资金堪称最佳的实验室，四周全是高技术设备，他们采用的却是最原始的方法。

也不知哪来的一阵紧迫感袭上他们心头，他们急匆匆地找来一个废花生罐并在里面倒了些酒精。他们在塑料盖子上钻了个孔，然后往孔里塞了块破布算是灯芯。他们把罐子放进一个烟罩，点燃了破布，退在一旁观察。酒精燃烧得很完全，没有产生任何烟或碳灰，但是塑料盖子在被点着时却形成了一团浓浓的黑烟。贝休恩把一根铜棒猛地插进这团黑烟中，几秒钟后，棒上淀积了一层碳灰。这个实验确实谈不上优雅，但是别忘了，这些物理学家在碳灰化学领域才刚刚蹒跚学步。

他们把覆有碳灰的棒放进激光脱附装置，让他们又惊又喜的是，这些碳灰中竟真的有碳原子团簇，它们分布在很宽的质量范围内。质谱上还显示了除碳以外的其他原子（尤其是钠，这是花生上的盐末留下的），但重要的是，这些碳灰中确实含有碳原子团簇。用乙炔焰产生的碳灰也给出类似的结果。到 5 月 25 日，他们发现燃烧塑料或乙炔产生的碳灰包含几乎是纯的碳原子团簇。他们可以把这些分子从固体表面上脱附下来进行探测，一切就这么简单。

这些质谱表明，除碳之外这些碳灰中还存在少量其他元素（最有可能是氢）。为了制备富勒烯，他们决定用更纯的材料来制备碳灰。因此，他们又回到了激光气化石墨上，但这次他们是在静压为 66.7 千帕的氩气中气化石墨，然后用距靶面约 1 厘米的铜、金或石英衬底直接收集形成的碳灰。这些覆有碳灰的衬底随后被取出来，拿到实验室的另一头，放进激光脱附装置。6 月 18 日，他们进行了首批实验，结果清晰得让他们吃惊，正如罗尔芬设想的那样，碳灰淀积物中确实有 $C_{60}$ 和 $C_{70}$，它们在质谱上的信号很强。质谱还显示了直到 $C_{200}$ 的大偶数原子团簇的信号。IBM 的科学家们觉得自己仿佛是发现了阿拉丁的洞穴。

在随后的 1 个月中，贝休恩和迈耶组装了一台装置，用激光石墨气化制备 $C_{60}$。他们在不同的惰性气体压强下进行了实验，考察了改变气化激光的焦点位置对 $C_{60}$ 收率的影响。他们还考察了富勒烯在质谱仪中的分裂行为。他们甚至试着在流过碳灰淀积物表面的苯、酒精以及许多其他溶剂的液滴中搜寻 $C_{60}$ 的踪迹，但是没成功。

7 月 19 日，贝休恩在一次例行的室内研讨会上向 IBM 的其他科学家描述了他们的结果。他解释了他与迈耶至今所做的一切，并估计每平方厘米的衬底上覆盖的碳灰平均包含 100 纳克（一千万分之一克）

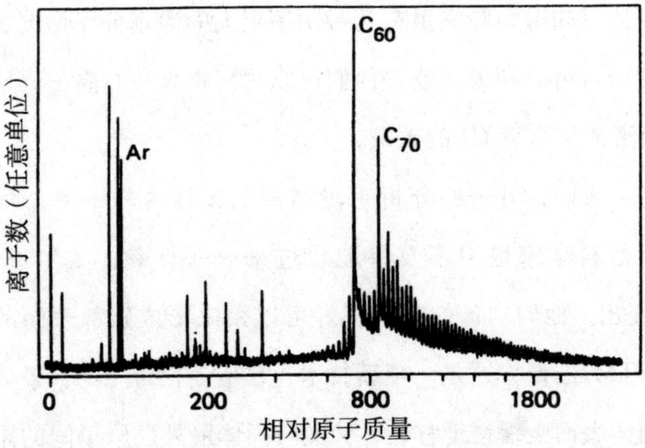


图 10.7

IBM 的科学家用激光气化石墨的方法在衬底上淀积了一层碳灰。随后他们用激光脱附技术和质谱仪分析了这些碳灰淀积物。结果表明碳灰中包含富勒烯，其中以 $C_{60}$ 和 $C_{70}$ 最为显著。他们估计每平方厘米的淀积物中大约含有一千万分之一克的 $C_{60}$。

$C_{60}$。应当承认，这听上去不算多，但比起其他人报道过的量来说已经很多了，而且它还为收集更多的 $C_{60}$ 提供了可能。

在贝休恩简短的发言之后，紧接着的讨论很快集中到该试样的分析上，尤其是 $^{13}C$ 核磁共振谱的意义。他们一致同意，单谱线的核磁共振谱将为足球状结构的正确性提供无与伦比的证明。但做这种实验究竟需要多少 $C_{60}$ 呢？他们的同事亚诺尼(Nino Yannoni)认为他们需要有 0.1—1 克的试样，这大约是贝休恩和迈耶在碳灰中收集到的 $C_{60}$ 的一百万倍。

随后他们又和阿尔马登高聚物科技部的高灵敏核磁共振专家约翰逊(Robert Johnson)进行了讨论，结果表明其实只要有 300 微克 $C_{60}$ 就可以应付一切。但这仍然是他们制备的量的几千倍，可是贝休恩和迈耶觉得只要他们肯花工夫，收集这么多 $C_{60}$ 还是有可能的。

如果他们能加速碳灰的形成过程，那么他们成功的机会或许更大一些。贝休恩知道实验室里有几台功率很大的激基分子激光器，他觉得其中的一台可以利用。或许他们可以用它把大块石墨击碎成单个原子，从而形成更多含 $C_{60}$ 的碳灰。

而另一方面，另一些分析手段需要的试样量并不多，而且 IBM 的许多其他科学家也迫不及待地想过来分一杯羹。威尔逊(Robert Wilson)提出，他们制备的薄膜正好可以用来形成碳灰表面的扫描隧道电镜(STM)图像。这是一项新技术，它用一根带电的、极为精细的针尖在固体表面上缓慢地移动，针尖与固体最外层原子间的距离只有几个原子直径大小。从针尖到原子层的电子隧穿(一种纯粹的量子现象)将给出可测的电流。通过调整针尖的高度保持"隧穿电流"恒定，表层的轮廓就可以描出来，因而针尖在扫描时可以建立表层的三维图像。由足球状 $C_{60}$ 分子构成的表面，看上去应该像一排排的微球。

另外，哈尔·罗森(Hal Rosen)认为他们制备的 $C_{60}$ 或许已经足以进行拉曼谱的测量了。但是，尽管这项技术需要的 $C_{60}$ 少一些，但要求试样相当纯，否则无法对数据进行解释。贝休恩和迈耶想到，他们或许可以通过升华把 $C_{60}$ 分离出来，让它淀积在另一个衬底的表面上成为固态膜，从而达到分离提纯的目的。

处理这个问题的方案还有的是，但首先他们必须给他们的激光气化实验下一个定论。在他们记录结果的过程中，他们意识到探测到的 $C_{60}$ 分子未必是由气化激光产生后淀积的稳定分子(此前他们一直这么假设)，它们也有可能是在激光脱附过程中形成的。

为了弄个明白，他们想到可以用纯的 $^{12}C$ 和 $^{13}C$ 制备 $^{12}C$ 层与 $^{13}C$ 层交替的石墨淀积。如果 $C_{60}$ 分子是在脱附过程中形成的，那么碳的这 2 种同位素将在某种程度上混在一起。得到的质谱将显示出几个峰，对应于主要由$^{12}C$组成但含有一个或几个$^{13}C$原子的$C_{60}$，以及主要由$^{13}C$组成但含有一个或几个$^{12}C$原子的$C_{60}$。而另一方面，如果$C_{60}$分子是从淀积物中原封不动地脱附出来的（正如他们所假设的那样），那么质谱上将只显示2个峰：1个对应于完全由$^{12}C$组成的$C_{60}$，1个对应于完全由$^{13}C$组成的$C_{60}$。

随后是一星期痛苦的拖延，那一周他们一直焦急地等待着纯$^{13}C$粉末试样。最后他们终于可以进行这些关键实验了。让贝休恩和迈耶放心的是，质谱上只有2个峰。作为进一步的检验，他们把$^{12}C$和$^{13}C$粉末混在一起气化得到了一些碳灰。这种同位素混合物的质谱显示了一个单一的同位素混合的$C_{60}$信号。现在一切都清楚了。

他们在一篇短文中描述了这些实验。8月7日，他们把文章投给《化学物理杂志》。然后，他们的注意力完全转向如何加速碳灰形成过程这一问题上。亨齐克认为既然$C_{60}$可以如此轻而易举地在气化激光产生的等离子体中得到，那么它在弧光放电中或许也能形成。贝休恩和迈耶不大相信，但觉得也可以一试——以后再说吧！

7月26日，黑尔在《化学物理快报》上看到了克雷奇默、福斯蒂罗波洛斯和赫夫曼有关$^{13}C$的文章。现在，碳灰中含有大约百分之一$C_{60}$的设想又多了一个证据。这篇文章同时也提醒克罗托和黑尔，在分离这种新物质以及确定它的性质的竞争中，他们正面临强有力的挑战。

黑尔再次仔细思索了分离$C_{60}$的问题，像海德堡—图森小组的成员一样，黑尔接受的是物理训练，这些化学分离和分析的问题对他来说并不轻松。但是，与克雷奇默、福斯蒂罗波洛斯、赫夫曼以及拉姆他们不同的是，黑尔虽身为一名物理学家，但他工作的地方是一个化学实验室，置身于一群化学家之中。或许是什么东西在他身上起了作用，他凭直觉感到他能够把 $C_{60}$ 溶解到一种溶剂中加以分离。

用苯作溶剂对他来说是个显而易见的选择。8 月 3 日，星期五，他把精心收集的碳灰试样中的一半放进了一个小玻璃瓶，然后往瓶里加了大约 25 毫升苯。什么也没有发生，不过也不必大惊小怪，碳灰本身就不溶于苯，这一点大家都清楚。他耸耸肩，把瓶子放在一个高架子上回家度周末了，他很快把这件事忘得一干二净。

当他 8 月 6 日星期一早晨回到实验室的时候，瓶中仍有大量未溶的碳灰，但在它上面的溶剂变成了微红色。现在有文章了！碳灰是不能产生带色溶液的。黑尔滤出了未溶的固态物，然后缓慢加热蒸发掉一部分苯浓缩溶液，微红色渐渐变成了红酒般的深红。黑尔拿着他的得意之作在实验室里来来回回地向同事们炫耀并叫唤着："这里面有 $C_{60}$！"尽管同事们也随声附和，他们却并不相信，其实黑尔自己也没把握。

克罗托不知道自己该相信什么，这难道就是 5 年来一直梦寐以求的奇迹？或者它不过是一些其他东西？克罗托知道胶体悬浊液在特定条件下会散射光线使之呈红色。他们必须测量溶液中所含物质的质谱，确保其中确实有 $C_{60}$ 以及可能的 $C_{70}$。3 天后，黑尔试着测量了溶液的质谱，但实验室的那台质谱仪仍然有毛病，结果什么信号也没得到。

第二天，也就是 8 月 10 日，星期五，克罗托接到一个电话。电话是《自然》杂志社伦敦办公室的鲍尔(Philip Ball)打来的。他接到一篇关于 $C_{60}$ 的文章，问克罗托愿不愿意评审。这似乎是篇很重要的文章，克罗托答应了下来。不久手稿通过传真送到了苏塞克斯，克罗托叫黑尔到收传真的房间里把传真取回来。在取回传真上楼的时候，黑尔专心翻了翻那份手稿。克罗托脸上关切的表情让人觉得他似乎已经有了什么预感，而当他一页页地翻着手稿时，脸上的表情也越来越严肃。

“天哪！”他喊道，“他们已经先做出来啦！”

# 第十一章　单谱线证据

光阴似箭。6 月 4 日，赫夫曼到达海德堡作短暂访问。他决定坐下来和克雷奇默一起开始撰写论文初稿。这篇论文主要描述他们迄今已经获得的结果。根据以往的经验，赫夫曼清楚地知道和克雷奇默合作撰写论文并不是一件简单的事。虽然克雷奇默的英文非常好，但是在以英语为母语的人看来，他经常在用词或者短语方面不很准确。正因为如此，克雷奇默对赫夫曼能够帮助他润饰论文感到很高兴。然而，他又对赫夫曼的修改感到很苦恼，对这种修改是否会影响他原本想要表达的意思持怀疑态度。赫夫曼这次决定先消除克雷奇默的这种痛苦，他在克雷奇默的办公室里用克雷奇默自己惯用的文字处理机来草拟这篇论文。但是赫夫曼的这种努力对克雷奇默来说仍旧是徒劳的，克雷奇默仍然不能释怀。他们的论文工作只进行了不到一半。

最后他们一致认为，首要和重要的是他们是固体物理学家，他们应当把发现富勒体作为关键写进论文。在论文中，他们将把发现碳的这种全新的结晶形态公诸于世，并且还将提供证据证明它由足球状

$C_{60}$分子组成，即在分子的质谱上除了$C_{60}$信号外没有别的信号。没有这一点作为证据，那将无法回避那些可能造成结论不牢固的争议。他们希望能避免这种争议。将工作重点集中在固体物理的同时，他们很高兴能将遗留的化学问题留给了化学家们。

随着6月份工作的进行，他们经常把论文的稿子在海德堡和图森两地之间用传真机来回传送，同时继续不停地收集更多的实验数据以及精选已经获得的数据。在图森所做的进一步的质谱研究，证实了富勒体中的主要组分是$C_{60}$，此外还有10%左右的$C_{70}$混杂在其中。赫夫曼和拉姆还把富勒体的粉末试样拿到邻近的地质系，请技术员测量它们的X射线衍射图样。衍射图样中一系列峰中的第一个来自X射线在不同的晶面的反射。技术员告诉他们，以前他从来没有，千真万确从来没有，看到过这样的结果。这些峰显示了他们获得的碳的新结晶形态，并且表明在他们证明它是一种全新的东西以前，从来没有被人看到过。

但是只有单晶的X衍射谱才能给出确切的分析。生长大块富勒体单晶，比在显微镜下生长较小的晶体困难得多。福斯蒂罗波洛斯和拉姆分别在他们各自的实验室里花费了很长时间，获得了直径大约500微米并且具有清晰可辨晶面的适合于X衍射实验的单晶，然而最后的实验结果令他们大失所望。他们没有从这样的大块单晶上获得预期的衍射图样，这些衍射图样所反映的结构应与钴的晶体结构相似。也许这些足球状分子没有像物理学家所期望的那样以某种有序的方式密堆积。问题来源于溶剂分子或者甚至更有可能来源于那些被拉长或者被挤压的球状$C_{70}$分子，它们足以导致晶体结构中的长程无序，从而使晶体失去明确清晰的晶面。他们不打算从这些衍射图案中获取一些模棱两可的结果。

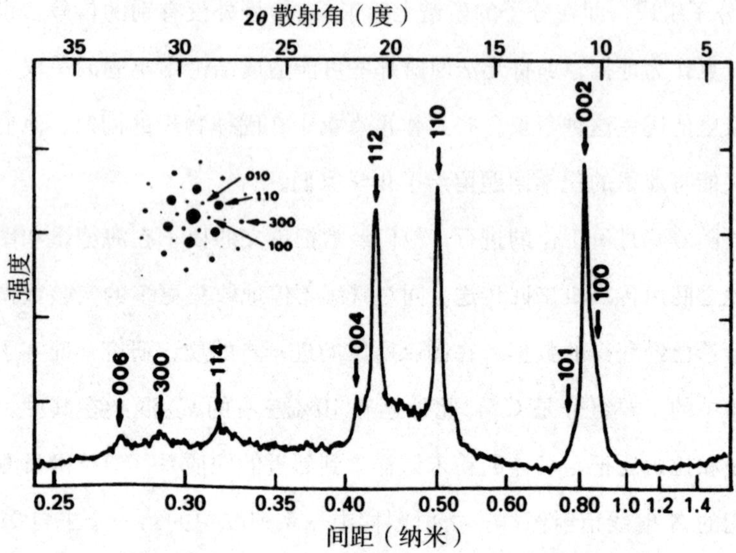


图 11.1

富勒烯粉末的 X 射线衍射图样，在图森的地质系测量。图中的峰表征了 X 射线在不同晶面的反射，从而证实被测材料是晶态的。图中峰和点的特征，以前在纯碳试样中从来没有被观察到过，这进一步证实了赫夫曼和拉姆正在研究的是一种全新的形态。像电子衍射图样一样，这一结果表明该物质由一些直径约 1 纳米的细小分子球组成，但这些问题尚有待于解释。缺少表征分子球密堆积的峰值，表明晶体结构有可能是长程无序的。

福斯蒂罗波洛斯在位于海德堡的马克斯 · 普朗克医学研究所施塔布(Heinz Staab)的实验室花费了几天时间，施塔布当时是著名的马克斯 · 普朗克协会主席。就在那里，他发现分离这种红色溶液是可能的，而分离的技术极其普通，在全世界的中学科学课上都讲授过。他发现富勒体既能溶解于已烷，也能溶解于苯。当它溶解于已烷后，溶液就能用薄层色谱法分离成 3 条不同的带。尽管如此，他还是没有把色谱法作为一种极其重要的手段，也没有对分离出来的各个组分进行深入的研究分析。

在施塔布实验室的短短几天里，研究所核磁共振小组里的一位物理学家问福斯蒂罗波洛斯想不想测量他带来的 $^{13}C$ 试样的核磁共振谱。福斯蒂罗波洛斯不熟悉这种技术，也不知道它到底能做什么。那位物理学家向他解释说，如果 $C_{60}$ 像他所说的具有足球状结构，那么它的核磁共振谱上应该只有一条谱线。福斯蒂罗波洛斯说：“不错，但是我又能从测量中得到什么呢？”最后他还是没有被说服去测量一下核磁共振谱。克雷奇默后来发现，对化学家来说，核磁共振谱测量的确是一种极为重要的分析手段，“核磁共振机坏了，化学家只好回家”。

有了实验结果，接下来该决定再怎么干。晶体结构中的表观无序产生单晶衍射研究不够清晰的结果，但质谱、粉末的电子衍射和 X 射线衍射数据似乎很吻合。他们还有很棒的紫外谱和红外谱，后者确定无疑地支持 $C_{60}$ 这一设想。这些够不够呢？

克雷奇默和福斯蒂罗波洛斯开始感到这段日子的高强度工作带来的疲劳，每天晚上他们都要在实验室工作到翌日清晨。当克雷奇默驾车穿过奥登林山的黑幕把福斯蒂罗波洛斯送回家时，有时是 2 点、3 点或 4 点，克雷奇默的妻子经常打电话询问丈夫将在什么时候回家。科学家们为他们的发现而兴奋不已，同时也都筋疲力尽了。

终于从某一天开始，他们不再废寝忘食地工作了。克雷奇默对下一步该怎么做还举棋不定，而赫夫曼准备带着他们已经获得的实验数据离开了。在 6 月底，他们完成了论文，然而赫夫曼此时又碰上了另一个难题。很显然，蒸发过程最终可以被用来产生全新形态的碳物质，因此他想改写后重新提交那份在 1988 年 2 月份不得不撤回的专利申请书。他在亚利桑那大学的专利顾问，竭力要求他在专利申请获得通过并生效前既不要公开发表实验过程的任何细节，也不要公开提到富勒体这种物质，过早地公布研究过程中的这些细节会导致专利申请无效。他的顾问建议把富勒体写进专利申请书，而且要将其研究过程写得非常严密，要让人觉得凡富勒体就是他们的富勒烯物质，不管它们是怎么生产出来的，否则的话，像其他许多专利一样，极易被人千方百计钻空子。一旦他们的专利得到保护，那么其他任何制造富勒体的方法都必须获得批准。

在拟定专利书和申请专利的一整个月里，他的心中充满了紧张的期盼。尽管克雷奇默因为自己的名字紧挨在赫夫曼的旁边而获益，但是他对自己这种为了商业利益而放弃作为一个科学家应履行的首要职责感到不快。这种首要职责就是公布那些代表科学发展的重大问题的突破点。他不能这样说服自己：科学家自己有权保护自己的知识产权，特别是当这种知识产权能带来商业应用时。

这种耽搁有可能会危及他们作为第一个发现富勒体的优先权。他们知道克罗托和黑尔紧紧追赶着他们，但是不知道离他们还有多大距离。他们完全没有意识到 IBM 阿尔马登研究中心的那群训练有素和装备精良的科学家们也已经非常接近他们了。

最后，在 7 月底，他们从赫夫曼的专利顾问那里得到好消息：他们的专利申请已获批准。现在，他们终于可以发表研究结果了。赫夫曼同意把论文投到《自然》杂志，由克雷奇默全面负责与编辑之间的联系。这也给了克雷奇默一个机会——他总算可以彻底忘掉 $C_{60}$，由妻子陪伴着去度他们一年一度的假期。8 月 1 日，他们离开海德堡，启程前往匈牙利。

鲍尔在 8 月 7 日，也就是星期二收到了论文手稿。在 IBM 阿尔马登研究中心，贝休恩和赫拉德 · 迈耶刚把他们的第一篇关于探测碳灰中 $C_{60}$ 和 $C_{70}$ 含量的论文投给《化学物理杂志》。在苏塞克斯，克罗托和黑尔正苦思冥想处理他们刚在前一天从碳灰中获得的红葡萄酒似的溶液，想方设法挽回他们的损失。这些损失是由于系里的那台令他们颇感失望的质谱仪造成的。

鲍尔于8月10日把手稿传真给了克罗托。克罗托通读完后，终于意识到他和苏塞克斯的同事们不知不觉地卷入了一场有关 $C_{60}$ 的竞赛，但是他们已经败北了。海德堡—图森小组的科研人员已经取得了令人信服的成果。在此之前，虽然黑尔在最近一段时间也独立获得了一些红色溶液，但是他们仍然感到非常沮丧，他们着实离成功已经很近了。

用完了一顿情绪低落的午餐，克罗托努力使自己振作起来。他打电话给鲍尔，宣布克雷奇默、拉姆、福斯蒂罗波洛斯以及赫夫曼的论文完全是一篇堪称伟大的作品，它应该毫不拖延地发表。他也希望放弃评审过程中评审人匿名的原则，请鲍尔以他的名义向作者们表示祝贺。尽管如此，按照《自然》杂志的标准程序，对长篇论文必须保证有至少2个评审人的意见，因此鲍尔询问克罗托能否推荐1位熟悉该领域的科学家担任第2个评审人。克罗托毫不犹豫地推荐了柯尔。

克罗托把他的正式评审报告传真给了《自然》杂志，然后开始寻找论文中的疏漏。他又将论文通读了一遍。这一次他注意到在这个证据"拼图游戏"中缺少了相当重要的"两片"。虽然这"两片"对该文并非至关重要，但是这个发现给克罗托和他的同事们提供了东山再起的好机会。

克罗托发现，在克雷奇默、拉姆、福斯蒂罗波洛斯和赫夫曼的论文中尽管用文字描述的形式引用了质谱数据，但是没有包含一个质谱图。阿卜杜勒-萨达已经用质谱仪测量了由碳弧蒸发所产生的碳灰试样，结果表明试样中确实存在可观的 $C_{60}$ 和 $C_{70}$。这给《自然》杂志这篇论文中的观点以有力的支持。

最重要的是，这篇论文没有一张 $^{13}C$ 的核磁共振谱。海德堡—图森小组所提供的其他分析证据似乎很坚实，但是单谱线核磁共振谱毫无疑问是“王冠上的明珠”，它仍旧是值得追求的。尽管没有成功，但是苏塞克斯小组仍旧继续做了一段时间测量碳灰的核磁共振谱的工作，现在他们已经有了包含 $C_{60}$ 和少量 $C_{70}$ 的溶液。如果他们能够用某种办法把 $C_{60}$ 和 $C_{70}$ 分开，那么 $C_{60}$ 和 $C_{70}$ 溶液的核磁共振谱都应当是可以测量的了。显而易见，苏塞克斯小组并未一败涂地。

克罗托和他的同事们仍然还有良机成为那张隐秘的 NMR 谱线的首先发表者。但他们要想如愿以偿，必须快速地投入工作。克罗托明白，在这个具有快速远程通信的时代，活跃在特殊研究领域中的科学家不再像过去那样不得不去等待通常是很缓慢的出版机制刊出论文。就他所知，已经有一打甚至超过一打的实验室早已拿到了海德堡—图森小组的论文“预印本”。这些实验室的科学家们的唯一目标，就是渴望重复实验结果和测量 $C_{60}$ 的核磁共振谱。至少对于化学家来说，那毕竟是一件再明显不过该做的事了。

因为苏塞克斯和休斯敦两城市间存在 5 个小时的时差，所以柯尔也在同一天的中午收到了传真过来的论文手稿。他将论文带回家，把整个周末都花在这上头。毋庸置疑，这篇论文的头等重要性，在于预示了碳化学和材料科学中的一个新时代的来临。读了这篇论文后，柯尔坚信全世界肯定将会有成千上万的科学家忙于重复碳蒸发器实验，再现和继续扩大克雷奇默、拉姆、福斯蒂罗波洛斯和赫夫曼在论文中报告的实验结果。在正常情况下，他觉得此文很容易满足发表所要求的标准，但是，现在不是正常情况了。紧随着此文的发表，会有巨大的资源——科学家和设备——投入到碳灰的研究中。要使所有这种努力不被误导，无论如何论文中不能有错误。

单晶的X射线衍射图样将起决定性作用，但要获得这样的图样看来是不可能的了。柯尔已准备接受富勒体中球形分子的堆积在长程内肯定有点无序这种观点。然而，如果没有单晶衍射图样，光靠碳灰粉末的电子衍射图样和X射线衍射图样，无论如何给不出完全明确的富勒体的性质，因此，柯尔认为，重要的是用其他的分析技术，特别是质谱测量和核磁共振谱测量来获得尽可能多的支持证据。

富勒体的质谱图因缺无而引人关注。$C_{60}$的存在和球形结构的证据，来自对碳团簇的质谱的研究。柯尔认为，一种与质量恰好相当于60个碳原子的分子相对应的强而清晰的信号应该出现在质谱中，这是拼图游戏中非常关键的一片。与克罗托不一样，他没有从黑尔和阿卜杜勒-萨达在苏塞克斯做的工作中受益。他也没有用自己的质谱作为一个独立的证据，去证明海德堡—图森小组完全正确。

8月12日，星期天，柯尔把一份5页纸的详细的评审意见传真给《自然》杂志的鲍尔。他仔细审查了稿子里的每一句话，提出了诸如怎样才能使讨论变得更加合理等建议。他也认为富勒体的质谱和核磁共振谱应当包含在论文中。这些细节性讨论的解决将不可避免造成论文的延期发表。柯尔尽力强调这种延搁应该减小到最低。他还认为最重要的是海德堡—图森小组应当获得优先权。

赫夫曼和拉姆收到柯尔的报告后，他们不得不承认他的坦诚和煞费苦心。虽然在《自然》杂志所制定规则的框架内，他们对论文内容的进一步补充受到一定的限制，但是柯尔提出的每一点都毫无疑问加强了他们的观点，也使论文更趋完美。

在柯尔的建议下，鲍尔想要一张质谱图。赫夫曼他们已有一张完美的质谱图，那是由图森的一位同事测量的。因为这位同事要求把他的名字加进作者行列中，所以他们没有把这张质谱选入论文的原稿中。他们认为荣誉应该属于他们自己，因此，对于质谱测量，他们宁愿只把结果简单地写进论文。

克雷奇默仍然在匈牙利，沐浴在灿烂的阳光下。赫夫曼和拉姆两人只得自己想办法处理柯尔提出的那些建议。

在令人兴奋的几个星期里，贝休恩和赫拉德·迈耶相信对他们自己来说，已经取得了这个领域中的一切。就他们所知，只有他们几个科学家掌握如何制造大量的 $C_{60}$ 的方法，有足够的 $C_{60}$ 用于光谱分析。他们打算充分利用这一点。

当贝休恩和他的妻子受全额资助准备去夏威夷度为期一周的假期时，他们的研究计划差点遭受十分严重的挫折。在夏威夷，贝休恩的3个儿子要参加一项游泳比赛。由于许多父母伴随着他们的孩子加入赛事，商业利益直线上升，最直接的结果就是大量的飞机票和旅馆客房被预订。机会难得，不能错过，但是贝休恩实在找不到一个十分满意的人替他照看2个年幼的女儿，他决定自己留守在家，让妻子独自前往。事后看来，这是一个十分幸运的决定。生活将会变得激动人心。

8月20日，星期一，贝休恩的一个在IBM的同事莫伊伦（Chris Moylan）寄给他一个便条，询问他是否看过一篇由克雷奇默、福斯蒂罗波洛斯和赫夫曼撰写的刚发表在7月6日那期《化学物理快报》上的论文。此时的贝休恩还没有阅读过这篇论文。他立即阅读了它并不断地自责。显然，他和迈耶已经踏上了正确的道路，但是要想扩大生产过程，不仅需要有使用更大的激光器的高技术条件，还需要有提供充足石墨和电力供应等一些非高技术的手段。

贝休恩把这篇论文的主要内容告诉了迈耶。他们紧急行动，想方设法使电力的供应量提高到最大。最后他们找到了一种办法，原料供应是通过几个端口而进入真空腔的，每一个端口分别与细石墨棒的末端连接。他们没有一种类似钟形罩的设备，因此不得不在烘烤这样的石墨棒时，不时地看一看他们已经获得了什么。他们把压强为13.3千帕的氦气充入真空腔，增大通过石墨棒的电流，直到从正在发光的物质上发射出的光强烈到肉眼难以忍受为止。凭借从真空腔上部的小窗口里透出来的照在天花板上的光线，他们看到了一缕缕淡淡的碳烟雾。这些烟雾确实是从石墨表面蒸发出来的，这样的酷刑仅仅持续了1分钟，通过电极的电流中断了，电极上的光也熄灭了。

在真空腔顶部的观察窗上，淀积了一层黄褐色的碳灰。贝休恩和迈耶取下这扇窗，把它放到他们的激光脱附仪中，一束从脱附仪中产生的光已足以让他们看清示波器屏幕上那富勒烯所特有的质谱，其主要信号来自于$C_{60}$。

第二天，贝休恩送妻儿到旧金山机场搭机飞往夏威夷。他还是不能照看女儿，但是他已经得到他的几个同事的妻子和女儿举办的照看孩子服务处的帮助，所以在这段日子里有时间继续做他的实验。8月22日这天，他打电话给在亚利桑那的赫夫曼，告诉他他们现在已经证实在通过弧光放电气化石墨形成的碳灰中确实存在$C_{60}$。赫夫曼解释说，自从《化学物理快报》发表了$^{13}C$碳灰实验的论文后，他、克雷奇默、拉姆和福斯蒂罗波洛斯已经证实了$C_{60}$在碳灰中存在。他们已经从碳灰中萃取了$C_{60}$（富勒体），并且使用质谱仪等技术手段分析了它。他们已经把一篇描述实验结果的论文投送《自然》杂志。赫夫曼现在正仔细地考虑由评审人提出来的问题，他不能肯定在他们论文的最后一稿中是否包含质谱实验数据。

赫夫曼不愿意继续就他们的论文说得太多，不过他建议贝休恩可以领先一步发表他和迈耶在IBM获得的质谱实验结果。IBM的物理学家们及时地把他们的实验结果撰写成论文，在8月24日，星期五这一天，投送《化学物理快报》。因为斯莫利是这个杂志的编辑，所以他们把论文手稿直接寄给了他。

贝休恩和迈耶在周末继续他们的实验。通过气化大量的石墨小棒，他们收集到了大约20毫克含有$C_{60}$的碳灰。从贝休恩跟赫夫曼的电话交谈中可以非常清楚地得出，海德堡—图森小组已经掌握了如何从少量的碳灰中萃取$C_{60}$，但是赫夫曼没有说他们是怎样提取的。贝休恩早就有使材料升华的想法，他做了一个可以正好放进真空腔的小电热器。

他和迈耶在接下来的星期一尝试做这项工作。他们把20毫克碳灰放入固定在电热器上的金属试样容器中。在钻在容器上的小孔口上，他们镶嵌了一块石英衬底。把容器温度升高到700开时，他们看到在石英衬底表面形成了一层薄薄的黄色固态薄膜。随后的激光脱附质谱测量结果表明，这些物质就是富勒体——几乎全是些被少量$C_{70}$沾污了的纯$C_{60}$。他们现在准备去做拉曼谱、$^{13}C$核磁共振谱和扫描隧道电镜图像实验。

我们回到苏塞克斯，看看那里的科学家们的工作进展。克罗托和黑尔决定必须尽快地取得别人的帮助。他们边喝咖啡边和泰勒(Roger Taylor)讨论他们的想法。泰勒是一位在苏塞克斯化学和分子科学学院供职的物理有机化学家，他立即把他的至关重要的用于制备和提纯有机混合物的专业技术贡献了出来。泰勒很快发现富勒体淀积物可以溶于其他溶剂，特别是己烷。

富勒体淀积物在己烷中的可溶性提醒泰勒，碳团簇可以用色谱法予以大量分离。在另一位苏塞克斯化学家汉森(Jim Hanson)的帮助下，他决定试用与氧化铝聚集在一起的色谱柱。当红色溶液慢慢地冲洗色谱柱时，溶液分成了3个不同的带。第1个带是浅品红色，第3个带是深红葡萄酒色。

系里的那台质谱仪仍旧无法正常工作，克罗托派黑尔携带从碳灰中分离出来的部分试样到曼彻斯特VG分析实验室。这个实验室是由商业公司创办的，专门为化学分析提供技术上的服务。在VG实验室，黑尔将试样交给斯卡利恩(Paul Scullion)，后者使用快速原子轰击(FAB)质谱仪对试样进行分析。在这种技术中，固体试样被中性原子(一般是氩原子)所轰击，受到脱附的分子或者碎片被电离和观测。这种技术特别适合于分析尚未清楚其组成的试样，因为它能产生大量的分子离子，这些受到脱附分子的单一电离形式可以被用来快速地鉴定分子是不是真的存在。

克罗托、泰勒和沃尔顿坐等着黑尔打电话向他们告知实验得出的每一个结果，他们的耐心是极有限的。在设法使试样呈基体形式以适合于分析时，黑尔遇到了困难。打了几个焦躁烦乱的电话并从泰勒那里获得了一些重要建议后，黑尔和斯卡利恩最后设法将试样溶入一个间-硝基苄醇基体中。质谱测量表明品红色部分是$C_{60}$，更深的红颜色部分是$C_{70}$。尽管$C_{70}$在溶入溶液的整个溶质中仅占10%左右，但是它的深颜色掩盖了富勒体溶液的品红色。中间部分是$C_{60}$和$C_{70}$的混合物。

就这样，想要的东西终于得到了。经过这几年来的欢乐、沮丧、怀疑、争论和反驳，苏塞克斯的化学家们终于第一个获得了纯$C_{60}$溶液。这确实让人难以置信，它是一个早在20世纪60年代就被预言了的奇特分子。到1985年9月，它在飞行时间质谱上显示出一个尖峰，并且成为一个纯粹是猜测的由极其生动的图像构造的三维结构。现在，它是真实的了，$C_{60}$是一个具有真实性质的真实分子。它的固体薄膜呈暗黄色，并且随着膜的厚度的增加逐渐变成深褐色或者黑色。把它与苯或其他溶剂混合，它会使溶液呈浅品红色。现在，它的核磁共振谱实验又进展如何呢？

一直到8月底，柯尔仍旧不知道克雷奇默、拉姆、福斯蒂罗波洛斯和赫夫曼的论文进展到什么地步了，他变得越来越焦虑。回过头来读读他自己写的长达5页的评审人意见，他越来越感到内疚，因为他似乎在人为地阻止这篇论文的尽快发表。他决定放弃评审的正式程序，在8月31日这一天给赫夫曼打了电话。

他向赫夫曼解释，说他不想把他的评审意见写得过于苛刻，以至于使他们的论文被不恰当地推迟发表。他又说，如果有一幅能显示富勒体主要是由$C_{60}$构成的质谱，他将会感到更加满意。对于赫夫曼来说，这个消息无疑使他如释重负。他解释说他们所获得的质谱的确显示出柯尔想看到的结果，但是他们不能把它写进他们的论文，因为还有其他人员参与了这项工作，而他们又不想在论文中增加作者人数。这样一来，柯尔对此文的异议便烟消云散了。

为了弥补失去的时间，柯尔要求赫夫曼把他们的论文以预印本的方式散发给一些著名的化学家，以引起他们对这个发现的关注。他开给了赫夫曼一长串的化学家名字和地址，这几乎是赫夫曼想听到的最后一件事。前几个星期是他一生中最为困难的时期，他几乎快要崩溃了。在考虑如何严谨慎重从事以避免出现另一个冷聚变事件上，他和克雷奇默存在严重的分歧。现在令人沮丧的是时间越来越紧迫。

克雷奇默度完假归来了，赫夫曼立即把发生在度假期间的一切都告诉了他。他们决定把那幅由海德堡的齐格和纳托为他们完成的富勒体的质谱放进论文，接受柯尔的意见重新改写论文，但是他们没有把核磁共振谱放进论文。

柯尔与《自然》杂志的鲍尔联系上，向他解释说海德堡—图森小组一直在做质谱研究而且已经获得了完美的能够被人接受的质谱图。这也正是他对整篇论文最为关注的地方。他要求鲍尔尽快发表这篇论文。赫夫曼在9月7日又把他们的论文修改稿投往《自然》杂志。

在用升华方法成功地将$C_{60}$和$C_{70}$从碳灰中分离出来后，贝休恩和赫拉德·迈耶决定先做拉曼谱测量实验。在同事哈尔·罗森和访问学者唐(Wade Tang)的合作下，他们测量了富勒体薄膜的拉曼谱。此时，他们发现自己得到了预想的结果。拉曼谱完全与建立在足球结构上的理论预言相吻合。

特别是，他们在273、497和1 469厘米$^{-1}$处观察到了属于$C_{60}$的强谱线。在这些谱线中，273厘米$^{-1}$这根谱线是最能说明问题的。所有早期的理论研究都预言，$C_{60}$应该具有“挤压”或“反弹”的振动，这种振动可使球形变成椭球形。虽然理论预言的高能振动谱线存在着大的偏差，但是所有的理论研究给出的这个反弹振动谱线都在实验测量值附近不超出20厘米$^{-1}$范围，这是拼图游戏中的关键的另一块。

IBM的科学家把他们的结果写进论文，于9月7日、星期五投给《化学物理快报》。第二天，贝休恩前往坐落在博登湖滨的德国城市康斯坦茨参加于9月10日、星期一开幕的第五届ISSPIC会议。他好几次试图说服大会组织者埃希特(Olof Echt)和雷克纳厄尔(E. Rechnagel)给他时间，允许他报告IBM小组在$C_{60}$上取得的成果，但他被告知会议日程早已排满。不管怎样，对他的申请的回答总算给了一点几乎是微乎其微的希望。会议日程虽然已经排满，但如果有人在最后时刻撤回其论文，贝休恩的报告将会被考虑。这就是所有的希望，虽然这远不能鼓舞人心，但对贝休恩来说足够优厚了。为了抓住这个可能出现的机会，贝休恩准备了一个短小的报告。

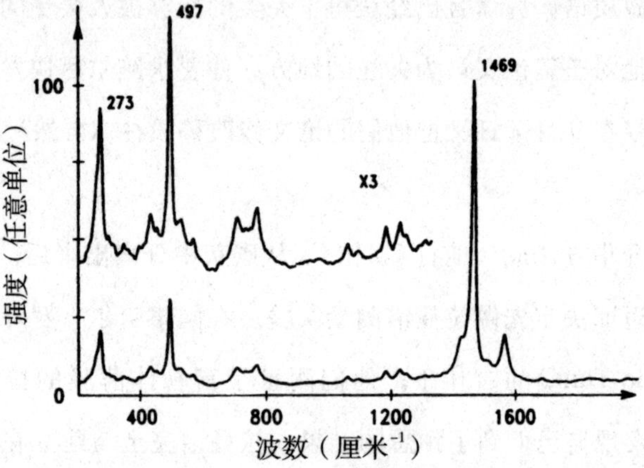


图 11.2　提纯后的 $C_{60}$ 薄膜的拉曼谱图

由 IBM 科学家贝休恩、赫拉德 · 迈耶、唐和哈尔 · 罗森报告。3 条强谱线出现在 273、497 和1 469厘米$^{-1}$处，它们属于 $C_{60}$。在这些谱线中，最引人注目的莫过于 273 厘米$^{-1}$这一条。它近似对应于理论上对足球状的 $C_{60}$ 的“挤压”或“反弹”振动的预言值。

星期六早上，迈耶驾车送贝休恩到旧金山机场。在路上，他们讨论了下一步应当开展的实验。贝休恩已经把一些薄膜试样送给了约翰逊，后者设法把固态试样溶入几种不同的溶剂并开始作$^{13}$C 核磁共振谱测量。贝休恩不能肯定海德堡—图森小组是否早已做了这方面的测量（赫夫曼在电话中没有向他谈及核磁共振谱），但是迈耶认为核磁共振谱测量具有无比重要的意义，他们应当全力以赴去做。最后他们达成了一致意见。为了获得单谱线证据，迈耶将给约翰逊以任何必要的帮助。

但是 IBM 的科学家们注定不是第一个取得核磁共振单谱线证据

的。正当贝休恩和迈耶与罗森和唐一道进行 $C_{60}$ 的拉曼谱研究时，时间已经快要到8月底了。此时柯尔也正忙于询问投给《自然》的论文的结局，所以倒是苏塞克斯的化学家走在前面，他们对 $C_{60}$ 和 $C_{70}$ 溶液已经做完了实验。

黑尔把部分品红色溶液试样送给了在苏塞克斯操作核磁共振谱仪的工作人员劳利斯(Gerry Lawless)和埃文特(Tony Avent)，他们还是第一次测量 $C_{60}$ 的核磁共振谱。然而克罗托在观察得到的谱图时，不由得产生一种本末倒置之感。他们得到的谱由一根属于苯溶剂的大幅值，有 $128\times10^{-6}$ *的化学位移的谱线，和一根极小幅值的几乎不重要的谱线($143\times10^{-6}$)组成。埃文特使克罗托相信这个微弱的谱线信号就源于 $C_{60}$，并且还相信有且仅有一根谱线才能证明 $C_{60}$ 具有足球状结构。克罗托终于战胜了他的那种本末倒置感。单谱线证据最终属于他。

他们随后测量了红色溶液的核磁共振谱。如果被挤成椭球形结构的富勒烯对应于 $C_{70}$ 的猜测是正确的，那么核磁共振谱上应该出现预言的5条谱线。这5条谱线与碳原子在这种结构中可以有5种不同的环境相一致。谱线的相对强度应当反映这些不同环境下碳原子的不同数目——10 : 20 : 10 : 20 : 10。

埃文特在9月2日、星期天测量了核磁共振谱，和克罗托对它作了仔细的研究。在这个谱图上，确实有5条谱线，但其中只有一条谱线非常准确地与 $C_{60}$ 的信号恰好相符。这可能刚好是巧合，但也可能

---

* 这是一种描述核磁共振谱谱线的方法。核磁共振信号的具体位置依赖于实验中所用的磁场的范围和强度，弄清这种与设备有关的依赖关系的一般做法，是记录某种参考试样(通常使用四甲基硅烷)的瞬时核磁共振信号。核磁共振谱线以测量得到的位置与标准位置之差的形式确定。这个标准位置可以表达成标准的共振频率的一个分数。在典型的计算方法中，使用百万分之一($10^{-6}$)最为方便。

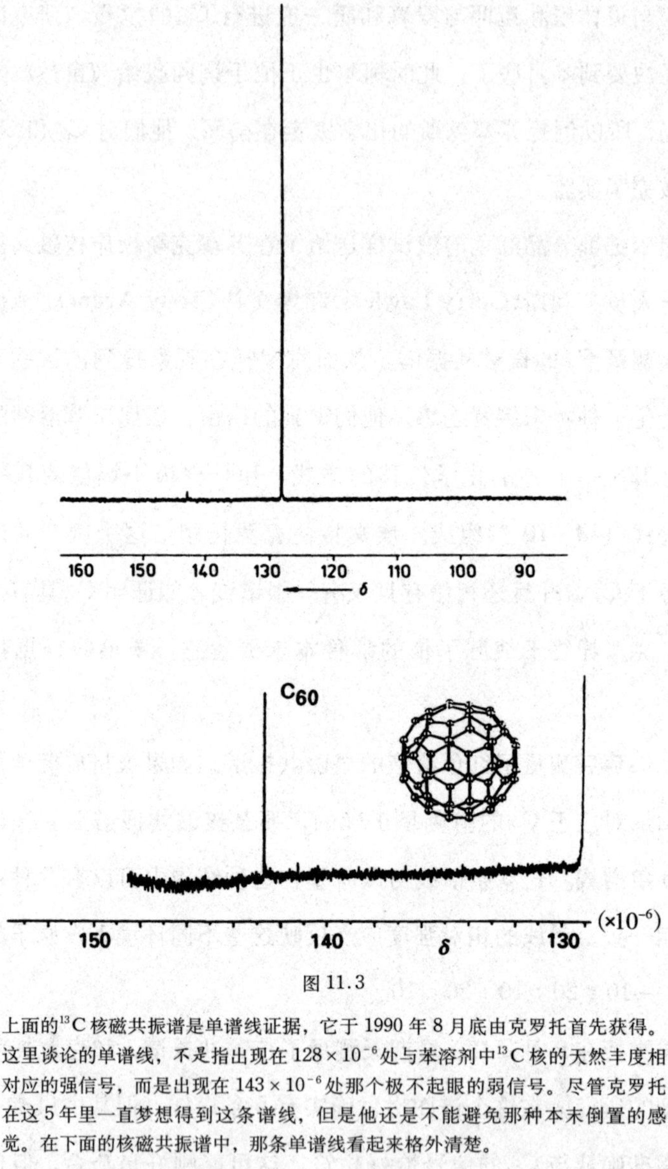


图 11.3

上面的$^{13}$C 核磁共振谱是单谱线证据，它于 1990 年 8 月底由克罗托首先获得。这里谈论的单谱线，不是指出现在 $128\times10^{-6}$处与苯溶剂中$^{13}$C 核的天然丰度相对应的强信号，而是出现在 $143\times10^{-6}$处那个极不起眼的弱信号。尽管克罗托在这 5 年里一直梦想得到这条谱线，但是他还是不能避免那种本末倒置的感觉。在下面的核磁共振谱中，那条单谱线看起来格外清楚。

是 $C_{60}$在红色溶液中有少量存在，那剩下的 4 条谱线可以归于 $C_{70}$。克罗托认为，只有确信所有的 $C_{60}$都从红色溶液中分离出去了，才能消除任何可能存在的怀疑。这一点至关重要。泰勒又重新做了色谱，提纯了红色溶液。$C_{60}$的核磁共振谱线终于完全消失了。

只剩下 4 根谱线，但是他们很快发现了第 5 根谱线。因为它太靠近苯溶剂的那根大幅值的谱线了，所以差一点被淹没。它就是他们寻找的谱线，围绕在 $C_{70}$ 富勒烯结构的“腰部”的 10 个碳原子所处的环境与苯中的碳原子所处的环境没有多大差别，所以这 10 个原子的核磁共振信号与苯溶剂的谱线非常接近。如果再稍微靠近一点，他们就会完全错过这条谱线的观察。

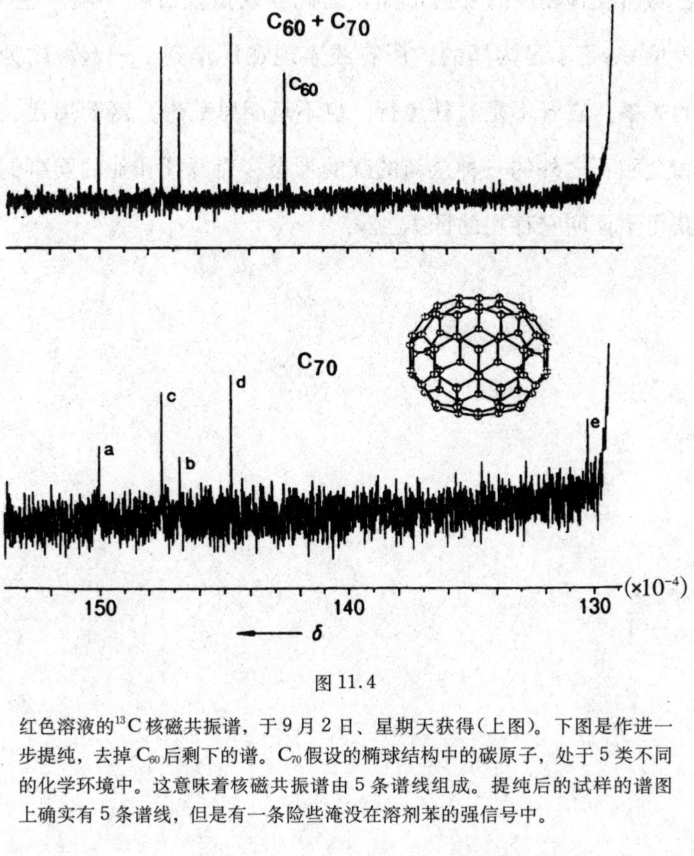


图 11.4

红色溶液的¹³C 核磁共振谱，于 9 月 2 日、星期天获得(上图)。下图是作进一步提纯，去掉 $C_{60}$ 后剩下的谱。$C_{70}$ 假设的椭球结构中的碳原子，处于 5 类不同的化学环境中。这意味着核磁共振谱由 5 条谱线组成。提纯后的试样的谱图上确实有 5 条谱线，但是有一条险些淹没在溶剂苯的强信号中。

正是沃尔顿，他使克罗托相信，在许多方面，$C_{70}$ 的 5 条核磁共振谱线比他们最后在 $C_{60}$ 中得到的单谱线更能说明问题。$C_{60}$ 的质谱数据和单谱线核磁共振谱不能排除由 60 个碳原子组成的单键和三键交替出现的大环形结构(虽然在这样的结构下，解释那 4 条红外谱线将遇到很大的困难)。无论如何，$C_{70}$ 的核磁共振谱不仅证明了富勒烯具有封闭的笼状结构是正确的，而且也支持了可能存在一个完整的具有不同稳定性的富勒烯家族的观点。

$C_{60}$ 是各五边形面均不邻接的最小的封闭性笼状结构，它的球对称性使它在富勒烯家族中具有最高的稳定性。$C_{70}$ 是第二大的富勒烯，它同样没有邻接的五边形面，因此在碳蒸发过程伴随产生 $C_{60}$ 而生成少量 $C_{70}$ 是不足为怪的。所有线索现在汇聚到了一起，成为一个流畅的故事。它既不是疯狂愚行，也不是胡思乱想。富勒烯代表了除石墨和金刚石之外的一种全新的碳的形态。克罗托和他的同事们现在终于获得了证明它存在的证据。

# 第十二章　任重道远

当斯莫利从黑尔那里听到海德堡—图森小组取得了突破性进展的消息时，他的第一个反应是应当用香槟酒来庆贺。真正重要的不是一帮物理学家完成了许多化学家梦寐以求但都没有成功的事情，而是 $C_{60}$ 终于被证明是真正存在着。这已经足够了。

斯莫利原定于在 9 月 10 日召开的康斯坦茨 ISSPIC 会议上作一个报告。虽然海德堡离会议召开地并不太远，但是赫夫曼和克雷奇默都不打算参加会议。斯莫利决定：如果克雷奇默有机会在他作报告时及时出席会议，他准备放弃分配给他的时间的开头 5 分钟，让克雷奇默有机会亲自报告他们业已取得的突破性进展。他直接跟克雷奇默联系，向他提供这个机会。

虽然克雷奇默以他的典型的冷面滑稽式的幽默认为，此番去康斯坦茨犹如中世纪波希米亚的“胡斯”解放运动的领袖、捷克改革家胡斯(Jan Hus)在完全保证他的人身安全的前提下被(德意志)帝国国王邀请去发表演说，但他还是接受了斯莫利提供的机会。胡斯发表了他的演说后立刻被当作一个异教徒而处以火刑。不可否认，可能会有激动人心的时候，但是克雷奇默也不希望因为他关于碳的第 3 种形态的观点可能被视为异端邪说而遭受排斥。

斯莫利与埃希特取得联系，以便作出必要的安排。克雷奇默在 9 月 12 日、星期三上午宣布了他们的发现。就在这个时候，斯莫利发起了一个重要的研究计划。这个计划也由来自赖斯大学化学系、物理系、生物化学和遗传学研究所的科学家参与。他们的共同目标是应用和改进海德堡—图森小组的蒸发技术，从而使他们能全面开展对 $C_{60}$ 的研究。

克罗托对最早获得的 $C_{70}$ 红色溶液的 $^{13}C$ 核磁共振谱不十分满意，他担心少量 $C_{60}$ 的沾污会造成一些问题。不过，他还是准备和黑尔、泰勒和阿卜杜勒-萨达开始就他们已经取得的结果撰写一篇论文。9 月 3 日，星期一，他们开始了这项工作。泰勒开始对红色溶液作进一步的色谱分离以除去剩下的 $C_{60}$。

在这篇论文中，他们描述了富勒体的 FAB 质谱、色谱分离后的品红色溶液和红色溶液的质谱和核磁共振谱，并报道了 $C_{60}$ 和 $C_{70}$ 的紫外线、可见光和红外线谱的谱带极大值和谱线位置。如果泰勒最终能成功地将红色溶液中剩余的 $C_{60}$ 排除出去，那么他们在投稿前会在论文中增加一幅新的 $C_{70}$ 的核磁共振谱。随着时间的推移，他们已经有了准备投到杂志上的东西。这一点对他们来说很重要。至于心理感觉，现在克罗托比原先只有 $C_{60}$ 谱中单谱线的结果时更为满意，一张清晰的具有 5 条谱线的 $C_{70}$ 谱比糕饼上的糖衣还诱人。

当苏塞克斯小组进行色谱分离和测量第一张核磁共振谱时，克罗托和沃尔顿就是否及时地把他们正在取得的进展告知海德堡—图森小组而频繁地交换意见。毕竟克雷奇默在3月份的信给黑尔很大的帮助。这封信中描述了克雷奇默和福斯蒂罗波洛斯在海德堡蒸发器中生产碳灰的条件。因此，克罗托和沃尔顿一致认为，克雷奇默应当及时跟上。虽然他在信中并没有把所有的东西都告诉他们，但是克雷奇默的建议确实对苏塞克斯研究计划率先获得成功起了极重要的作用。正因为如此，克罗托非常感激他。事实上，克罗托也对科学家们在如此激烈的竞争下不时地透露他们的研究成果这种敏感事情十分谨慎。他要努力做到让克雷奇默对苏塞克斯小组相当独立地开展工作这一点完全没有意见。特别是，他想在他们的论文中澄清，他们在获知海德堡—图森小组所取得的巨大进展之前就发现了萃取方法，并且得到了红色溶液等事实经过。

克罗托准备参加一个交叉学科科学会议。会议由苏塞克斯大学和萨格勒布大学筹办，将于9月份的第2个星期在南斯拉夫的布里俄尼召开。他已经决定把这次旅行与一个短假期结合起来，携妻驾车去南斯拉夫旅游。因为可以提前1天出发，所以他们能够在前往布里俄尼的途中在海德堡作停留，这给了克罗托一次机会。他可以把他们在苏塞克斯获得的结果告诉克雷奇默，并且亲自祝贺他在分离富勒体特别是在部分确定其物理性质上取得的成就。

在通过电话证实克雷奇默在接下来的几天里将会留在海德堡。并且非常乐意接待访问者后，克罗托和他的妻子于9月6日星期四前往德国，并于翌日晚上到达海德堡。在马克斯·普朗克核物理研究所附近的别赫尔德霍夫餐馆的整个晚餐上，克罗托、克雷奇默和福斯蒂罗波洛斯相互交流了他们的研究过程，谈及了经过这段时间的尝试后感受到的开辟富勒烯研究领域的艰苦和磨难。克罗托解释了核磁共振谱测量的重要性，并且送给克雷奇默一份他撰写的论文的初稿，他高兴地发现他们之间不存在敏感性问题。就在那时，克罗托才明白《自然》杂志那篇论文的发表已经耽搁太久，以致其损失已超过了那张质谱图的发表所带来的价值。

克罗托随身携带了一些品红色和红色溶液试样，非常自豪地拿给克雷奇默和福斯蒂罗波洛斯看。后来，他们分手的时候，克罗托把它们当作礼物送给了克雷奇默。它像是一个葡萄酒瓶，里面装着产自罗讷葡萄园(它看起来像是被毁坏了的阿维尼翁教皇的夏宫)的深红色的葡萄酒。克罗托没有想要使之成为某种象征的符号，但是这酒色就是富勒体在溶液中的颜色，而这个标签显示了它是 1985 年酿造的。那一年毫无疑问是个丰收年，就在那一年，来自 AP2 飞行时间质谱仪上的信号提醒克罗托、希思和奥布赖恩：$C_{60}$ 在某种程度上可能是个特殊的物质。自从这些信号第一次出现在赖斯大学斯莫利实验室中计算机屏幕上以来，至今几乎正好是 5 年时间。

当克罗托正在作穿越东欧的旅行时，泰勒正成功地用色谱法进一步提纯红色 $C_{70}$ 溶液，提纯后的试样的核磁共振谱显示了预期的 5 根谱线。核磁共振谱论文的初稿被重新改写，增加了新的实验结果。9 月 10 日、星期一，苏塞克斯的化学家们把这篇论文寄给了《化学通信》。这家杂志是由皇家化学会专门为快速报道新的研究成果而出版的。黑尔带着这篇论文的修改稿来到布里俄尼找着了克罗托。

在 9 月 3 日开始的那个星期里，惠滕在意大利出席一个分子和离子团簇会议。虽然在这次会议上极少有关于碳团簇的报告，但是他从会议参加者的各种活跃的社会交往活动中总是能听到一些令他很感兴趣的消息。

克罗托在苏塞克斯的同事斯泰斯也参加了会议。在一个晚餐会上，当他和德国化学物理学家施拉克(Ed Schlag)交流时，他暗示在关于$C_{60}$的研究上，海德堡小组和苏塞克斯小组都已取得了惊人的进展，但是眼下他没有时间说得更多。惠滕耳闻目睹这个交流信息，立即打电话给洛杉矶的迪德里克。

正像苏塞克斯小组和IBM小组一样，惠滕和迪德里克也已经注意到了克雷奇默、福斯蒂罗波洛斯和赫夫曼在初夏发表在《化学物理快报》上的$^{13}C$的论文。在从意大利打往洛杉矶的电话中，惠滕问迪德里克是否听到了更多的消息，以及斯泰斯所指的激动人心的进展是否也有来自海德堡的有机化学家团体的贡献。迪德里克没有听到任何这方面的信息，对惠滕的消息感到非常奇怪。

惠滕除了向斯泰斯索要更多的细节外别无他法。在他的强烈要求下，斯泰斯把他知道的一些情况告诉了惠滕，不管怎么说，这是相当有限的：他听说已经取得了关键性进展，那就是在由碳弧蒸发产生的碳灰中可以生产和分离出大量的$C_{60}$和$C_{70}$。克罗托和他的同事们已经设法提纯了$C_{60}$和$C_{70}$试样，并且测量了$^{13}C$核磁共振谱。$C_{60}$的谱显示了预期的单谱线，而$C_{70}$的谱上有5根谱线。

对惠滕来说，这是不同寻常的消息。他从意大利出发前往德国，在9月8—9日的整个周末，都在慢慢地咀嚼着这条新消息并且思考着它背后的含意。在下一个星期，他已经准备在康斯坦茨ISSPIC会议作一个与碳团簇毫不相干的报告。

贝休恩于9月9日星期天上午结束了乘火车前往康斯坦茨的旅行到达苏黎世。傍晚，他在进行正式注册时，埃希特通知他：他的原本微弱的愿望实际上已经实现。在贴出的小告示中说，一个原先准备作报告的科学家已经放弃。因此贝休恩刚好在星期二午餐前有10分钟的空隙。贝休恩非常高兴，他终于如愿以偿，不用再为他的简短演讲而烦恼了。

会议进程的第一天主要集中在金属团簇，没有涉及碳或者富勒烯。贝休恩在晚上整理他的思路并仔细检查他报告的材料，他仅仅只有10分钟的时间来讲述IBM小组业已取得的成果。他要保证能够最大限度地抓住他们当中的每一位成员的工作成果，尽可能地使演讲富有戏剧性效果。正如他所知道的，自己将是第一个公开宣布大规模制造$C_{60}$和确定其部分性质的人，他热切地盼望着这一激动人心的时刻到来。

在星期二中午过后一会儿，贝休恩站着作了简短的演讲。他讲述了IBM研究组用激光脱附质谱仪对碳灰的早期研究，以及他们对7月份的《化学物理快报》上克雷奇默、福斯蒂罗波洛斯和赫夫曼的论文中的红外实验结果非常吃惊。他解释说他们是如何立即建立起设备——“……实质上是一根铅笔芯和一节电池”——用来制造大量的碳灰，证明里面含有丰富的$C_{60}$，然后他又描述了升华过程，展示了纯$C_{60}$薄膜的质谱。在他展示了$C_{60}$薄膜的拉曼谱并且解释为什么那个最强的谱峰应当归因于$C_{60}$足球状结构的振动模后，他断言化学家和材料科学家在不久的将来可以从化学物质供应商那里买到$C_{60}$。

对绝大多数在座的听众来说，这是一条令人吃惊并难以置信的消息。一位许多年来一直在用石墨蒸发方法给试样表面覆盖碳膜的电子显微镜学家问贝休恩，虽然他不知道如何制造$C_{60}$，但在他的实验中是不是也一直有$C_{60}$产生。贝休恩向他解释说，真空腔中的惰性气体的压强是决定在产生的碳灰中是否含有$C_{60}$的关键因素。他对电子显微镜学家使用的几类压强能否足以制造出$C_{60}$持怀疑态度。

这是会议的一个高潮，贝休恩感到既自豪又兴奋。下午晚些时候，在报告厅外过道里，斯莫利向他走来并用开玩笑的口吻责备他“泄露天机”。虽然在这个时候贝休恩尚不清楚斯莫利到底是什么意思，但是实际上他取得了正式宣布这一突破性进展的优先权。这个进展由海德堡—图森小组取得，并且准备由克雷奇默于第二天上午在斯莫利报告时间的头5分钟里宣布。

克雷奇默和福斯蒂罗波洛斯在同一天到达康斯坦茨并于傍晚抵达会场。在那里，他们遇上了贝休恩，贝休恩把IBM小组即将发表的论文的预印本送给了他们。论文中的一切进一步证实就是它们折磨了克雷奇默整整4个月并使他百思不得其解。克雷奇默要求贝休恩尽快发表拉曼谱。自从与克罗托会面并接受他赠送的论文初稿到现在，苏塞克斯小组显然也正在大量地制造和提纯$C_{60}$和$C_{70}$。他们把注意力转向拉曼谱研究也仅仅是个时间问题。

贝休恩惊奇地发现克罗托和赫夫曼从1982年开始就一直在研究碳灰，并且在2年多前就第一次得到了刚好由4根谱线组成的碳灰的红外谱。对于IBM小组来说，他们靠《化学物理快报》上发表的$^{13}C$论文以及包含在论文中的蒸发技术的细节的帮助，自5月份以来，在极短时间里取得了快速的系统性的进展。IBM小组追赶得如此之快，部分归因于由公司研究环境支持的交叉学科合作研究的强大能力。

但是贝休恩和赫拉德·迈耶完全靠他们自己，闯出了一条令人崇敬的长路。倘若他们刚好还有另外几个月的时间，他们可能会完全独立于海德堡—图森小组或者苏塞克斯小组而大量制造富勒烯。贝休恩认命了，因为这就是生活。

还有没有机会夺取亚军呢？无论是克雷奇默还是赫夫曼，看起来都没有考虑去测量固态富勒体或者它溶于苯后的溶液的$^{13}C$核磁共振谱。会议期间，单谱线证据的重要性在贝休恩与斯莫利和惠滕的对话中被反复提到。惠滕说，他相信克罗托早已获得了溶液中 $C_{60}$ 的单谱线核磁共振谱。贝休恩不清楚这个结果是否完美，或者苏塞克斯小组是否已经投稿等待发表。他情不自禁地想知道在阿尔马登的约翰逊和迈耶的谱测量工作取得了多大进展。

9 月 12 日星期三上午 9 时，克雷奇默站起来解释他、福斯蒂罗波洛斯、赫夫曼和拉姆如何偶然碰上他们的重要发现："所有一切都开始于 1982 年秋天……"。他描述了他们在一个钟形罩蒸发器中制造大量富勒体的方法。他展示了富勒体晶体的彩色显微照片、X 射线粉末衍射结果、电子衍射结果、紫外谱和红外谱。他还出示了即将发表在《自然》上的论文的标题页。

他的简短演讲引起了巨大的反响，获得了广泛的好评。在斯莫利的带动下，全场响起了经久不息的"桌灵击"欢呼声。与会者认识到他们目睹了碳科学史上一个独一无二的事件。看来，德国的科学家已经走出了沮丧，神情温和，不怕否定自我，他们把碳的一种全新形态的晶体展示给了与会者。对许多听众来说，这是一种非常令人难忘的经历。

紧跟着作下一个报告无疑非常困难。斯莫利不得不向响彻整个会场的激动人心的嗡嗡声让步。在简要地提了一下原先准备演讲的材料(关于团簇表面化学的 ICR 探测)后，他放弃了日程上的报告，取而代之的是一个关于 $C_{60}$ 和富勒烯的即兴演讲。他追溯了他、柯尔和克罗托合作研究的整个起因，以及他们和希思、奥布赖恩于 1985 年 9 月在赖斯获得的那张引起重视的质谱。接着，他讨论了 $C_{60}$ 的一些性质、高级富勒烯、裹有金属原子的富勒烯以及螺状成核机制。

在斯莫利演讲结束后，惠滕再次强调苏塞克斯的克罗托和他的同事们成功地分离了$C_{60}$和$C_{70}$，获得了单谱线的$C_{60}$核磁共振谱和5根谱线组成的$C_{70}$核磁共振谱。随着一组几乎完备的分析数据充分证明$C_{60}$具有足球状结构，$C_{60}$终于为世人所瞩目。

在那天上午还有两个报告，一个是关于金团簇的报告，它被安排在日程中喝咖啡休息之前，由考克斯、卡尔多和他们在埃克森的同事们完成。当听众开始离开报告厅时，克雷奇默受到了许多科学家的祝贺。他们中间有阿梅·罗森，他不得不承认有2件事给他留下了深刻的印象。第1件是他自己对具有足球结构的$C_{60}$的紫外吸收谱预言的准确性；第2件是这个预言本身曾给了赫夫曼必要的鼓励，使他继续追求他的疯狂念头。

克雷奇默还被惠滕缠住。惠滕问他是否知道一点关于克罗托的核磁共振谱测量的结果。克雷奇默承认，克罗托上个星期到海德堡访问了他，送给他一篇包含了$C_{60}$和$C_{70}$的$^{13}C$核磁共振谱的论文稿。在他们交谈的时候，惠滕提到了在康斯坦茨会议结束后的旅行计划中包含有去柏林访问的行程。克雷奇默问他是否有机会来海德堡，他和福斯蒂罗波洛斯还在为富勒体的单晶X射线衍射图样难题而苦苦挣扎。他们非常想听听惠滕的任何建议。他们商定惠滕推迟去柏林，下个星期去海德堡克雷奇默那儿。

克雷奇默没有继续留下来参加剩下的会议。就在这段日子里，他的电话几乎连续不断，有许多事情都等着他去做。会议日程在那天下午12∶30结束。午餐后，与会者有机会从科学交流中抽出身来泛舟博登湖，尽情享受美丽湖光。他们置身在9月阳光灿烂的风景里，啜饮着一两杯事先从他们的丰盛的晚餐桌上带来的葡萄酒，海阔天空地随意聊天。

会议在星期五中午稍后就闭幕了。贝休恩乘火车回到了苏黎世，同行的还有斯莫利和他的夫人沙普斯基（Lynn Chapieski）。富勒烯又成了他们谈话的主题。贝休恩讲述了他和IBM的同事们在5月份如何卷入富勒烯研究。

斯莫利此时的心情比较平静，对IBM的科学家们能够从激光气化石墨产生的碳灰中观察到$C_{60}$和$C_{70}$饶有兴趣。在斯莫利所称的“寻找黄色溶液”过程中，希思在赖斯花费近1年的时间试图从用相同方法产生的碳灰中提取$C_{60}$，最后，他们放弃了用这种方法获得足量的$C_{60}$的愿望。他们得出结论，在这种碳灰中的$C_{60}$的含量太少，不能用溶剂萃取法获得能够被测量到的收率。不知道为什么，在IBM小组成功之处，赖斯小组却失败了。实际上，克雷奇默和福斯蒂罗波洛斯也早已试图用激光气化石墨的方法制造他们神秘的骆驼试样，但是同样没有成功。斯莫利颇觉失望地发现他和在赖斯的同事们已经离成功只有一步之遥了。显而易见，他们快要能为自己制造大量的$C_{60}$了。

在9月15日星期六晚上，经过长途飞行，疲惫不堪的贝休恩从苏黎世回到了旧金山机场。赫拉德·迈耶在机场迎接他。不知为什么迈耶显得非常兴奋，他蹦蹦跳跳，并且不时地发出一些奇怪的不知所云的叫喊声。从机场到阿尔马登研究中心有81千米的路程，在路上他坚持要求贝休恩赶快从时差反应中解脱出来，随他直奔实验室。

他们在晚上11时到达实验室。一幅贝休恩可能从来没有看到过的照片，在威尔逊的暗室里等着他们。威尔逊用扫描隧道电镜成功地制作了这张淀积在金表面的富勒体薄膜的表层原子图像。在这幅图像中，分子大小的球排列成一排排。如果眼见为实，那么这确实是一个意想不到的新发现。在一排球的空隙处的上方盘踞着拉长了的球。这些球可能就是在富勒体中以沾污物形式存在的$C_{70}$分子。

贝休恩和迈耶又一起来到了研究中心另一侧的另一个暗黑的实验室。约翰逊让他们看计算机显示屏上显示的曲线，靠近曲线的中间有一个尖峰。他已经完全澄清了心里的怀疑，非常骄傲地告诉他的夜访者，他们正在看的是单谱线 $C_{60}$ 核磁共振谱。贝休恩、约翰逊和迈耶花了 2 天时间撰写了一篇描写这个结果的论文。9 月 17 日、星期一，他们把论文传真到《美国化学会杂志》。

图 12.1　眼见为实

淀积在金表面的富勒体薄层的扫描隧道电镜图像，它由 IBM 的威尔逊获得。图中一排又一排的小分子球为 $C_{60}$，较大的拉长的分子(可能是 $C_{70}$)散布其间。从这幅图上可以得到富勒烯的球形特征。虽然这项技术具有刻画单个原子的分辨率，但是碳原子在分子上的具体位置还是不能看到。IBM 小组对其中的原因作了深入的研究。

贝休恩把他在康斯坦茨的经历告诉了同事们，他还把惠滕对几个星期前就已获得单谱线 $C_{60}$ 谱的苏塞克斯小组的评论也告诉了他们。他决定把他们的结果打电话告诉克罗托，并向他索要一篇苏塞克斯小组的论文。贝休恩收到了克罗托传真过来的论文，还收到了一条信息："祝贺你们获得了单线谱。$C_{60}$ 给许许多多人带来了欢乐，这是多么令人愉快，但是任重道远。"

迪德里克计划于9月18日星期二从洛杉矶乘飞机前往法兰克福。幸运的是离订飞机票的日子还有好几个月时间，他准备出席BASF125周年纪念会。会议将于9月24—26日在路德维希港召开。他打算在会议开始前和全家去卢森堡旅游数天。当惠滕再次给他打电话告知在康斯坦茨会议期间他们在实验中的发现后，迪德里克很快改变了计划。

两位UCLA科学家于9月19日上午在法兰克福机场会合。迪德里克叫了一辆出租车。他们直接前往坐落在海德堡的马克斯·普朗克核物理研究所。这是迪德里克非常熟悉的地方，5年前他就在附近的马克斯·普朗克医学研究所获得了博士学位。

克雷奇默把与碳蒸发器、碳灰、升华和溶剂萃取有关的所有情况都告诉了他们。他们提议进行短期合作。惠滕和迪德里克以及他们在洛杉矶的同事们将重复和扩展对富勒体试样的分析，并尝试把$C_{60}$和$C_{70}$分离出来。这些试样都由海德堡蒸发器制造，他们的主要目的是搞清楚$C_{60}$和星际漫射带的关系。

克雷奇默也让他们看了克罗托的论文。克罗托文中除了谈到苏塞克斯小组已经用了色谱分离方法外，没有给出更多的细节。但有一点非常清楚，那就是苏塞克斯小组已经测量了单谱线核磁共振谱。

惠滕于9月20日星期四携带了海德堡的富勒体试样飞回洛杉矶，在迪德里克的研究生鲁宾的协助下迅速安装了一台碳弧蒸发器以制备更多的碳灰。他用从克雷奇默那儿学来的一系列方法分析测定富勒体试样，并开始尝试用色谱法从富勒体中分离$C_{60}$和$C_{70}$。

在此段合作期间，迪德里克来到了路德维希港参加BASF研讨会。他在第一天会议结束后回到宾馆房间时，发现有一份来自洛杉矶的传真。这是他在UCLA的同事们获得的第一张富勒体的FAB质谱，在这张图上不仅有源于 $C_{60}$ 和 $C_{70}$ 的大信号，而且还有源于 $C_{76}$ 和 $C_{96}$ 之间的较大富勒烯的明显信号。

他很快发出了一个长传真，付了一笔电话费。此时已近清晨，他几乎没有时间睡觉了。由于不能亲身经历发生的一切，他在做这些事时非常烦躁。但是另一方面，他仍旧能很方便地见到克雷奇默并且获益匪浅。他将在 9 月 25 日晚上回到海德堡去弄清实验中的某些方面。

迪德里克于 9 月 28 日回到洛杉矶时，鲁宾已经就 UCLA 小组的实验结果写好了一篇论文。在长长的作者名单中有福斯蒂罗波洛斯、克雷奇默和赫夫曼。他们于 10 月 3 日把论文投往《物理化学杂志》。

赫夫曼于 9 月 27 日在图森召开了一个新闻发布会，宣布碳的一种新的形态已经被发现，并把这比作一颗新行星的发现。克雷奇默、拉姆、福斯蒂罗波洛斯和赫夫曼的论文终于发表在 9 月 27 日那期《自然》上。像在 1985 年 11 月最早宣布 $C_{60}$ 的发现时一样，这次对全新形态的晶态碳更深远的发现被刊登在《自然》的封面上。那是一幅富勒体晶体的显微照片。

对克雷奇默和赫夫曼来说，这是巨大的个人成就。从 1982 年在海德堡第一次观察到驼峰现象至今，他们一起经受了许许多多的艰难曲折。他们曾经斥之为“某种杂质”的东西，现在已经变成了化学和材料科学中最激动人心的进展之一。对福斯蒂罗波洛斯和拉姆来说，他们的成就同样是巨大的。正是靠着他们锲而不舍的精神和熟练的实验技能，才使得这种引人注目的全新的碳形态从显而易见毫无希望的原始材料中被发现。其所以能够坚持下去，是因为他们深信一定能从中找到 $C_{60}$。

图 12.2

赫夫曼(左)和克雷奇默的论文发表在《自然》上。对他们来说，这是巨大的个人成就。

随着夏季的过去，海德堡—图森的科学家们紧张忙碌地进行了许多工作。在一定程度上，他们意识到自己已卷入了一场竞赛。虽然不知道到底有多少科学家参赛，但是他们个人的和科学上的诚实不允许“走捷径”：作出一些连他们自己也觉得不可能去验证的宣称。他们所取得的喜人成果对未来的科学事业极其重要。

从 1989 年 3 月以来，总存在着一种把 $C_{60}$ 研究工作跟冷聚变这种“病态科学”相提并论的倾向。因此，当海德堡—图森小组努力把赫夫曼的疯狂念头变成现实时，给人的感觉是许多事情出了岔子。但是赫夫曼的“远投”已经有了收获，暂且不管它是什么东西，但是它肯定不是另一个冷聚变。

在克罗托快要离开德国和南斯拉夫之前，我找到了他，了解到了

分离 $C_{60}$ 和 $C_{70}$ 及其核磁共振谱的扣人心弦的细节。这些结果确实是刚刚获得的。9 月 19 日，我收到了克罗托（他那时还在萨格勒布）的传真，因而了解到更多的情况。我把这些工作写成一篇短文，后来发表在 10 月 13 日的《新科学家》的科学专栏。这篇文章宣告了一个碳化学新领域的诞生。

这个领域在迅速地膨胀。短短的几个月里，有许许多多的研究论文发表了。这些论文有的验证了海德堡—图森小组取得的成果，有的推广和发展了他们的结果。IBM 小组也发表了几篇论文，证实了质谱仪能够脱附和探测到 $C_{60}$ 和 $C_{70}$，这些 $C_{60}$ 和 $C_{70}$ 是在用激光气化石墨产生的碳灰中形成的。苏塞克斯小组在《化学通信》上发表了一篇关于从富勒体中分离 $C_{60}$ 和 $C_{70}$ 以及测量它们的 $^{13}C$ 核磁共振谱的论文。IBM 小组的关于提纯后的固态薄膜的拉曼谱和升华后的富勒体的核磁共振谱的论文随后也很快面世。如果以论文投稿的日期计算，克罗托、黑尔、阿卜杜勒-萨达和泰勒在 $^{13}C$ 的核磁共振谱的测量上已经击败了约翰逊、贝休恩和赫拉德 · 迈耶。前者比后者仅仅早了 10 天。紧跟着他们的是惠滕、迪德里克和他们 UCLA 的同事们以及由斯莫利组织起来的赖斯大学小组。

UCLA 的化学家们从克雷奇默那里得到了一些碳灰试样。他们重复了分离步骤，并通过调整自己的碳蒸发器的工作条件，竟把富勒体的收率提高到占碳灰的 14%。这是多么难以置信！在尝试各种各样的过程后，他们最终用氧化铝作柱色谱测量。这是从富勒体中分离出 $C_{60}$ 和 $C_{70}$ 的最佳方法。他们对提纯后的材料测量了 FAB 质谱、$^{13}C$ 核磁共振谱、紫外—可见光谱和红外光谱。

赖斯大学的化学家和材料科学家小组也闻风而动。《物理化学杂志》仅仅在收到惠滕、迪德里克及其同事们的论文后一天就收到他们的论文。文中，奥布赖恩、柯尔、斯莫利和其他14位赖斯大学的科学家叙述了他们建造的一个新的$C_{60}$的“发生器”，这是一个按比例增大的碳蒸发器。它用接触式弧光放电的方法气化直径6毫米的石墨棒以制造碳灰。像海德堡蒸发器那样，石墨棒被卷笔刀削尖，然后用弹簧压到另外一根用机器削平的石墨棒上。不同之处在于，在赖斯小组使用的蒸发条件下，可以在几个小时内生产出10克以上的碳灰。用沸腾的甲苯可以萃取10%左右含量的富勒体。

斯莫利把这篇文章戏称为赖斯小组对这种“疯狂加料”法的第一个贡献。在这篇论文中，他们也报告了溶液中的富勒体的$^{13}C$核磁共振谱、红外谱，以及$C_{60}$电化学性质的首批测量结果。后者的测量表明，$C_{60}$在溶液中已经发生变化，变成至少带有2个负电荷的离子形式。这种离子很有可能形成一类新的富勒烯化合物和富勒烯盐。然而，在这一初级阶段，最引人注意的也许还是首次报道了用标准的实验室试剂由$C_{60}$产生$C_{60}H_{36}$和$C_{60}H_{18}$的化学反应。就这样，一个“球体化学”或者“三维化学”的新时代诞生了。

IBM小组获得的富勒体的扫描隧道电镜照片于12月13日发表在《自然》上，另一幅相似的照片刊登在同一期上。它是由密苏里大学物理和天文学系的雷格(Jeffrey Wragg)、张伯伦(J.E. Chamberlain)和怀特(H. W. White)获得的。他们所用的富勒体试样由克雷奇默和赫夫曼提供。

所有这些实验结果都表明，$C_{60}$具有足球状结构、$C_{70}$具有椭球状结构的猜想是非常正确的。但是单晶X射线衍射实验的失败意味着，用碳—碳键长和键角表征的$C_{60}$和$C_{70}$的详细结构还没有被彻底弄清。科学家们迅速地行动起来解决这个特别的问题。

从固态$C_{60}$的$^{13}C$核磁共振谱中可以得到$C_{60}$的键长。贝休恩从康斯坦茨 ISSPIC 会议回来后不久，IBM 小组就设法做这些实验。在另一位阿尔马登的同事塞勒姆(Jesse Salem)的帮助下，IBM 的科学家们安装了一台弧光放电法富勒烯发生器，它能帮助他们制造足够多的试样用于固态核磁共振谱的测量。亚诺尼和约翰逊非常惊奇地发现，他们的固态 $C_{60}$ 固体核磁共振谱由一条尖锐的谱线构成。这和 $C_{60}$ 溶液的谱非常相似。

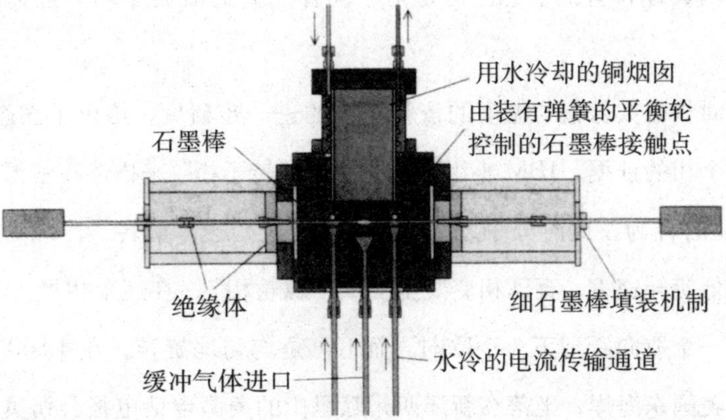


图 12.3

赖斯小组建立了这个“富勒烯工厂”。它用接触弧光放电方法蒸发直径为 6 毫米的石墨棒，大量生产 $C_{60}$。在用水冷却的铜烟囱内收集产生的碳灰并用沸腾甲苯溶剂萃取。工作几个小时就可制造出 10 克以上的碳灰，并可从中提取 1 克富勒体。

因为在固态粉末中 $C_{60}$ 分子的取向是无规的，所以对于相邻分子中 2 个原子核之间的距离而言，不可避免地存在一个从小到大的分布。因此，原子核对外磁场的屏蔽范围会发生变化，而这种变化会产生特征宽的、非对称的核磁共振信号。室温下固态 $C_{60}$ 的核磁共振谱显示出一条尖锐的谱线，表明足球结构分子高速转着。正是这种高速旋转消除了 2 个原子核间距不固定造成的影响，否则，这种影响会展宽信号。

亚诺尼把固态 $C_{60}$ 的温度降到使氮气液化时的温度(77 开)，发现谱上的信号具有展宽和非对称的性质。这可能就是原先预料的那种性质。稍加思考，不难得出一目了然的解释，即足球状 $C_{60}$ 分子的高速旋转挫败了早先测量单晶X射线衍射图样的努力。$C_{60}$ 分子在晶格中高速自旋，因此确切的原子位置是很难给出的，而且相邻分子中2个碳原子的间距的预期分布也被消除了。与此相类似，由几个小组各自独立地获得的扫描隧道电镜图像在原则上应当隐含着碳球上原子的具体位置的信息，但是由于同样的高速旋转平均效应而被抹掉了。

对核磁共振谱与温度的依赖关系的进一步研究，给出了固态 $C_{60}$ 有两个相的证据。IBM小组创造了术语“转子相”来描述在室温下固态 $C_{60}$ 的行为。此时分子以每秒2 000万次的速率旋转。冷却固体就会降低旋转速率，直到相变发生变成“棘轮相”。在这个相里，$C_{60}$ 分子从一个取向跃到下一个取向，而不再是均匀地旋转。在4 800千米远的美国东海岸，坐落在新泽西州默里山的美国电话电报公司贝尔实验室的一个小组这时也得出了相同的结论。

为了测量 $C_{60}$ 的碳—碳键长，IBM小组把特殊的核磁共振技术应用到一块富含 $^{13}C$ 并已被冷却到“冻结”了旋转的固态试样上。一个分子上两个相邻的 $^{13}C$ 核的磁耦合敏感地依赖于它们间的距离。对于 $C_{60}$ 来说，为了增加在一些分子上至少有两个相邻 $^{13}C$ 核的概率，首先必须使试样富含额外的 $^{13}C$。实验给出了两个距离，相对应的碳—碳键长分别是0.140纳米和0.145纳米。两者中较短的，被认为代表着连接足球结构中五边形的30根碳—碳双键的键长特征。$C_{60}$ 是如此之对称，它的这些键长能够完全确定它整体的尺寸(直径0.71纳米)和它的转动惯量。

贝休恩的同事约翰逊也非常想把另一种精巧的核磁共振技术应用

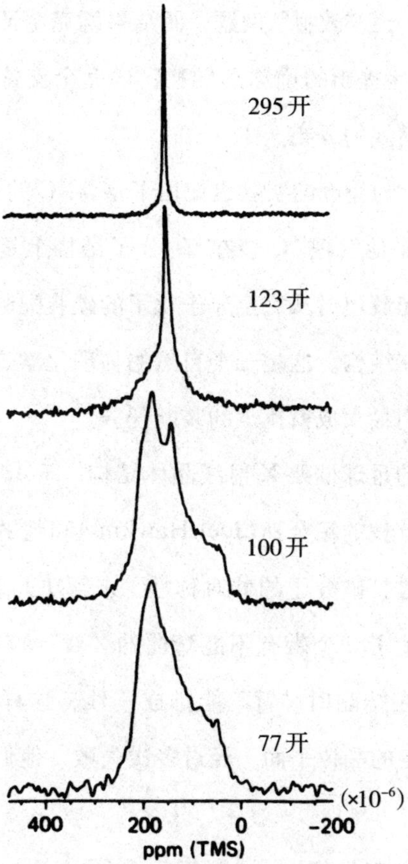


图 12.4　固态 $C_{60}$ 的单谱线 $^{13}C$ 核磁共振谱

由于相邻分子上的 2 个原子之间的距离不可避免地分散，预期的谱信号会展宽，因此原子核对外磁场的屏蔽也存在一个分布。但是，IBM 的亚诺尼在测量提纯的固态 $C_{60}$ 试样的核磁共振谱时发现谱线是 1 个尖峰。当试样温度降低到 77 开时，谱线如预期的那样，是展宽的。这些实验以及更进一步的实验表明，在室温(295 开)下，固态 $C_{60}$ 分子以每秒 2 000 万次的速率旋转。毫不奇怪，富勒体的单晶 X 射线衍射谱或者扫描隧道电镜图像不能给出明确的原子位置。

到 $C_{70}$ 中去。这种技术叫做二维不可思议天然丰度双量子迁移实验(简称 2D INADEQUATE)，它能确定分子中碳原子的明确的连接性质。把 2D INADEQUATE 核磁共振技术应用于 $C_{70}$，能把最早由苏塞克斯小组报道的 5 个信号分别源于结构中哪个特定的碳原子毫不含糊地确定下来，而且还能弄清这些原子中的哪些原子相互成键。这项实验是应用该技术的一道“教材”例题，而结果既完全证实了由原始的巴基先锋早在1985年提出的椭球形结构，还完全支持了苏塞克斯小组给出的核磁共振谱线的分布。

有意思的是，约翰逊的实验也使用了富含$^{13}C$的试样(出于与前面相同的理由)，但是他发现$^{13}C$核在$C_{70}$分子结构上是随机分布的。这表明分子是在弧光放电时从完全原子化了的碳装配起来的——一个原子一个原子地建立结构。这是一个自然的物理化学过程，它完成了一项向合成化学家们最大成就挑战的装配任务。

第一个明确的足球框架X射线晶体结构，于1991年初由加利福尼亚大学伯克利分校的霍金斯(Joel Hawkins)和他的同事们报告。这些科学家决定通过打破分子的球对称性，来解决晶态$C_{60}$转动致无序的难题。他们制造了一个带有不能弯曲的“臂”的$C_{60}$化学衍生物，希望这样的物质在结晶时“臂”能排成一线。这样就会冻结任何转动，造成一个确定的晶体平面。经过多次失败，他们终于找到合适的衍生物。

伯克利的化学家们把$C_{60}$与四氧化锇($OsO_4$)放在吡啶溶液中反应，产生了1∶1加合二吡啶四氧化锇$C_{60}$。在这个反应中，金属氧化物加入到$C_{60}$的碳—碳双键之一中，构成了一个新的五边形键结构。在这新的五边形中，1个碳—碳键被氧—锇—氧(O—Os—O)基团所“沟通”。两个吡啶分子各自与$OsO_4$单元的另一侧相连。

霍金斯和他的同事们发现，最后用两个4，3-丁基吡啶分子交换两个吡啶分子后的产物$C_{60}(OsO_4)(4，3\text{-丁基吡啶})_2$结晶时产生的有序晶体结构，更适合于作X射线衍射分析。它的X射线衍射图样给出了足球结构中所有碳原子的具体位置，因而可以得到碳—碳键长，它们是0.1386纳米和0.1434纳米。

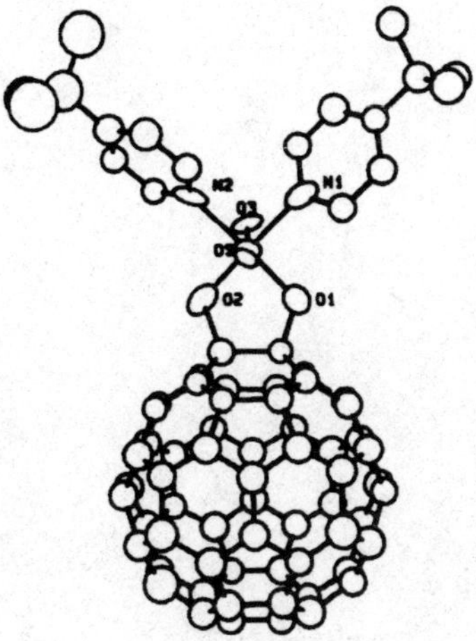


图 12.5

霍金斯及其同事在伯克利通过制造 $C_{60}$ 的化学衍生物，打破了它的球对称性，制止了足球结构的旋转。这使他们能够测量衍生物的 X 射线衍射图样，从而给出足球上的碳—碳键长和键角的详细信息。上图是从衍射图样中推断出来的 $C_{60}(OsO_4)$（4，3－丁基吡啶$)_2$ 的“球一杆”结构。

随着这个结构的发表，关于证据的“拼图游戏中的最后一片”被牢靠地安到了它的位置上。探索富勒烯科学新领域的重要工作，现在可以轰轰烈烈地开展了。

# 第三篇

# 从实物到科学

nature
INTERNATIONAL WEEKLY JOURNAL OF SCIENCE
STRUCT
SUPERCONDUCT
nature
INTERNATIONAL WEEKLY JOURNAL OF SCIENCE
ULLERENES
DE OUT
pulsar planets
of a single molecule
of RecA protein
nature
INTERNATIONAL WEEKLY JOURNAL OF SCIENCE
Building on fullerenes
Snapshots of an enzyme in action
Sizing up near-Earth asteroids
Missing proteins in fragile X
Europe
nat
INTERNATIONAL WEEKL
THE ULTIMATE FULLERENE?
Reaction mechanism of β-lactamase
Fluids and faulting
NEUROSCIENCE
product review
ure
JOURNAL OF SCIENCE
Spectroscopy
PRODUCT REVIEW
Nanotubes: the inside story
A large earthquake caught in the act
Inositol trisphosphate and
calcium signalling

# 第十三章　球体化学

说1991年爆发了富勒烯科学这个方兴未艾的领域，那是沉迷在一种低估实际情况的语言把戏之中。到1990年底为止，与富勒烯有关的实验和理论研究的论文的年产量已上升到了50篇。至1991年底，这个数字已突破了600。在1993年初，美国专利局收到的与富勒烯有关的专利申请数目比所有其他的专利申请总和还要多。那不是爆发，而是大爆炸。

要跟上文献的剧增，变得越来越困难。在赖斯大学，斯莫利不断地更新着一个包含有研究论文、综述甚至普及文章的文献目录。他把它称作几乎完备(但永远不可能真正完备)的$C_{60}$文献库。1992年底，他把这个管理富勒烯出版物数据库的任务转交给了赫夫曼组织的“亚利桑那富勒烯协会”。另一个文献目录也在1991年初由宾夕法尼亚大学物理学教授费希尔(John Fischer)建立。任何人都可以用电子邮件方式在因特网上获得这两个文献目录。

富勒烯的魅力包含两个主要的方面。最显而易见的魅力在于，

$C_{60}$和它家族中的其他成员是一类全新的化学和材料物质。实际上，在克雷奇默、拉姆、福斯蒂罗波洛斯和赫夫曼的论文发表后的几个月里，任何关于富勒烯的研究都毫无疑问是充满新意的，但在实验室里能够比较容易地生产富勒体给那场大爆炸添加了极大的爆炸当量。到1991年年中，科学家们甚至不再必须拥有一台碳蒸发器。弗雷德·伍德(Fred Wudl)和他的同事们在加利福尼亚大学圣巴巴拉分校研制了一个简单的“长凳”反应器，它的代价是700美元的部件再加上人工，但是它利用相同的原理每天可制造出500毫克的富勒体。

对于那些自己不想合成并且拥有大笔预算开支的人来说，他们很容易买到所需的足够多的$C_{60}$或者富勒体。最早的$C_{60}$商业供应在1990年底实现了，供应商是在图森起家的材料和电化学研究公司，它从亚利桑那大学获得了许可证，用碳蒸发方法制造富勒体，富勒体的价格是每克1 250美元。1992年，$C_{60}$和富勒体都第一次被列入奥尔德里奇化学公司的产品目录，这是一家专门供应实验室试剂和精细化学物质的国际公司。在目录中，$C_{60}$的价格是每25毫克143.60英镑，富勒体的价格也达到每25毫克47.20英镑。$C_{60}$不只是全新的和激动人心的物质，它还很容易获得了。

在那个大爆炸的早期，新涌现的富勒烯专家的主要精力还集中在从分子和材料的角度阐述这种新物质的特征。后来，重点从运用光谱学分析确定$C_{60}$具有足球状结构，转而集中到探测它的性质。现在是弄清$C_{60}$到底能干什么的时候了。

许多科学家类比了这一切与苯的发现的某种相似之处。1825年，法拉第(Michael Faraday)决定凑近看一看那些向着气体容器底部聚集的透明而带有香味的液体。这些气体容器是他在伦敦天然气公司工作的兄弟罗伯特(Robert)送到皇家科学研究所来的。他从这种液体中分离出一种新的化学物质，并以他那作为一个实验科学家的非凡才能，推断出它的化学分子式为 $C_6H_6$。这种物质后来以苯这个名称为人们所知。在以后的 40 年里，苯的结构完全是一个谜。1865 年，德国化学家凯库勒(August Kekulé)给出了谜底*。苯是环状分子，它有 6 个碳原子，每个碳原子又与 1 个氢原子键合，这个发现使化学的面貌发生了变化。

化学家们不再为碳原子链构成的“一维”分子所束缚，他们很快就利用了含有环的二维结构所造成的各种可能性。芳香化学——含有苯和相关结构的分子化学——如今成了有机化学中一个庞大的学科分支。120 年后，$C_{60}$的发现把碳化合物化学从二维带到了三维球体。

科学家们总是猜想，$C_{60}$可能是一个芳香族分子：一类三维苯，它的 $\pi$ 键电子离域于整个 60 个原子的球上。早期的休克尔计算预言了 $C_{60}$具有芳香性，有 60 个大致与碳—碳单键对应的长键以及 30 个大致与较强的双键对应的短键。更加复杂的计算也支持这些预言。

从核磁共振谱研究和衍射研究中获得的实验结果，首先证实了上面的猜想。$C_{60}$被发现拥有两类具有恰当比例的碳—碳键。$C_{60}$和 $C_{70}$中碳原子核的核磁共振信号，也处在芳香族分子中碳原子核信号的典型范围之内。这些结果所不能揭示的，是离域化的程度，或者说芳香度。任何分子的化学反应性质都由它的电子结构所决定，现在重要的是替这个简单的理由寻找一个答案。渴望在富勒烯化学上迈出探索第一步的科学家，都必须知道他们正在处理的是什么类型的分子。

有一条确定分子的芳香性的捷径，就是测量它的磁性质，特别是

---

* 这个发现也存在着争论。参见“资料来源与注释”。

测量它对外加磁场的响应。在一个外加磁场的影响下，电子环绕分子的运动可能会形成一个小电流。对于没有未配对电子的分子，这个感生电流会建立起一个与外加磁场方向相反的小磁场。这些分子被划分为“抗磁”分子，这个感生磁化强度的大小叫做分子的磁化率。

对于芳香族分子，那些离域电子可以被想象成完全自由地绕着圆环运动。在外加磁场中，将会形成一个能产生大磁化率的强“环形电流”。要把这些电子对整个磁化率的不同贡献分开来，是一件很不容易的工作，因为这很大程度上依赖于理论，但这还是能够做到的。因此，测量环形电流的贡献可用来了解一个分子的芳香度。

$C_{60}$分子拥有60个在直径为0.7纳米的球上离域的$\pi$键电子。建立在这个简单假设上的计算(毫不奇怪地)预言，环形电流对磁化率的贡献很大，大约比在苯中发现的同类贡献大40倍。但是，更复杂的理论预言了几乎完全相反的结论：$C_{60}$仅仅具有非常弱的抗磁性，因此它终究不是芳香族的分子。

1991年3月，美国电话电报公司贝尔实验室的哈登(Robert Haddon)和他的同事们，报告了固态$C_{60}$小试样的磁化率实验测量结果。他们发现$C_{60}$的环形电流对磁化率的贡献小到几乎为零，同时还发现感生电流要比在苯中找到的感生电流小。当时得出的结论是，$C_{60}$不是芳香族的。相反，$C_{70}$呈现了与电子离域化程度很高相一致的大磁化率。这使得富勒烯多少有些被冷落。因为$C_{70}$是芳香族的而$C_{60}$不是，所以要为作为一个家族的富勒烯给出一个明确的分类，显而易见是不容易的。在$C_{60}$中不存在具有重要意义的磁化率，那是因为该分子中本身很大的环形电流相互抵消了。然而，这早已被证实了。在贝尔小组的结论——$C_{60}$不是芳香族分子发表后下一年，科学家们想出了一种直接计算环形电流的方法。结果发现，六元环中的强抗磁电流几乎完全被五元环中的强“顺磁”电流(它叠加到外磁场上)所抵消，从而整体的磁化率很小。因此，今天流行的看法是，$C_{60}$是芳香族的，但是它具有极不寻常的磁性质。

$C_{60}$长久以来一直被认为是一种很稳定的、不发生反应的分子。这主要是因为它能够存在于像AP2这种机器内部的灼热环境中，而在这种条件下，其他的低对称性的富勒烯早被破坏了。还因为它很明显表现出不愿意与诸如氧或一氧化氮等强清除剂发生化学反应。

但结果证明完全不是这么回事。经过一段略长的时间，$C_{60}$分子的确表现出与氧发生化学反应的趋势。$C_{60}$电化学性质的研究揭示，它是一种温和的氧化剂(它通过从其他分子上获取电子而氧化它们)。

有机化学家们(像所有的其他科学家一样)碰上一些全新的东西时，他们立刻想方设法把它们跟他们已经知道的东西进行比较。因此，这是一种对新东西进行分类或归档的工作，其目的在于通过把他们丰富的知识和对分类的理解当作一个整体来抓住新事物。1991年，$C_{60}$被发现缺乏芳香性，它的电子具有高亲和力以及它简单的分子模型，所有这些都给化学家们提供了足够多的线索，使他们在富勒烯化学的探索中能够迈出第一步。

对科学家们来说，进行关于$C_{60}$的讨论或写作时，例如在对他们的想象力的控制上，要避免言辞夸张是非常困难的。如果$C_{60}$不是一个“超芳香的”分子，那么它一定是另外一种超级东西，他们就这样推论。但是它到底是什么？$C_{60}$分子双键的定域特性表明，可以把它归为一种超级烯：实质上就是30个诸如乙烯$H_2C=CH_2$这样的烯分子表征的碳—碳双键的集合体，它们裹成一个球。

如果不考虑后来对$C_{60}$的身份(像一个芳香族分子)所作的修正，

“超级烯”被证明是一个非常有用的类别。众所周知，烯可以与基团以及卤素分子如氟、氯和溴，发生加成反应。缺电子的烯将会与各种有富余电子的分子反应。氢的催化加成可以使烯还原。烯能够被氧化，也能被聚合。斯莫利和他的同事们证明 $C_{60}$ 可以跟标准的实验室试剂发生反应而产生 $C_{60}H_{18}$ 和 $C_{60}H_{30}$ 时，他们证明了 $C_{60}$ 具有烯的化学反应特性。

关于 $C_{60}$ 跟种种基团发生液相反应的报告，在 1991 年下半年问世。在特拉华州的威尔明顿，杜邦公司中心研究开发部的克鲁希奇(Paul Krusic)和沃瑟曼(Edel Wasserman)，以及在渥太华，NRC 斯泰西分子科学研究所的凯泽尔(Petra Keizer)、莫顿(John Morton)和普雷斯顿(Keith Preston)，他们证实 $C_{60}$ 可以跟苯甲基和甲基反应。苯甲基就是失去一个氢原子的甲苯，记作 $PhCH_2\cdot$。这里 Ph 代表苯基($C_6H_5\cdot$)，一小点代表未配对的电子。与此相类似，甲基就是失去一个氢原子的甲烷，记作 $CH_3\cdot$。

存在这样的基团加成反应：富含电子的基团可以添加到少电子的 $C_{60}$ 分子的双键上。化学家们发现，一个苯甲基与 $C_{60}$ 发生加成反应，生成一个新的“加合物”$(PhCH_2)C_{60}\cdot$。进一步加成反应，产生 $(PhCH_2)_2C_{60}$、$(PhCH_2)_3C_{60}\cdot$ 等等，自始至终，至少可达到 $(PhCH_2)_{15}C_{60}\cdot$。因为拥有偶数个苯甲基的加合物中所有的电子都已配对，因此它理所应当是稳定的。但是化学家们发现，基团 $(PhCH_2)_3C_{60}\cdot$ 和 $(PhCH_2)_5C_{60}\cdot$ 也明显是稳定的。他们由此断言，基团实质上倾向于添加到 $C_{60}$ 分子内心环烯单元周围的那些点上，并且允许孤立的未配对电子通过在组成中央五边形的那些碳原子上离域而变得稳定。虽然如此，如果不是因为颇为庞大的苯甲基单纯地通过阻止电子进一步离域化而保护着这些电子，这些离域化了的电子还将彻底地成为更进一步的化学攻击的靶子。

尽管 $C_{60}$ 的基团加合物很容易生成，但是这些反应没有成为生产富勒烯衍生物的直接方法。问题是一旦反应开始，就必须终止。当 $C_{60}$ 与基团进行加成反应时，它的行为非常像海绵。连续的加成反应会产生分子和基团的混合物，这些混合物能被逐一探测到，但是要把它们分离开就不容易了，这在 $C_{60}$ 与甲基的加成反应中表现得尤其明显。质谱研究显示，在苯溶液中的这种加成反应生成范围很广的产物，这些产物的通式可写成 $(CH_3)_nC_{60}$（其中 $n$ 从 1 到 34）。

杜邦公司小组利用其他基团所做的进一步的实验，证明了 $C_{60}$ 加

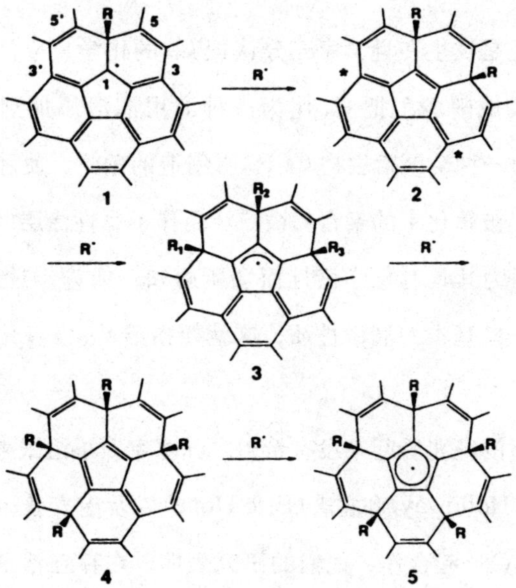


图 13.1

苯甲基和甲基倾向于添加到 $C_{60}$ 的其中某一个心环烯的周围。其余两个基团的进一步的加成完成了这个环。孤立的未配对电子可绕中央五边形离域，从而生成了一种能量较低、稳定性增加且可以比作替换结构的中间基团。但是，用作替代基团的甲基具有相当大的反应活性，更进一步的加成反应合成越来越大的产物，最大可至 $(CH_3)_{34}C_{60}$。虽然 $(PhCH_2)_5C_{60}\cdot$ 中的未配对电子为更进一步的化学反应提供了吸引靶子，但是颇为庞大的苯甲基简单地通过阻止电子进一步离域化，阻止了未配对电子成为吸引的靶子。

成反应的普遍性。他们的研究还揭示了基团加成物 $RC_{60}\cdot$（这里 R 是某种有机基团）在溶液中倾向于形成二聚体。这些二聚体是由一个脆弱的化学键将两个 $C_{60}$ 基团连接起来的分子 $RC_{60}—C_{60}R$，此为两个碳球直接成键的第一个例子。

还存在一些与 $C_{60}$ 及其衍生物有关的言过其实的说法，有一种说法是已经发现这种物质有可能用作“超级润滑剂”。石墨因其具有润滑性而非常出名，直至今天，它仍旧作为一种添加剂被用在一些商用的润滑油中。$C_{60}$ 乍一看非常适合于当作润滑添加剂使用——一种“球形”石墨结构组成的“分子滚珠轴承”。谁能抗拒这种“滚珠油”的吸引力？

但是这还是发生在科学家充分认识 $C_{60}$ 的化学反应活性以前。这种认识相当大地削弱了把 $C_{60}$ 作为一种商用润滑添加剂使用的适用性。还好，由一种全氟衍生物 $C_{60}F_{60}$ 所创造的前景，使那点微弱的希望得以幸存。被氟化了的聚合物被广泛用作不黏性涂层（特氟隆）和密封剂，它们因为其具有化学惰性而众所周知。或许，“特氟隆滚珠”真的保持着一些基本的润滑性质，这就要指望 $C_{60}$ 没有化学不稳定性造成的麻烦。

刚开始时的征兆看起来没有希望。苏塞克斯小组跟莱斯特大学的霍洛韦（John Holloway）和霍普（Eric Hope）以及南安普敦大学的兰利（John Langley）一起合作。他们的研究表明，在存在溶剂，例如甲醇或苯的条件下，$C_{60}F_{60}$ 非常容易受到水的侵蚀。氟原子被羟基（OH）所取代，生成氢氧化富勒烯（或者富勒烯碱）和氟化氢。就 $C_{60}F_{60}$ 本身而言，这种反应活性不是坏事，但是任何能够与水发生反应并释放高腐蚀性氟化氢气体的润滑添加剂，是不可能用到汽车发动机中的。但是，在这些研究中所探查的 $C_{60}$ 的氟化程度还没有被完全确定。其他科学家的进一步实验正在表明，对“特氟隆滚珠”的所有希望仍然不应该被放弃。

撇开任何商业意义不谈，$C_{60}$ 与氟、氯和溴的反应是重要的，因为反应生成的卤化物对许许多多可取代它们的衍生物来说是有用的母体。一开始，这些反应包含了对碳—碳双键的加成，因此也碰到了最初在基团加成反应中所遇到的类似问题。这些卤素以不受控制的方式倾向于添加到 $C_{60}$ 中，形成一些很难分离和确定特性的混合产物。

但是，克罗托、沃尔顿、泰勒及其苏塞克斯同事伯基特(Paul Birkett)和希契科克(Peter Hitchcock)，还是征服了 $C_{60}$ 跟溴的反应。他们分离了反应的生成物 $C_{60}Br_6$ 和 $C_{60}Br_8$，并能完全确定它们的性质。X 射线结晶学研究揭示，溴原子位于足球状结构上。大约就在同一个时候，沃瑟曼及其杜邦公司的同事们合成了 $C_{60}Br_{24}$，并且用 X 射线结晶学方法确定了它的结构。杜邦公司小组发现，24 个溴原子对称地包围在 $C_{60}$ 框架结构的外面，12 个双键各与 2 个溴原子成键，因此总共剩下的 18 个双键被保护住了，没有受到溴原子的进一步侵蚀。

卤化后的富勒烯在制造其他富勒烯衍生物时可以被用作中间体，这已经被几个小组证实。其中一个例子就是用其他的基团，诸如甲氧基($OCH_3$)和苯基等取代卤素的置换反应。分子 $Ph_{12}C_{60}$ 就是在有三氯化铁作催化剂的条件下，$C_{60}$ 跟溴和苯发生反应生成的。在洛杉矶的南加利福尼亚大学，奥拉(George Olah)和他的同事们让聚合氯化了的 $C_{60}$ 在有三氯化铝存在的条件下跟苯反应，合成了一堆用苯置换的 $C_{60}$，直到 $Ph_{22}C_{60}$。在有三氯化铝催化剂的条件下，$C_{60}$ 或 $C_{60}/C_{70}$ 混合物跟苯的直接反应，导致 $C_6H_6$ 与富勒烯双键加合，一个苯基添加到一个碳原子上，而一个氢原子则添加到另一个碳原子上，反应产物中包含 $Ph_{12}H_{12}C_{60}$。

在加利福尼亚大学圣巴巴拉分校，对弗雷德·伍德和他的同事们来说，正是 $C_{60}$ 分子上五边形的分布为它的反应活性布局提供了重要线索。有一个叫焦环烯的分子，它由 2 个五边形和 2 个六边形组成，以一种对称的方法结合在一起，在分子中间还有一个碳—碳双键。焦环烯的特性和反应活性非常有名。对伍德来说，$C_{60}$ 看起来就像是一个由焦环烯单元组成的集合。

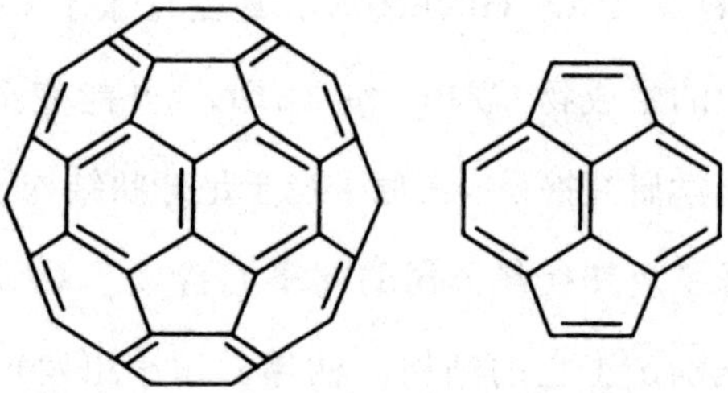

图 13.2

在圣巴巴拉分校的弗雷德·伍德和他的同事们看来，有 30 个双键和 60 个单键的 $C_{60}$（左图）就像是一个由焦环烯分子组成的集合。焦环烯（右图）由结合在一起的 2 个五边形和 2 个六边形组成，在中间还有一个碳—碳双键。科学家们利用对焦环烯的这种认识可以开始进行探索 $C_{60}$ 化学性质的工作。

化学家们所做的第一步，就是试图让 $C_{60}$ 与许许多多的化学物质反应。他们的努力多半会合成出一些“难以处理的混合物”，一些黑色的黏糊东西。这些东西对试图突破新领域的合成化学家们来说非常熟悉（实际上，对有机化学实验课上的所有学生来说也非常熟悉。不管他们怎样努力，他们还是不能使这些黑色的黏糊东西变成原本想得到的“纯白色粉末”）。且不管这些产物（它们在那些早期实验中合成）的难以处理性，有一点却十分清楚，那就是 $C_{60}$ 具备他们期望的亲电体（喜欢跟富有电子的化学物质反应的分子），亲双烯体（喜欢跟共轭碳—碳双键反应的分子），以及亲偶极子体（喜欢跟电荷完全分离——呈一片正电荷和一片负电荷的偶极分子反应的分子）的所有性质。伍德的同事铃木敏泰（Toshiyasu Suzuki）正在检验 $C_{60}$ 分子跟重氮烷的偶极分子之间的反应时，他们收到了来自迪德里克的有趣消息。

圣巴巴拉分校的化学家们赠送给迪德里克一种试样，他们相信这种试样含有“高级富勒烯”——碳原子数目比 $C_{70}$ 大的富勒烯。迪德里克用激光脱附质谱仪对试样进行了分析，发现试样确实含有少量高级富勒烯，但他还发现了一些 $C_{70}O$。这一分子早先被发现的原因，是它的紫外吸收谱几乎和 $C_{70}$ 的一样，加合单个氧原子不会因其吸收而对电子态产生太大的影响，因此迪德里克认为，$C_{70}O$ 一定也具有十分相似的几何结构。尤其是，他猜测 $C_{70}O$ 具有“氧化富勒烯”结构：连接 2 个五边形的双键没有了，留下的空隙由连接氧原子的 2 个单键所桥连。

这种氧化富勒烯结构与预期的 $C_{60}$ 分子和重氮烷反应后的各种产物之间，存在着相似性。伍德推测，制造 $C_{60}$ 的富勒衍生物或许能行。这些可能就是 $C_{60}$ 的“膨胀”或“扩展”形式，它们具有许多相同的物理性质。铃木利用 $C_{60}$ 跟二苯重氮甲烷的反应来验证伍德的想法。这回自然界对圣巴巴拉小组简直太友好了。反应的产物只有一种（不是一种难以处理的混合物），收率也增加了 40%。二苯基富勒烯衍生物物-60（记作 $Ph_2C_{61}$）成为一系列富勒烯衍生物中的第一个。1991 年 11 月，《科学》杂志发表了伍德、铃木以及他们的同事李（Q. ‘Chan’ Li）、克马尼（Kishan Khemani）和阿尔马逊（Örn Almarsson）的论文。在这篇论文中，他们宣布了这些发现。紧挨着他们论文的，是杜邦公司的化学家们的论文，后者宣布他们在基团加成反应的研究中获得了成功。

这项工作在那时显得如此重要的真正原因是，它的确开辟了富勒烯有机化学。因为芳香族分子能以多种不同方式与其他分子发生化学反应，所以芳香族分子化学的领域是很广阔的。芳香族分子含有碳—氢键，这些碳—氢键非常容易被所有具有化学活性的基团(称为官能团)的化学键所取代。官能团是有机化学的心脏和灵魂。因为富勒烯

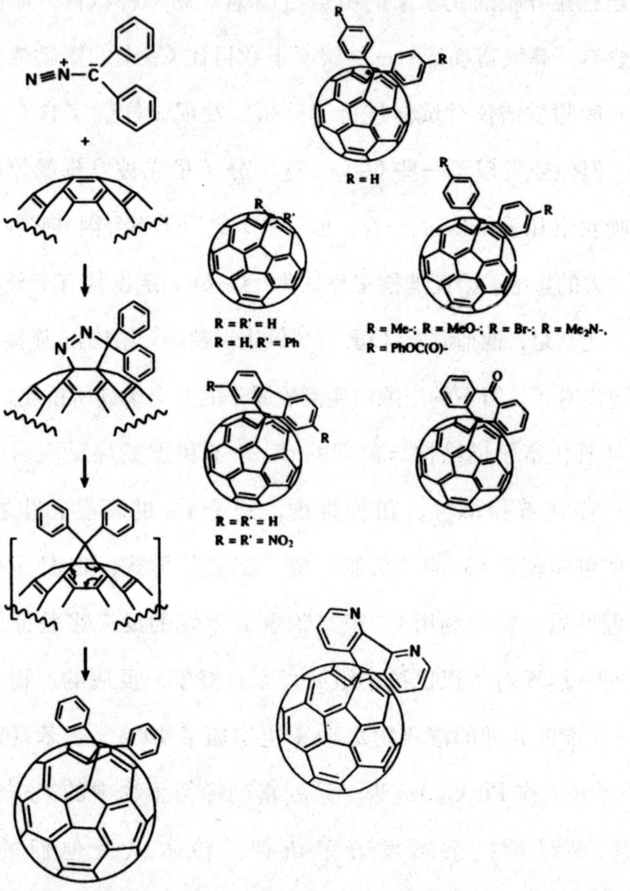


图 13.3

二苯基重氮甲烷(左上图)是一个偶极分子。电子在 CNN 基团中的分布使得碳原子携带一个正常的负电荷，而中间的氮原子则携带一个正常的正电荷。对于 $C_{60}$ 中缺电子双键来说，负电荷的集聚很有吸引力。因此，两个分子在化学反应中结合到一起。这个反应将生成一种带有一个新五元环的不稳定中间体。这一五元环失去氮分子($N_2$)后，生成另一种不稳定中间体。新的产物通过打开足球状结构而快速重排，重排后的物质是一种被置换过的富勒烯化合物。这种反应代表着一种把取代基加到碳笼上的重要方法。图的右侧是迄今为止用这种方法合成的各种富勒烯化合物。

没有碳—氢键，所以富勒烯衍生物数目和种类的系统性膨胀表明，存在一种在保留母体富勒烯的众多性质的同时，用一种能够控制的方式引入官能团的重要方法。

弗雷德·伍德不仅是圣巴巴拉分校的化学和物理学教授，还是这所大学的聚合物和有机固体研究所副主任。因此，用 $C_{60}$ 合成新聚合物是伍德的重要目标。

原则上，富勒烯可以用两种方式加进聚合分子中。富勒烯可以成为聚合物“脊柱”的一部分，看起来特别像串在一根线上的珠子。实际上，伍德已经创造了术语“珍珠项链”聚合物，来描述这些富勒烯聚合物。在另外一种结构中，富勒烯作为一个悬挂基团挂在那根“脊柱”上，因此伍德称这种富勒烯聚合物为“缀有饰物的手镯”聚合物。

圣巴巴拉小组通过研究富勒烯化合物，对这两类聚合物的合成方法都进行了探索。他们在早期就成功地制备了二富勒烯化合物。这种化合物的分子由两个富勒烯化合物基团通过各种桥连基连接到一起而组成，代表了珍珠项链聚合物的一个小片断。但是很不幸，这些分子非常难以溶解，所以它们很难进一步反应和添加更多的“珍珠”。然而，化学家们也许能又一次凭着他们长期的经验，用化学方法修饰分子以增加其溶解度。

$C_{60}$ 倾向于跟基团发生化学反应，表明还有另外一种方法可以用来制备含有富勒烯的聚合物。在新墨西哥州的阿尔布开克，桑迪亚国家实验室的两位化学家洛伊(Douglas Loy)和阿辛克(Roger Assink)推测，$C_{60}$ 跟双基团(含有两个未配对电子的基团）反应，可能会产生聚合结构。因此，一个普通的双基团(记作 · R · )可能会跟 $C_{60}$ 发生反

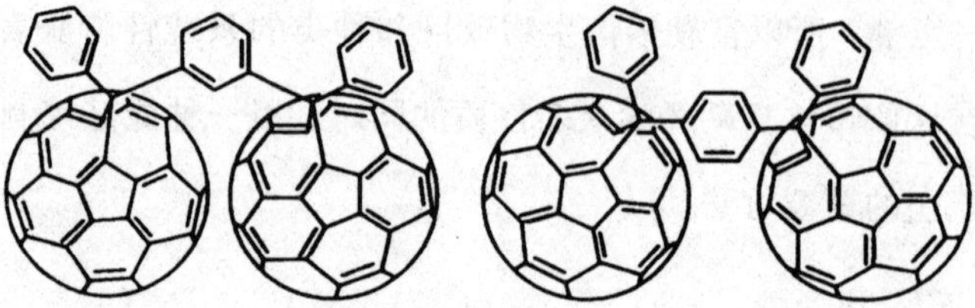

图 13.4

弗雷德·伍德制造含 $C_{60}$ 聚合物的方法与把珍珠串到项链上相似，富勒烯化合物分子被串联起来。上图 2 个二富勒烯化合物代表了珍珠项链聚合物的小片断，每个片断含有 2 颗珍珠。不幸的是，这些分子非常不易溶解，因此它们很难进一步发生反应生成更大的聚合物。在圣巴巴拉分校，伍德和他的同事们希望修饰它们的结构，加合一些专门设计的化学基团来增加它们的溶解度。

应生成另一个双基团 ·R—$C_{60}$·，而 ·R—$C_{60}$· 基团可能又会跟另一个 ·R· 基团生成基团 ·R—$C_{60}$—R·。照这样不断进行下去，就能生成一个长链聚合物。

他们选取苯二甲基分子来检验他们的推测。这种分子有一个未配对电子，即有一个悬键，它位于两边末端中的任意一端。在 $C_{60}$ 分子之间塞进苯二甲基单元，确实合成了第一个含有 $C_{60}$ 的共聚物，两种分子的比例刚好超过每个苯二甲基分子对 3 个 $C_{60}$ 分子。洛伊和阿辛克从中看出，从溶液中沉淀出来的固态聚合材料呈交联状态，也就是说，分子长链像梯子的两边，被化学键——梯子的横档连在一起。

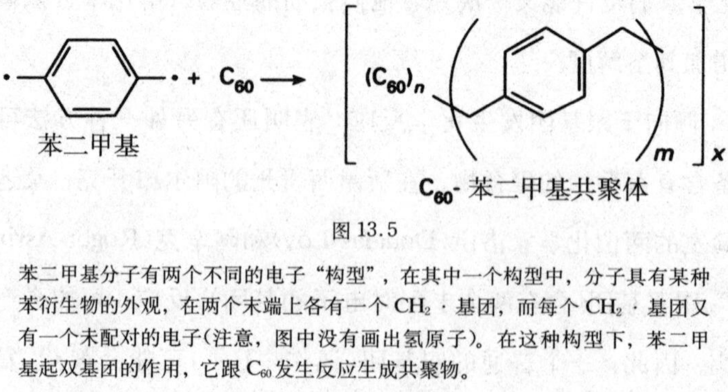


图 13.5

苯二甲基分子有两个不同的电子“构型”，在其中一个构型中，分子具有某种苯衍生物的外观，在两个末端上各有一个 $CH_2$·基团，而每个 $CH_2$·基团又有一个未配对的电子(注意，图中没有画出氢原子)。在这种构型下，苯二甲基起双基团的作用，它跟 $C_{60}$ 发生反应生成共聚物。

聚合物的种类和应用实质上就是现代生活的同义词。如果含有富勒烯的聚合物被发现具有不同的或不寻常的性质，那么一定会存在广阔的市场潜力。在那里，富勒烯聚合物可以找到它们的用武之地。此外，化学工业一直在寻找更合算的催化剂。虽然对富勒烯的前景抱完全乐观的态度肯定为时太早，但是已经出现了一些鼓舞人心的征兆。例如，由 $C_{60}$ 与钯原子反应生成的一种聚合物已经被证实能够催化氢化反应。

把化学划分成简单划一的分支学科——物理化学、有机化学和无机化学，也许便于管理和教育，但它掩盖了存在于各分支学科之间的巨大的交叉性。有机金属化学，它的研究对象是含有机取代基的金属化合物，这门交叉分支学科，要求它的从事者在无机化学和有机化学的所有方面能够自由地驰骋。当霍金斯和他的同事们为了测量第一幅确切的足球结构的 X 射线衍射图样而合成一种锇化 $C_{60}$ 衍生物时，他们也正在合成一种有机金属化合物。

有机金属化学家从他们以前对富勒烯化学的探索中吸取了有机化学家正开始吸取的相同教训：$C_{60}$ 的反应活性跟缺电子的烯类似。有机金属化学的综合性文献中的例子表明，把各式各样的含有金属的取代基直接连在 $C_{60}$ 框架结构的外面应当是可行的。由于金属原子直接与笼上的碳原子成键，因此这些新的化合物与锇化 $C_{60}$ 不同。

第一个报道合成这样一种金属—富勒烯化合物的，是杜邦中心研究开发部的另一个小组。费根（Paul Fagan）、卡拉布雷塞（Joseph Calabrese）和马隆（Brian Malone）制备了铂—$C_{60}$ 衍生物，并且用 X 射线晶体学方法证实了它的结构。紧接着，他们进一步报道了钌、钯和镍等化合物的合成。在加利福尼亚大学戴维斯分校，鲍尔奇（Alan Balch）和他的同事们合成了铱—$C_{60}$ 化合物和铱—$C_{70}$ 化合物。

在所有的这些产物中，金属原子附属于笼上的2个碳原子，即便桥连焦环烯单元上2个五边形的那2个碳原子。同时这些金属原子还与富勒烯化合物衍生物中的取代基键合着。这清楚地表明，相同的化学原理在两种不同类型的化学反应中都发挥着作用。把任意2个五边形连在一起的碳—碳双键是$C_{60}$中较短的那种键，这种键预示了它具有较大的双键特征，并反映了分子那种避免在五边形内部建立起双键的倾向。这种键也是缺电子键，它为富余电子的含有金属的试剂提供了最具有吸引力的反应靶。因为那2个碳原子仍旧以单键相连，并且与位于三角形一个顶点的金属原子一起形成一种三角形成键结构，所以有机金属衍生物与富勒烯化合物是不同的。

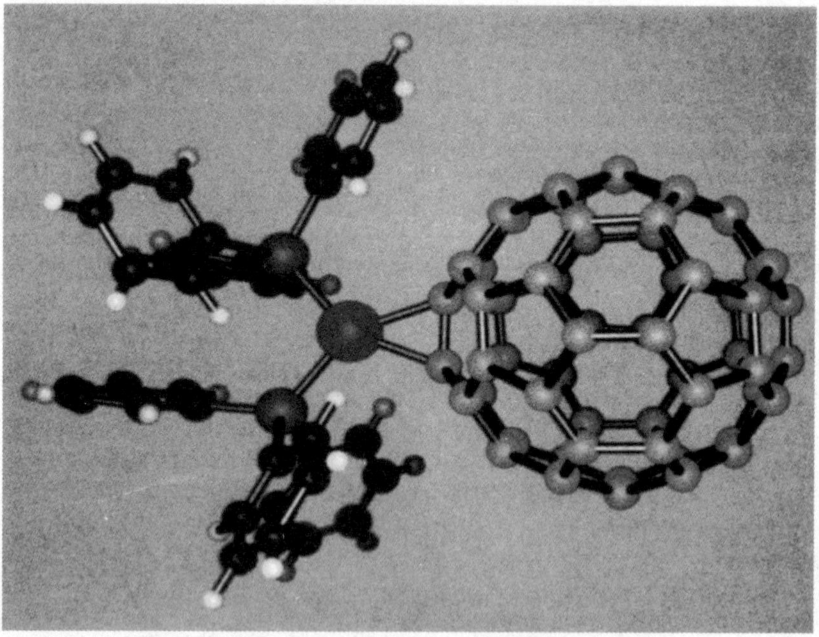

图13.6

由X射线结晶学研究中推断的含铂$C_{60}$衍生物［记作$(\eta^2-C_{60})Pt(Ph_3P)_2$］的结构。在这个分子中，大的金属原子直接和足球框架结构成键。这个原子附身于连接2个五边形的2个碳原子，一起形成一个化学键的三角形结构。

这些反应不限于单个取代基的加成反应。费根和他的同事们合成了一种 $C_{60}$ 衍生物，它有多达 6 个含金属基团，他们还测定了它的性质。化学家们发现，持续的加成反应每进行一步，反应产物的电子亲合力与反应前的物质相比呈显著的下降趋势。造成这种结果的最可能原因是，取代基的加合破坏了共轭体系中的双键，改变了 $\pi$ 键能级的结构，特别是抬高了未占据能级中的低能级的能量。这些能级的能量越高，它们对可能的电子给体表现出的吸引力越小。

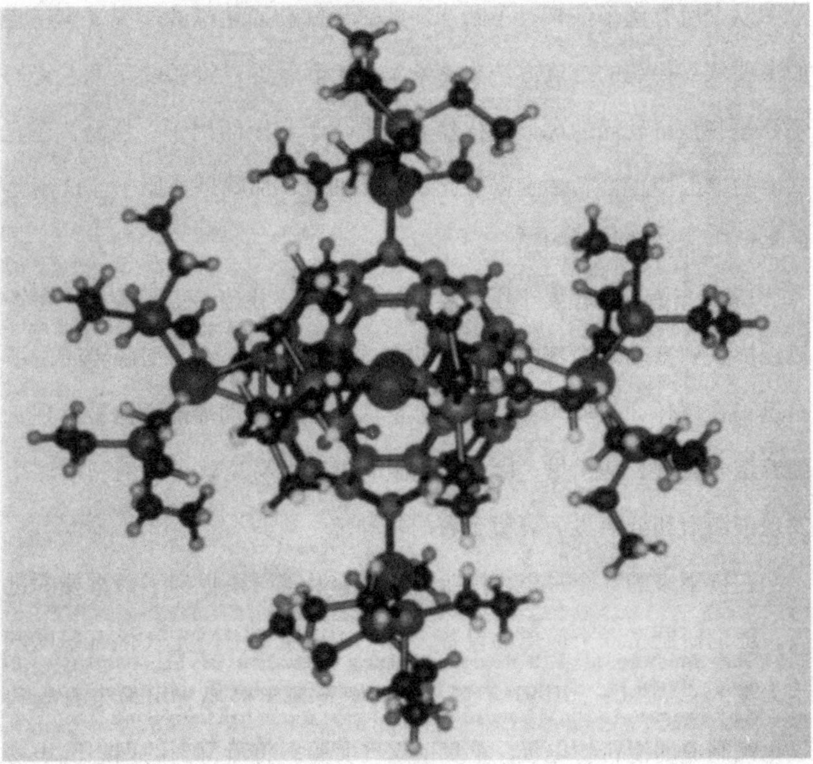

图 13.7

从 X 射线结晶学研究中推断的 $C_{60}\{[(C_2H_5)_3P]_2Pt\}_6$ 结构。含有金属的取代基被对称地安置在中央足球状框架结构周围，指向八面体的顶角。

最后的结果显而易见对化学家有帮助。添加一个有机金属基团降低了产物参与进一步加成反应的反应活性，使得只经过一次置换合成的衍生物能够被隔离。

如同富勒烯化合物一样，这些研究的重要性在于，它们为制造富勒烯衍生物论证了一种切实可行的方法。该方法建立在对这种新型碳分子化学性质的相对直观的理解上。通过确认 $C_{60}$ 的化学性质，再根据类似的分子具有相似的反应活性这一原理，化学家们就能以大为放大的成功概率选择合成方式。

以上所有例子都来自不断增加的关于富勒烯化学的研究文献，它们主要依靠传统的合成方法去探索本质上新颖的三维超烯化学。它们都是一些在富勒烯的球形结构外面添加化学基团的例子。但是，还有其他的原因使得富勒烯变得如此新颖和独特，那就是把原子俘获到笼的里面生成新的物质的前景。

1985 年 9 月，赖斯小组的科学家们正在寻找(和发现)镧原子是否已经掺入到富勒烯内部的证据。就在这段日子里，他们彻底弄明白了自己正在做什么。1990 年 9 月，能够大量制造富勒烯的方法被发现。随着这一发现公诸于世，接下去要做的事显而易见就是如何利用这个发现去制造和分离里面裹有金属的富勒烯。

在接下来的几个月里，赖斯的斯莫利及其同事报告了最重要的进展。他们研制了一个简单的设备，用于在高温下用激光气化石墨以产生大量的 $C_{60}$ 和 $C_{70}$。1991 年夏，他们把石墨电极换成用粉末石墨和氧化镧制成的混合物电极，重复了这些实验。将所得到的固态沉积物在斯莫利的 FT－ICR 设备上进行质谱分析，结果表明科学家们确实已经成功地制造了大量(毫克)的含镧富勒烯。他们用几年前发展起来的研究这些分子的方法证实：用激光击碎 $LaC_{60}$ 是很困难的，它将逐步打掉一对碳原子($C_2$)，直到最后完全打破 $LaC_{36}$。这是因为，由 36

个原子组成的笼是理论上预言的、最小的能包裹镧原子的笼。直到这个时候，人们才知道，在笼外添加金属原子的富勒烯所表现的行为与此是非常不同的。

在固态淀积物中，$LaC_{60}$的比例相当低(百分之几)，还有少量的$LaC_{74}$和$LaC_{82}$。除了这些常见的碳灰物质外，固态残留物中还有“空心”$C_{60}$和$C_{70}$。把固态试样送入FT-ICR谱仪中后，含镧富勒烯在暴露于空气的条件下被加热到1 500开还能存在下去。毫无疑问，赖斯小组已经成功地制备了大量的裹有金属的富勒烯。现在，他们必须全力以赴寻找一种能够把它们与其余碳灰分开的方法。

他们尝试着用沸腾甲苯的方法萃取富勒烯。尔后的分析表明，提取到的除了$C_{60}$和$C_{70}$及少量的$C_{84}$和$C_{96}$外，只剩下一种包含有镧的富勒烯。使他们更吃惊的是，它竟是$LaC_{82}$。虽然其他的含镧富勒烯(尤其是$LaC_{60}$)的消失也许令人失望，但是这也变得更加有意思。现在，随着$LaC_{82}$体现出比其他含镧富勒烯具有意料之外的稳定性，他们认识到金属原子嵌进笼形结构显然影响了富勒烯的反应活性。

较早的休克尔计算，也为解释这个令人惊奇的结果提供了一条线索。所有最稳定的富勒烯，都已经被证实拥有封闭的壳层电子结构。富勒烯笼和被裹在里面的金属原子的相互作用，极有可能导致一个或多个电子从金属原子转移到笼的$\pi$键轨道上。对于稳定的富勒烯，这些电子除了填充到空的能级上别无去处。就$LaC_{60}$来说，镧原子贡献出来的电子只能跑到未占据能级中的3个低能级上。这些电子依然没有配对，使得$LaC_{60}$表现出相当的化学反应活性，从而变得不稳定。

另一方面，如果镧原子被嵌进一个拥有开放电子壳层的富勒烯笼里面，金属原子贡献出来的电子将会和富勒烯上的电子配对，使得电子壳层封闭，形成一个化学性质更加不活泼的分子。因此，比封闭壳

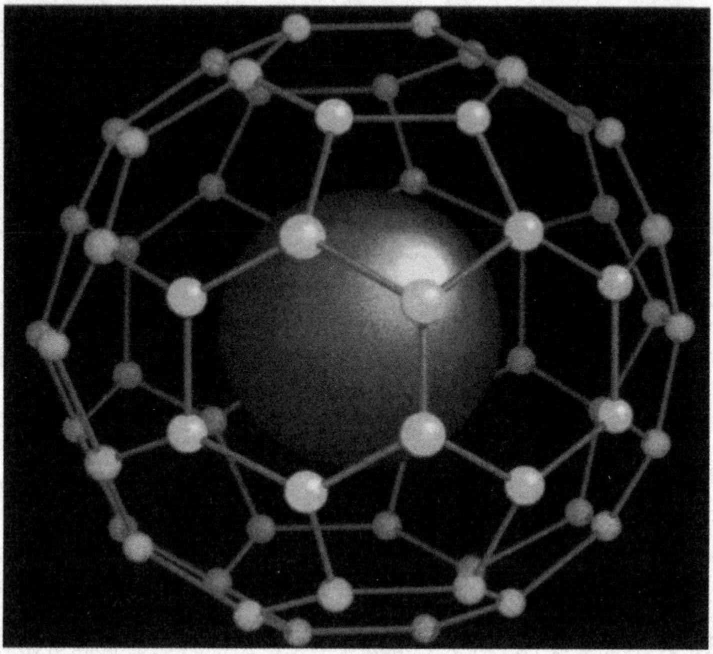

图 13.8

使富勒烯变得如此新颖和独特的，是在其内部嵌进原子构成包裹原子的富勒烯的前景。这幅用计算机生成的图像显示：有一个原子在 $C_{60}$ 笼中。令人吃惊的是，含金属原子富勒烯的稳定性与其等价的“空心”富勒烯并不相同。已证明一个镧原子被俘获进 $C_{82}$ 里面后，整个分子比 $LaC_{60}$ 更加稳定。

层构型少几个电子的富勒烯，才是制造内部填充金属原子的富勒烯所需要的。斯莫利和他的同事们认为，这能够解释 $LaC_{82}$ 的特别稳定性：从镧原子上贡献出来的 2 个电子跑到 $C_{82}$ 上，最后形成一个拥有封闭电子壳层的分子 $La^{2+}C_{82}^{2-}$。

这个想法体现了一种有趣的对称性。稳定的富勒烯制成不稳定的包裹金属的产物。稳定的包裹金属的产物由不稳定的空心富勒烯所制成。他们似乎掌握了真理，但是关于 $LaC_{82}$ 稳定性的解释并非如此简单。IBM 富勒烯小组所做的更深入的实验，证实了 $LaC_{82}$ 上的镧原子以 $La^{3+}$ 形式存在。这意味着，有 3 个电子(而不是 2 个电子)从镧原子转移到了碳笼上。这样形成的分子可以用 $La^{3+}+C_{82}^{3-}$ 作最好的描述，

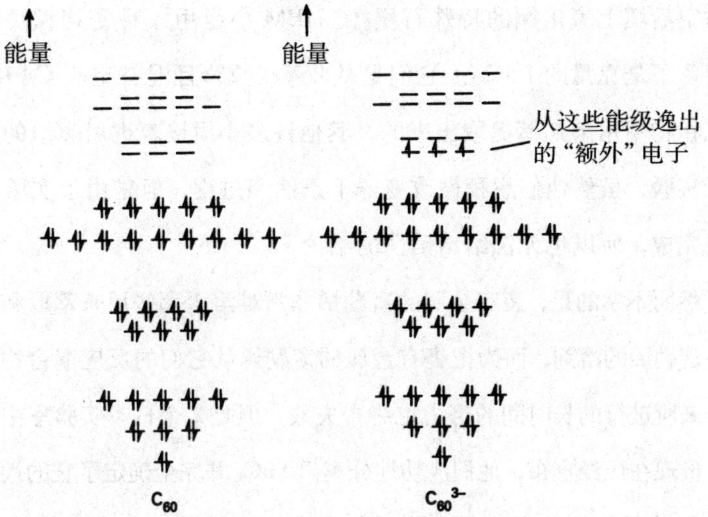

图 13.9

休克尔计算给出了足球状 $C_{60}$ 的与左图相类似的 π 键能级结构。当所有的 60 个 π 键电子被分配到这些能级上，从最下面往上，每个能级填 2 个，那么所有的电子都将配成对，并且分子也将拥有封闭的电子壳层。因此，从包裹在笼内的金属原子贡献出来的电子必须填到能量最低的空能级上。根据量子力学的一个基本原理，当电子遇到几个能量相同的能级时，它们倾向于以不成对的方式填充。这些电子形成了右图中的能级结构，使得分子的化学性质变得活泼，从而使得分子相对地不稳定。

并且还由于在笼上留有一个未配对电子而破坏了那种简单图像。斯莫利推测，这个孤立电子可能没有转移到笼上，而是被塞在笼的里面。在笼的内部，它对整个分子的稳定性的影响就非常小了。与此相反，在华盛顿特区，海军研究实验室的马克·罗斯(Mark Ross)认为，$LaC_{82}$ 的独特性质与其具有较大的稳定性相比，或许更能体现于在用来从碳灰萃取它的溶剂中，它具有较大的溶解度。

不考虑其原因，$LaC_{82}$ 确实能够经受得住在甲苯溶液中长时间沸腾，以及暴露在休斯敦 8 月中旬的空气中而不被破坏，因此，它能被大规模制造的想法看起来是有道理的。赖斯的科学家们设法做的正是这件事，用的是他们的碳弧光放电“$C_{60}$ 发生器”——上面安装的是中心钻空后填上氧化镧的特殊石墨棒。IBM 小组用一种密切相关的技术制备了毫克量的 $LaC_{82}$。它们是从收率为 2% 且混有空心 $C_{60}$ 和 $C_{70}$ 的沉积物中用溶剂萃提取出来的。其他许多小组接着也用类似的方法进行实验，虽然他们想稍微改变一下条件和过程，但是由于实验没有彻底完成，所以也无法给出确凿的结论。

然而不幸的是，裹有金属的富勒烯非常难溶于那些用来萃取和提纯空心富勒烯的溶剂，而为把裹有金属的富勒烯从它们的反应混合物中分离开来所进行的长时间的努力也终告失败。但是 2 个日本实验室中的研究人员现在已经宣布，他们成功地分离出 $LaC_{82}$ 并完全确定了它的性质。

科学家们已经确信，能够制备出毫克量的裹有金属原子的富勒烯。他们很快就把这种物质列入已经能够合成的一系列富勒烯化合物名单中。除了能够制备裹有镧、钾和铯原子的富勒烯外，还能制备裹有钪、钛、钇、锆、铈、钐、铕、钆、铽、钬、铪和铀等金属原子的富勒烯。这些合成物的内部裹有一两个甚至三个金属原子。许许多多裹有金属原子的富勒烯被大量探测到，它们的笼子大小在 $C_{28}$ 到 $C_{82}$ 之间。在裹有 2 个金属原子的富勒烯中，$C_{80}$ 是一个被优选出来的笼，$La_2C_{80}$、$Ce_2C_{80}$ 和 $Tb_2C_{80}$ 都已被探测到。但是，制备裹有铝、铁、镍、铜、银和金等原子的富勒烯的努力已宣告失败：没有人明白原因何在。内部嵌有氦原子和氖原子的富勒烯也已被发现。斯莫利和他的同事们成功地制成了笼上的一个或多个碳原子被硼原子所取代的富勒烯。IBM 的富勒烯小组现在也已能制备并提纯裹有 1 个和 2 个钪原子的富勒烯试样。

$La_2C_{80}$ 最早由 UCLA 的惠滕和他的同事们成功制备并发表。斯莫利获知这一工作的结果时，起初表示怀疑。他认为，UCLA 的化学家们的工作可能有问题，他们的氧化镧粉末可能受到铀沾污，因此他们在质谱上观察到的实际上是一些类似于氧化铀-$C_{80}$的东西。为了验证这个看法，赖斯小组设法直接通过激光气化浸渍有氧化铀的石墨棒来制备这样的复合体。

这些实验起先都没有成功。质谱上显示的是一系列类似于空心富勒烯的谱线峰，而没有与含铀产物相对应的谱线峰。但是就在科学家们检查他们质谱仪的质量校准的时候，他们非常惊奇地发现，这些谱线峰确实对应了一系列裹有铀的富勒烯。令他们感到更加惊奇的是，在所有观察到的合成物中，$UC_{28}$表现得异乎寻常地稳定。

这个结果之所以引人注目，是因为铀原子非常大而$C_{28}$又是可能存在的最小富勒烯之一，这种情况下前者不应当很适合置于后者里面。如同每逢观察到特别的稳定性时所给的解释一样，现在这个解释也与结构有关。$C_{28}$笼形结构有12个五边形和4个六边形，这12个五边形以结合在一起的3个为一组分成4个组，每一组五边形组位于一个假想的正四面体的顶点。这个笼具有开放的电子壳层，需要4个电子才能使它封闭。铀倾向于与它形成化合物，在化合物中铀与它共享其最外层电子中的4个电子。因而，正如赖斯大学的理论学家斯库塞里亚(Gustavo Scuseria)所指出的，$UC_{28}$可能是稳定的，因为中央铀原子与$C_{28}$笼上的4个五边形组中的每一个都用化学键连接起来，形成了一个具有封闭电子壳层的分子。

用这种方法，具有正四面体对称性的$C_{28}$能够通过跟铀原子的键合把它的悬键系紧，并且封闭它的电子壳层结构。它的这种能力预示，碳氢化合物分子$C_{28}H_4$也应该特别稳定。克罗托在1987年发表的一篇文章中提出了这种可能性。3个五边形为一组的正四面体结构排列，暗示着一种进一步的可能性。在金刚石中，碳原子本身就采取了正四面体结构的成键排列方式。$C_{28}$能否像一个巨型碳原子形成一种类似的正

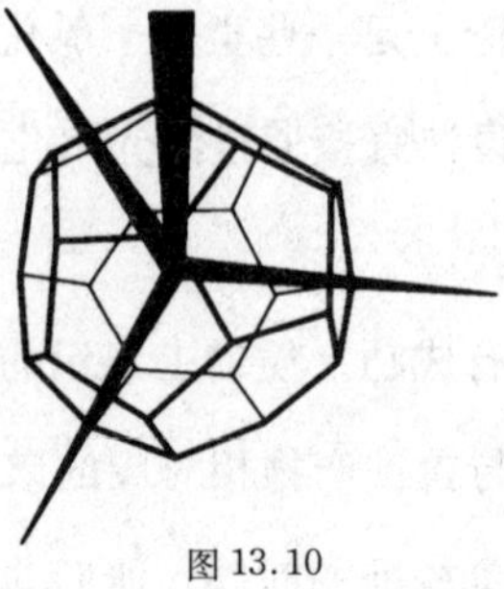

图 13.10

$C_{28}$的这个结构看起来像一个"超级"碳原子，它的五边形以3个为一组结合在一起，分别位于一个正四面体的顶点上。如果$C_{28}$分子像金刚石中的碳原子那样以正四面体的排列方式结合在一起，那么这样的结构又将代表着碳的另一种新的形态。

四面体晶格？如果它能，那么这种晶体又代表了碳的另一种新形态。

就在赖斯的科学家们证实内部裹有镧原子的富勒烯可以被大量地制备的时候，斯莫利坚信，需要用一种新的简洁的记号来描述这一类新分子，以避免金属原子到底是在富勒烯内部还是在外面所带来的混淆。符号 $LaC_{82}$ 所表示的意义不够清楚。但是发明一套新的符号系统不是件容易的工作。现代科学已经找到了如何用希腊字母和西里尔字母、上标和下标，以及斜体和黑体等大量方法。因为所有的方法在此之前都已经使用过，而这些符号的变体又完全不能解决问题，所以表达化学式子的方法是有限的。

特拉维夫大学的一个化学家切希诺夫斯基(Ori Cheshnovsky)在那个夏天访问赖斯大学时提出了一个建议，为什么不用"@"这个符号来表示包裹关系？它毕竟是一个很少用但又是十分普通的符号，看起来确实很能表示小东西放在一个笼内的含意。斯莫利对此非常满意，符号@和一组括弧结合在一起，就是他们所需要的全部符号，它们能够涵盖将来可能会碰到的富勒烯合成物的整个范围。裹有镧原子的富勒烯化合物 $LaC_{82}$ 可以写成($La@C_{82}$)。$C_{60}$跟两个在外面的钾原子和另一个在内部的钾原子一起形成的钾富勒烯化合物，可以很清楚地表达成 $K_2$(K @ $C_{60}$)。甚至 $C_{60}$ 自己本身也可以写作(@ $C_{60}$)，以避免与将来某一天也许会合成的其他非富勒烯 $C_{60}$ 分子间的任何混淆。

像所有新的记号形式一样，这种记号形式也有它的支持者和反对者。绝大多数活跃在富勒烯研究领域的科学家尽管没有按照斯莫利的建议使用括弧，但是现在已用符号@来表示包裹关系。在文章的上下文中，$K_3C_{60}$ 和 K @ $C_{60}$ 理所当然的清楚和不模棱两可，而括弧总是在绝对需要的地方才会使用。当人们在文章中读到 $C_{60}$ 时，很少有人需要进一步地提醒，这个式子指的是 60 个碳原子按照足球结构排列起来的分子。

紧随着第一次成功分离出 La @ $C_{82}$ 和含钪富勒烯，人们很快就认识到，裹有金属原子的富勒烯的前途充满了希望。纯的裹有金属原子的富勒烯的固态薄膜，将会表现出一些现在还只是猜测的性质。空心富勒烯化学的各个方面现在正在研究，裹有金属原子的富勒烯化学尚有待探索。有一点已经清楚，那就是这些化学是非常不同的化学，电子从碳笼内的金属原子转移到碳笼上改变了决定分子稳定性和化学反应活性的化学规律。

以上仅仅尽力介绍了从 1990 年 9 月以来发表的关于富勒烯化学的超常数量的研究工作。1992 年底，位于苏黎世的瑞士联邦技术研究所的迪德理克和瓦塞勒(Andrea Vasella)合成了 $C_{60}$ 葡萄糖衍生物，这种衍生物的合成开辟了一种新的生物化学——富勒烯生物化学。在富勒烯的光化学研究中，对于未被激发的 $C_{60}$ 参与的每一个化学反应，都(潜在地)存在着由吸收了一个或多个光子的 $C_{60}$ 参与的平行反应，一些重要的进展已有报道。通过测量其正离子(以及后来的负离子)的质谱而第一次探测到 $C_{60}$ 及其他的富勒烯，人们不应过于吃惊，以至于没有发现一个广阔的富勒烯离子化学领域也正在形成。

“球体”化学新时代方兴未艾。

# 第十四章　超导富勒烯化合物

一小团柱状超导材料神奇地悬浮在一块永磁体上方几毫米的空中，它似乎毫不在乎将其控制范围内的所有物体都往下拉的重力。这就是超导悬浮。这一小团东西由这样一种材料所制成，它在温度降到某一临界温度以下时就失去所有的电阻，从而变成超导体。一旦它在传导着“超流”，它就会强烈拒斥外磁场的穿透。从永磁体发出来的看不见的磁场排斥超导体，这个排斥力比重力大。柱状超导体受制于这种力的平衡，从而悬在磁体表面的上方，它被重力拉下来，又被磁排斥力推上去。

在正常条件下，由于金属的晶格存在缺陷以及组成晶格的离子在振动，金属呈现出电阻。形成电流的载流电子与晶体缺陷和晶格振动之间的相互作用，会导致电子被撞离原来的路线，从而削弱(或阻碍)了电流。这是相当于摩擦的电阻。

理论指出，一块完整的、没有缺陷的晶格，其振动降低到量子力学原理所允许的最小值时，它实际上应该呈现出没有电阻的现象，但

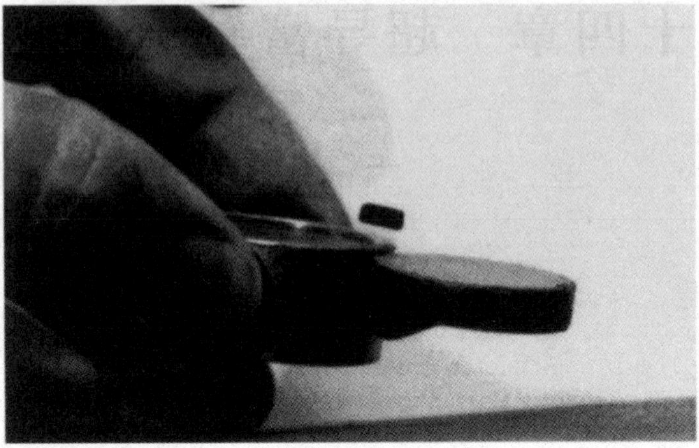

图 14.1　超导悬浮

这块悬在空中的物质由一种特殊材料所制成。这种材料在温度降低到某个临界温度以下时会失去所有的电阻。一旦材料进入超导态，它将强烈地拒斥外磁场的穿透。从下面的永磁体上发出来的磁场以大于重力的力排斥着这团物质，从而使它神奇地悬在磁体表面的上空。

是这样的晶格只有在 0 开(即绝对零度)时才能形成。理论还认为，绝对零度可以被逼近(在这些年里，实验值已经非常接近绝对零度了)，但永远达不到，这是因为要达到绝对零度，需要无穷的能量。因此，零电阻的思想被认为与永动机的思想是一路货色：想法固然很好，却完全不切实际。

1911 年，翁内斯(Heike Kammerling Onnes)测量了冷却到氦液化温度 4.2 开温度的汞的电阻后，这个思想不管怎么说被人们接受了。就职于荷兰莱顿大学的翁内斯，是低温物理的先驱。1908 年，他终于找到了把氦气凝结成液体的方法，从而得到地球上从未达到过的最低温度。与此同时，他开始探索不同材料在这些低温下的性质，获得了一个出乎意料的发现。

在 4.2 开下，汞的电阻不是下降到很小，而是完全消失了。结果是汞成了没有电阻的导体：超导体。一旦在超导材料环中建立起一个绕环流动的电流，那么这个环流就会永远存在，其电流强度无任何损耗。存在于一个已冷却到7.2开温度的铅环中的数百安培的电流，后来被证实维持了两年半的时间。

在缺少对这种效应的完美解释的情况下，实验家们继续探索新超导体的性质，希望能发现一些新线索。1933年，迈斯纳(F. Walther Meissner)和奥克森费尔德(R. Ochsenfeld)发现了一个重要性质，它后来成为超导体的最可辨认的特征之一。如果把超导材料放到一个强度在弱到中等之间的磁场中，并且把温度降低到超导"转变"温度以下，它就会把磁场从它的体内排斥出去。与此同时，它在自己内部形成超流。磁感线被迫绕它而行，而不是穿过它。

对这种效应(迈斯纳效应)，经典电磁相互作用理论不能给出简单的解释。对它的解释不得不借助于量子力学。它是一个在经典的宏观尺度上清晰可测、实实在在的量子现象。

这个解释终于在20世纪50年代被完成。美国物理学家库珀(Leon Cooper)认为，为了理解超导电性，我们必须对电子在金属晶

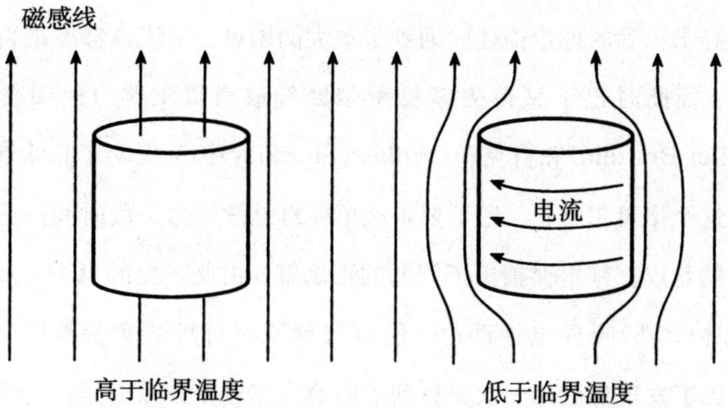


图14.2 迈斯纳效应

把一块超导体放进强度处于微弱到中等之间的磁场中，并把它冷却到其超导转变温度以下时，它就会把磁场从它体内排斥出去，迫使磁感线绕它而行。

格中运动这一问题的思维方式作一轻微的修正。我们早先学到的都是同类电荷相互排斥，但是库珀认为，一般来说，在超导体中的电子表现为相互吸引，尽管这个吸引作用非常微弱。一个电子经过一个带正电荷的离子附近时，会产生将离子拉离原来位置的吸引力，使晶格发生轻微的扭曲。虽然电子已经离开离子，但是扭曲的晶格还在继续振动。这种振动会在晶格中产生一个额外的正电荷区域，该区域微弱地吸引第二个电子。最后导致两个电子结合成一个“库珀对”，以协同的方式在晶格中运动。如果用组成晶格的离子所间隔的尺度来衡量，那么库珀对中的两个电子相距甚远，它们的相互吸引(实质上是减小了排斥)很容易被热扰动所破坏，因此需要极低的温度。

在低温下，相对于单电子电流的电阻还顽固地保留着，但是对某些金属，相对于库珀对电流的电阻已不复存在，这些金属变成了超导体。造成这种差别的原因，存在于电子和晶格的量子力学之中。一个成功的超导电性量子力学理论最终由巴丁(John Bardeen)、库珀和施里弗(J. Robert Schrieffer)于1956年建立。

故事是从施里弗开始的。他是伊利诺伊大学巴丁的博士研究生。他在寻求正确的理论描述时遇到了很大的困难，正认真考虑是否应该放弃，而此时巴丁又得去斯德哥尔摩领取诺贝尔奖［他和布拉顿(Walter Brattain)和肖克利(William Shockley)因为发明了晶体管而分享了这个诺贝尔奖］。巴丁要求施里弗再继续努力一段时间。这是一个好的建议。施里弗猜出了问题的正确解，由此产生的巴丁—库珀—施里弗(BCS)超导电性理论，能够解释所有可得的实验数据。1972年，巴丁发现自己又一次旅行到了斯德哥尔摩，去领取另一个诺贝尔奖。这一次是他与库珀和施里弗因为关于BCS理论的工作而一起分享的。

电子通过与晶格振动发生相互作用而配成对时，它们的性质产生了明显的变化，这是理解超导电性怎样起作用的关键。配对改变了支配电子行为的基本量子规律，允许电子“凝聚”到一个能态上。大量的电子一旦处于这个能态，它们就能在晶格中作相干运动。把这种运动方式想象成一种宏观波远比看作粒子运动来得精确。虽然这些“库珀对波”没有被晶体缺陷或晶格振动甩离原来的路径，但是这些波也绕开或越过了它们，因此不存在任何东西能够抵抗或阻碍它们的流动。

在一个很长的时期里，为这种相当奇特的现象寻求商业应用屡受挫折，因为必须把超导材料冷却到液氦温度。虽然这并非不能实现，但是代价相当昂贵(直到现在还是很高昂)。当然，对于整个投资费用远远超过液氦制冷费用的那些应用项目来说，对极低温度的要求不再成为一个问题。这种情况见于讨论得最为广泛的超导体应用——高速磁悬浮列车。日本国立铁路公司开发的实验系统就使用了低温超导磁体。当列车驶过置于轨道内的铝线圈时，超导磁体就会使列车悬浮起来。最大的投资在于轨道，而制冷系统费用仅占总投资的1%。

液氦制冷的费用，使实验家们的注意力集中到寻找具有较高超导转变温度的金属或金属合金。如果能够把转变温度提高到77开(即气态氮凝聚成液体的温度)以上，那么无疑能够找到更加经济可行的应用。围绕着液氮建立的制冷系统在运作时的费用，是建立在液氦上的等价系统的几分之一。

随着科学家们在金属和金属合金中发现更多的超导电性材料，转变温度的记录提得越来越高。但是经过60年的实验，他们所能获得的最高转变温度只是23开，这于1972年从铌—锗合金$Nb_3Ge$中得到。这个温度远未达到77开的目标。

但是，拓宽运用的范围不仅要有高转变温度，而且还依赖于材料对更高磁场强度的响应。对材料而言，如果要完全排斥外磁场，那么其表面的库珀对密度实际上必须无限大，这显而易见是不可能的。相反，磁场的确有少量透入表面，并且被流动的电流产生的磁场所抵消。但是，如果外加磁场的强度超过某个临界值，材料就会被外磁场淹没。磁场穿透了整个材料，超导电性也不存在了。对于传统的金属超导体，发生这种情况的磁场强度非常低，因此它们的应用被限制在相对较低的能量范围。这些超导体被称为第一类超导体。

金属合金超导体被发现具有不同的性态，它们在很高的磁场强度（也就是相对较高的能量）下还能保持它们的超导性质。这些第二类超导体不那么容易屈服于磁场的影响。超过某个临界磁场强度时，磁感线仅仅在一个被称作磁通管的很窄的柱形区域内穿透材料。材料中没有被磁通管穿透的那些部分将继续超导。在越来越高的磁场强度下，磁通管也将越来越多，最终这些磁通管结合在一起破坏了超导电性。

铌和锡的合金 $Nb_3Sn$ 在相当高的磁场强度下还保持着它的超导性质，因此它被用在许多的商业超导磁体中。但是它的超导转变温度只有 18 开，所以仍旧需要液氦制冷系统。尽管有这个限制，金属合金超导体的发展已经导致了许多小规模的商业应用。在这些应用之中，最重要的是磁共振成象，它被用于医学诊断。现在，大约有 4 000 种不同的磁共振成象设备正在发挥作用。在工业和计算机中的其他应用要么已经被广泛地讨论过，要么已经在各种各样的导航仪计划中取得了进展。

1986 年底，超导电性的研究发生了巨大变化。IBM 的科学家贝德诺尔茨和米勒发现，含有镧、钡和铜氧化物的无机陶瓷材料在 30

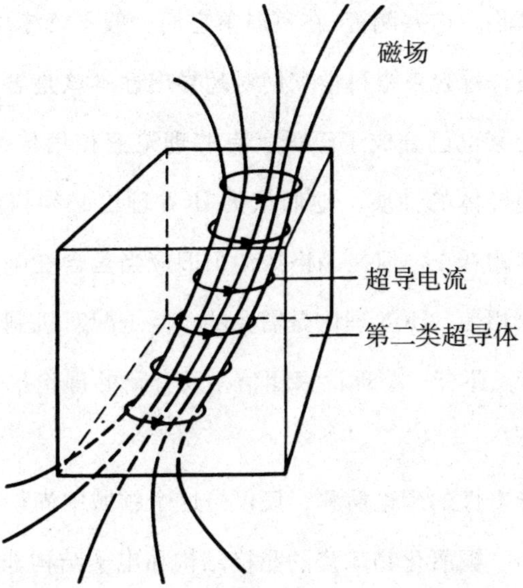


图 14.3

在强磁场中，超导体可能会被磁感线所淹没和穿透。在第一类超导体中，这种情况意味着它的超导性质的消失。但是，金属合金超导体(第二类超导体)所表现的性态就不一样了。磁场只能在一些被称为磁通管的细窄的柱形区域中穿透。材料中没有被磁通管穿透的部分仍旧继续超导。

开时变成了超导体。在大约数个月的时间里，超导转变温度的记录被阿拉巴马大学的吴茂昆(Maw-Kuen Wu)和阿什伯恩(James Ashburn)以及休斯敦大学的朱经武(Paul Chu)提高到了难以置信的 93 开。他们用更小的钇原子取代镧原子制成了另一个铜氧化物陶瓷。

这是一个非常大的分水岭。钇钡铜氧化物陶瓷在高于液氮温度下表现出超导性质，这突然使小规模应用的大规模化变得潜在地可行。1988 年，超导转变温度又被 IBM 阿尔马登研究中心的帕金(Stuart Parkin)和他的同事们提高到了 125 开。这是在他们制备的铊钡钙铜氧化物陶瓷中发现的。这个记录被保持了整整 6 年，最近才被汞钡钙铜氧化物陶瓷在 133 开时变成超导体的成绩所取代。

1986 年高温超导体这类新超导材料的发现，不啻预示一次材料科学革命的来临。这些陶瓷（在室温下它们一般是绝缘体）所具有的令人吃惊的性质，看起来跟科学家们对超导电性本该是怎么回事的认识不一样。理论家也已分成了三派。有些理论家相信传统的BCS理论能够解释新超导体的性质。他们认为BCS理论必须得到一种新颖的电子配对机制的补充，但是晶格振动仍旧应当包含在配对机制中。另有一些理论家相信，BCS理论是需要的，但是配对机制必须是全新的（非晶格振动）。还有一些理论家相信，只有新的理论描述才能给出适当的解释。

高温超导电性的理论解释，仅仅是这个领域中尚待解决和还在争论的一个方面。铜氧化物陶瓷的晶格结构和电子结构非常复杂，这使得在高温超导电性机制的认识上难以取得进展。现在都知道，晶格中的氧化铜分子平面的特性非常重要。这些平面为载流子提供了“高速公路”。其他的金属或金属氧化物的作用，只是贡献电子到属于铜原子的轨道上，或者把电子从属于氧原子的轨道上拉出来。

贡献电子会造成电子过量，形成n型超导体。在这种超导体中，载流子是带负电的电子。从氧原子中拉出电子将产生带正电的“空穴”，这样的超导体叫做p型超导体。在这种超导体中，“空穴”可以被想象成这样一种载流子：沿某个方向跳跃的电子填充到一个空穴中，将产生相反方向的空穴的净电流。除了这些简单的事实外，氧化铜陶瓷的超导性质对那些影响细致电子结构的因素非常敏感。如今，这些因素并未得到彻底地认识。

高温超导体的重要性在于，它们代表了向实际应用迈出的一大步。第二类高温超导体的高转变温度与它们对中等强度的外磁场的鲁棒性相结合，提供了许许多多的应用可能。现在，在液氮制冷下，实现低损耗微波、电子器件及无摩擦轴承等方面的一些低能耗应用已为

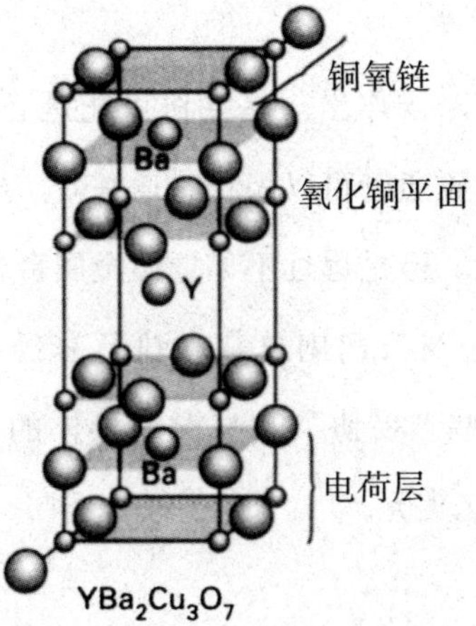


图 14.4

从钇钡铜氧化物陶瓷 $YBa_2Cu_3O_7$ 的结构中可以看出氧化铜单元如何形成连续的平面。这些平面扮演了“高速公路”的角色，载流电子在这样的“公路”上运动。

时不远了。当然，也还有许许多多的问题有待解决。氧化铜陶瓷可能具有化学不稳定性和不太好的柔性。它们非常脆，不容易加工成各式各样的符合电子器件的形状(例如线状)。另外，还存在一个问题限制了超导体传输大电流和在强磁场中运作的能力(这些能力是商用的大电磁体的特点)。这最后一个问题的部分原因，来源于陶瓷材料的颗粒特性。比较差的结晶会产生降低导电效率的“弱连接”。虽然陶瓷能够抗拒强磁场的入侵，但是电流在材料中的流动可能会移动磁通管，产生一种被称作“磁通蠕变”的效应。磁通蠕变以一种电阻的形式表现出来。

然而，进展在慢慢地取得。日本住友公司是众多已经解决了其中一些问题，并且正在用氧化铜陶瓷制造超导线材和带材的公司之一。据报道，该公司已经制造了 114 米长的超导电缆。这种电缆在 77 开的温度下每平方厘米输送的电流高达 11 300 安。尽管这种电缆在中等强度的磁场下不可能保持这么大的电流容量，但是它们至少正在接近电力工业的性能标准。

如平时一样，有时候作出一些妥协可能是必要的。在低于30开左右的温度下，冷冻磁通管可以阻止磁通蠕变。虽然这时候的花费要比液氮制冷的花费大，但是远远不如低温金属合金超导体所必需的液氦制冷那么昂贵。住友公司副总裁和执行总经理中原恒雄（Tsuneo Nakahara）估计，这些“妥协”的高温超导体的市场价值到2000年时，将约达每年40亿美元。

基于在无机陶瓷材料而不是金属或金属合金上的高温超导体的研制，向人们展示了一种可能性，并提出了一个问题。基于有机分子的超导体会怎么样呢？1964年，在加利福尼亚，斯坦福大学的物理学家利特尔（William Little）认为，用有机分子制造超导体是可能的。至少，他已经通过计算得出一些有机聚合物应当是超导的，它们的超导转变温度应当在室温以上。这样的聚合物从来没有被制造出来，而室温超导体仍然是材料科学的“圣杯”。

然而在1981年，有机超导体终于成了现实。哥本哈根厄斯泰兹研究所的贝克盖德（Klaus Bechgaard）制备了$(TMTSF)_2PF_6$。这种六氟磷酸四甲基四硒杂富瓦烯的盐最早由位于奥尔赛的巴黎大学的耶罗迈（Denis Jérôme）发现，它在高压下0.9开的温度时变成超导体。到1990年，有机超导体转变温度的记录还停留在13开。

接着，$C_{60}$出现了。1990年9月，大量合成$C_{60}$的方法宣布后不久，在位于新泽西州的美国电话电报公司贝尔实验室里，拉格瓦查理（Krishnan Raghavachari）匆匆忙忙地赶往他的同事哈登的办公室。早在1986年，这两位贝尔实验室的科学家打了一个小赌，哈登把这个赌写在他办公室内的黑板上：“到1990年的年底，$C_{60}$将会用瓶装。”

他的信心是以有机化学家会找到一种聪明的办法一个原子一个原子地组装 $C_{60}$ 这样一个设想为根据的，他接着又推测 $C_{240}$ 会在 1992 年底装进瓶子里。拉格瓦查理失望地发现这个小赌早就被擦掉了。

这就是哈登在听到海德堡—图森小组取得了突破性进展消息时的反应。两个多星期后，他在材料讨论组里为他的贝尔实验室的同事们作了一次非正式的讲演。他预言三维有机“金属”首先到来，接下来就是有机超导体了。

哈登推想，球状 $C_{60}$ 分子可以在三维空间形成一个密堆积的几乎是整齐划一的排列。分子像小球一样在晶格中(表面除外)沿着三维方向一个球紧挨着另一个球堆积在一起。这种球挨球的网络呈现出一个交错的“高速公路”阵列，电子沿着这个阵列在晶格中传输电流。固态 $C_{60}$ 和 $C_{70}$ 薄膜呈现出可以作为三维有机导体的可能性。

但是，$C_{60}$ 薄膜自身不能成为三维有机导体。它不像固态金属，固态金属中金属原子上的电子很容易被释放变成可移动的载流子，而 $C_{60}$ 中的所有电子都被化学键所束缚。使固态 $C_{60}$ 变成导体所需的方法就是引入载流子，这种方法意指一些掺杂形式。

足球状 $C_{60}$ 引人注目的球对称性，会影响它贡献电子和接受电子的能力。从能量方面来说，由一个或多个基本的苯型六边形组成的碳氢化合物，通常既喜欢贡献电子也喜欢接受电子，且两种能力差不多。拥有平展六边形平面的石墨，在作为电子给体或者电子受体方面有相似的性质。但是，通过引入五边形缺陷把平面扭曲成球对称后，能态也会受到影响。其结果就是，$C_{60}$ 倾向于接受电子，而不是贡献电子。

因此，使固态 $C_{60}$ 变成导体的办法是，通过往薄膜中掺杂一些“能愉快地满足 $C_{60}$ 对电子的欲望”的原子，来引入载流子。合适的给主将会放弃电子而将其贡献给 $C_{60}$ 分子，造成电子的过量。这些超额电子变得有空闲充当载流子，通过从一个足球 $C_{60}$ 跳跃到下一个而在晶格中运动。这看起来像是在比较直接地制造基于 $C_{60}$ 的 $n$ 型有机导体。事实上不光是如此，哈登还认为，这样的有机导体在适当的条件下能够变成超导体。

元素化学家提出了适于作掺杂原子的候选者。碱金属原子容易失去一个电子，并与电子受体一起形成稳定的离子化合物。氯化钠（$Na^+Cl^-$），即常用的佐餐盐，就是一个例子。根据 $C_{60}$ 笼的尺寸，简单的估算给出，这种较小的碱金属原子应该能够填到足球状 $C_{60}$ 的空隙（或者间隙）中去，而且还不会破坏晶格的结构。哈登在 1990 年 10 月 18 日作的非正式报告中建议使用锂。

哈登在同一天下午开始了他的实验。他尝试用一种电化学方法把钠掺入 $C_{60}$。这种方法与制备 TMTSF 盐或者其他有机超导体的方法相似。但是，这些早期的实验从来没有生产出有用的材料。哈登和他的同事墨菲（Donald Murphy）以及罗谢斯基（Matthew Rosseinsky）接着又尝试了体掺杂技术。同年 12 月，哈登听说了贝尔实验室另一位同行埃巴尔（Arthur Hebard）完成的工作，他立刻借鉴埃巴尔的方法找到了制备掺杂 $C_{60}$ 薄膜和测量其电导率的方法。

用埃巴尔的方法，哈登、墨菲和罗谢斯基组建了一台小真空设备。他们把一块先涂有银条带然后又在上面淀积固态 $C_{60}$ 或 $C_{70}$ 薄膜的玻璃衬底放在真空设备中。银条带与导线相连，用于测量电导率。他们又把一小块固态碱金属试样放在真空设备的底部，然后加热数小时。碱金属慢慢地气化，它的原子渗入富勒烯薄膜后占据晶格间隙，并且把电子贡献给富勒烯分子。罗谢斯基用这套设备进行第一轮实验时，已经将近 1991 年 1 月底了。这些实验完全成功。$C_{60}$ 和 $C_{70}$ 薄膜掺入碱金属原子锂、钠、钾、铷和铯后都变成了导体，其中掺入钾后合成的“富勒钾”表现出最佳的电导率。

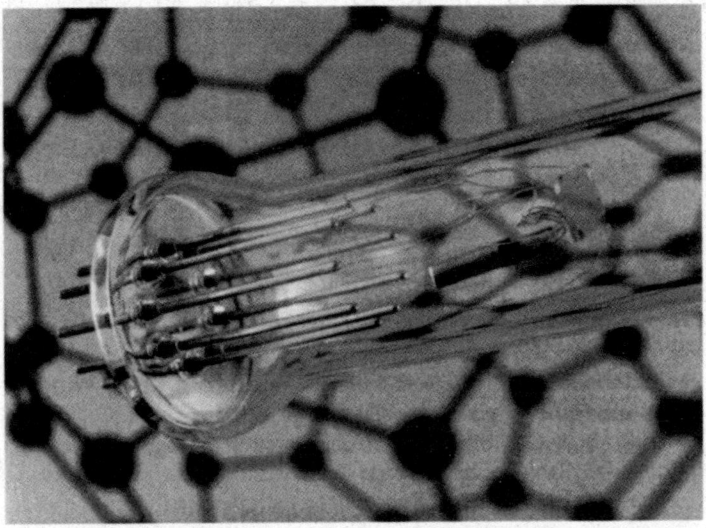

图 14.5

哈登和他的同事们用这个设备测量了掺有碱金属的富勒烯的电导率。可以看到，管中有一块矩形小玻璃衬底。$C_{60}$或$C_{70}$薄膜首先淀积在这块衬底上，然后把薄膜暴露在碱金属蒸气中进行掺杂。导线通过金属销把衬底的四角与外界连接起来，从而可以测量掺杂薄膜的电导率。衬底的上方有一圆柱形物体，那是非常灵敏的温度计。

随着富勒烯薄膜在碱金属蒸气中暴露时间的增加，观测到电导率也逐渐增大到一个极大值，然后又逐渐下降。在这个过程结束后，$C_{60}$薄膜的颜色由黄色变成了品红色。这表明，掺杂薄膜中的化学组分也随着时间的推移，随着越来越多的金属原子渗入到晶格中，金属原子与富勒烯分子的比率随之增大而变化。

科学家们借助于许多早已在足球状$C_{60}$的研究中报道过的休克尔计算，能够解释电导率的这种变化。这些计算表明，在最高占据能级上方不远处存在3个相同能量的空能级，任何贡献到$C_{60}$分子上的电子都预计将会填充到这3个空能级上去，正如裹有金属原子的$C_{60}$一样，只是这时候的碱金属原子仍旧留在足球框架结构的外面。科学家们认为，至少会出现两类碱金属富勒烯化合物盐$M_3C_{60}$和$M_6C_{60}$（其中M代表碱金属元素Li、Na、K、Rb或者Cs）。在$M_3C_{60}$盐中，每一个金属原子贡献一个电子填充到$C_{60}$分子上3个最低空能级中的一个能级上。其结果是这3个能级处于半满状态，形成$C_{60}^{3-}$离子。在固体中，这些最低未占据能级是相互交叠的，并且相互结合在一起，形成一个“导带”。在外电场的影响下，进入到这个导带中的电子将自由充当载流子。$M_3C_{60}$薄膜将是一种导体。

继续增加掺入到晶格中碱金属原子的比例最终会合成$M_6C_{60}$。在这种碱金属富勒烯盐中，6个由金属原子贡献出来的电子必定填充到了那3个最低空能级上。由于6个电子占据了3个能级，即所有的电子都配成了对，因此没有电子可以充当载流子，$M_6C_{60}$薄膜将是绝缘体。由此可见，贝尔实验室小组观察到的最大电导率对应于由$M_3C_{60}$盐构成的掺杂$C_{60}$薄膜这种产物。不断地掺杂会产生越来越多的$M_6C_{60}$，电导率也会随之降低。科学家们还发现了一个中间体$M_4C_{60}$，它是绝缘体。

在贝尔实验室小组研究过的所有碱金属富勒烯化合物中，钾富勒烯化合物盐$K_3C_{60}$显示出最大的电导率。科学家们在1991年3月底发表于《自然》杂志上的论文中宣布了他们的研究结果。但是，等到论文面世的时候，他们又获得了许多令人吃惊的结果。

哈登的一位同事格拉勒姆(Si Glarum)是测量超导电性发生的特殊微波技术的创始人。他和哈登试图在用电化学方法制备的富勒烯化合物试样中寻找超导电性证据，但是没有成功。1991年2月，哈登试着用碱金属蒸气掺杂方法来制备试样。一开始的测量看来也没有希望，因此他们2月底放弃了这些实验。但是在3月份，他们决定用格拉勒姆的微波技术重新测量早先的试样。1991 年 3 月 13 日，格拉勒姆找到了掺钾 $C_{60}$ 试样在 18 开时变成超导体的有力证据。当时，这个温度是有机超导体的最高转变温度。

贝尔实验室的科学家们迅速地验证了这个发现。罗谢斯基制备了一块成分为 $K_3C_{60}$ 的掺钾 $C_{60}$ 试样，帕尔斯特拉(Tom Palstra)和拉米雷斯(Arthur Ramirez)通过磁化率测量在一个星期里就证明了试样具有超导性质，还观察到了迈斯纳效应。他们进一步改装了设备，使之能够在液氦温度下进行测量，他们观察到了向零电阻的转变。贝尔实验室的科学家们就他们获得的结果撰写了一篇论文，于 3 月 26 日投给《自然》杂志。从最初的发现到论文的投稿，总共还不到 2 个星期。

图 14.6

这些结构显示了在 $K_3C_{60}$、$K_4C_{60}$ 和 $K_6C_{60}$ 中钾原子以及足球状 $C_{60}$ 分子不同的空间排列方式。由于有 3 个未配对电子充当载流子，所以 $K_3C_{60}$ 相是导电的。在 $K_6C_{60}$ 中，掺到 $C_{60}$ 上的 6 个电子全部配成对，因此没有电子可以充当载流子，故这个相是绝缘的。$K_4C_{60}$ 也是一个绝缘相。

哈登与《自然》杂志伦敦办公室的鲍尔取得了联系，并把这条消息告诉了他。鲍尔对此感到迷惑不解。他打电话给《自然》杂志编辑部中的物理学科负责人加温(Laura Garwin)，问她对于足球分子 $C_{60}$，什么是她所能想到的最惊人性质。她毫不迟疑地回答："超导？"

贝尔实验室的科学家们把他们获得的结果发表于 4 月 18 日出版

的那期《自然》杂志上。也就在同一个星期，在亚特兰大举行的美国化学会年会一次特别晚会上，他们公开宣布了自己的发现。这个发现发出了深远的击波，冲击着早已蓬勃展开的富勒烯科学领域。在很短的时间里，日本NEC公司基础研究实验室的谷垣胜己(Katsumi Tanigaki)和他的同事们把富勒烯化合物超导体的转变温度记录提高到了33开，这是在掺入铯和铷制成的$Cs_2RbC_{60}$中测量得到的。(随后有人宣布，在掺有钾—铊和铷—铊合金的富勒烯化合物中测量到了转变温度高达45开的超导电性，但是这个宣布后来又被撤回了。)

跟陶瓷超导体一样，关于富勒烯化合物超导电性的理论解释仍旧是一个争论的话题。一些理论家赞同与电子配对机制结合在一起的传统BCS理论。晶格振动甚至富勒烯化合物离子的内部振动都参与到了这个电子配对机制中。但是也有一些人因认为BCS理论不能充分解释富勒烯化合物的超导电性而加以反对。他们提出了自己的可供选择的方案。

也许最重要的是，富勒烯化合物超导体的发现为一直致力于提高转变温度的化学家们开辟了一个充满机会的巨大领域。通过对富勒烯薄膜掺入各种各样的碱金属，可以很容易地制造富勒烯化合物，不同的富勒烯和不同的给体看来可以提供几乎是无穷无尽的组合系列。

事实上，富勒烯化合物超导体具有与氧化铜陶瓷超导体相同的所有的潜在应用(它们也是第二类超导体)。一个重要的差别在于，富勒烯化合物主要是由相对较轻的元素碳组成。如果超导转变温度足够高，富勒烯化合物超导体可以应用到轻便的电动马达和电磁体中。但是还存在一个问题，那就是它们易于跟空气和水蒸气发生化学反应。$K_3C_{60}$粉末试样是引火的(它们一旦与空气接触就自发燃烧)，并且薄膜试样也会迅速地失去它们的导电性。这些问题看起来并不难以解决：对富勒烯作适当的化学修饰，也许可以制造出更加鲁棒的材料。

科学家们研究了60年，才找到一种转变温度为23开的传统金属合金超导体。但是在发现氧化铜超导体后仅仅2年时间，转变温度的记录已高达125开。陶瓷超导体的商业应用虽然姗姗来迟，但是它们毕竟还是来了。

科学家们利用富勒烯的球形几何结构和电子结构制造出分子导体和高温超导体，不过花了6个月时间。虽然现在人们不得不承认，自然界总是有办法挫伤科学家们永恒的乐观主义，而且毫无疑问，还有许许多多的困难阻碍着富勒烯化合物超导体的商业应用，但是富勒烯化合物超导体尚处于早期的起步阶段，未来的研究会获得何种结果，没人说得准。

# 第十五章　转换碳范式

“革命”这个词在现代科学中使用得相当宽泛。在20世纪末的西方社会里，一个人的一生中会遭遇到一些变化，令人难以置信的是，这些变化不仅很快，而且往往相似。今天的期望是昨天的奇妙新发现，这些发现今天已成为过时的新闻。每当科学家们大声疾呼想引起我们的注意时，我们总会听说许许多多关于革命性发现的谈论，说什么这些发现将会深刻地改变我们的思维方式，甚至会改变我们的生活。显而易见，我们生活在一个充满着革命性骚动的永恒世界之中。

科学家们容易滑到这样夸张的一面去(其实所有的方方面面常常都十分必要)。但是，我们应当用什么样的尺度去区分“普通”发现和“革命性”发现？还有，$C_{60}$以及富勒烯化合物这两个发现到底算不算是革命性发现？

尽管笼统、简单地看问题非常危险，在科学中尤其如此，但是我们终究还是能够清楚地认识到实际存在两种类型的科学活动。第一类，我们称之为“常规科学”，它当然十分符合关于科学进步的旧观念。这种旧观念认为，科学进步来自99%的汗水加上1%的灵感。常规科学就是日复一日、年复一年地解决问题，科学家们就是在现已公认的知识和认识的界线——时下流行的“世界观”——内设法解决问题。这个界线则主要是靠科学界内的共识而形成。

科学哲学家和科学史家库恩(Thomas Kuhn)创造了“范式”(paradigm)一词，来描述那些刻画了独特世界观的代表性发现(或许是一些关键性实验)。今天，通常认为，谈论已被公认的范式就等同于谈论关于一些知识和认识的一个完整框架。这些知识和认识是在科学研究的特别领域或者它的一些独立分支学科中积累起来的。范式规定了世界观，同时包含了一些规律。利用这些规律，我们千方百计地设计一些新的方法，从理论和实验两方面着手探索自然。范式还规定了它自身的范围以及应用的限度。超越这个范围或者限度，该范式的科学就变得没有意义或者变得不恰当。

科学活动的第二种类型是“革命性”科学。在革命性科学中，一个范式被另一个范式所取代。新的范式会显著改变我们认识自然和获取新知的方式。毫不奇怪，“范式转换”的科学是真正激动人心的。

常规科学所规定的特性，是那些在公认范式所确定的界限内进行的实验。如果这个说法成立，那么就有理由问，怎样才能不断地超越这些界限？在一定程度上，技术革新为我们提供了一条途径。那些能够用于揭示自然界新事实的新工具的发展，必将带领我们超越公认范式的界限，进入一个未知领域。然而在现实中，科学家们所热衷的，往往不是用新技术去证明现在公认的范式不合适，而是相反。科学家们很少特地去证明某个理论或者某个解释是错的。这将完全是一种负面活动。相反，他们常常去证明这个理论或者解释(或者它们的竞争者——如果有的话)在本质上是正确的。他们还想去证实预言，一旦预言被证实，他们就会毫不犹豫添加证据的分量，这些证据是支持已经被公认或者部分被公认的世界观的。这是一种相当正面的活动，人们总的说来是希望正面肯定他们的工作。

但是，革命性科学从常规科学中来还有另外一条途径。它存在于视而不见的机会或者纯属偶然的事件出现的地方，这是保证科学进步的最重要方式之一。没有一个明智的科学家有意识地想超越已公认为“正统”科学的界限，或者想超越被公认范式所限制的科学的界限。很少有人打算去挑战那些已被他们和他们的同行当作“真理”来接受的世界观。但是，当他们正设法证实某件事时，他们可能会偶然地碰上压根儿没有预料到的事件。这种完全出乎预料的观察结果可能会突然使他们停止不前。思想不拘一格的科学家可能会洞察这些不符合公认范式的观察结果，一个发现就这样完成了，而若根据时下正流行的世界观，这个发现是完全不可能做出的。

在 1985 年 9 月以前，碳存在两种且只有两种众所周知的结晶形态——金刚石和石墨，如果你愿意的话，这可以称之为碳范式。当克罗托前往得克萨斯时，他正在寻找由碳原子长链组成的星际分子。他、斯莫利、柯尔、希思和奥布赖恩所发现的，却是 $C_{60}$。这几位科学家非常坦率地承认了这个意外发现的重要性，他们中的每一位为都把自己的科学信誉置于危险之中作好了准备。他们宣称，旧的碳范式不再有效了。他们超越了公认世界观——自然界只存在两种碳的同素异形体——的界线。

但在当时，碳范式中发生的这个转换仍然相当小。是的，这些奇妙的封闭笼形结构分子代表着碳的一种新形态。但是，即使它们真的存在，它们也只能在非常极端的条件下少量形成。假如它们一直保持着奇特性——它们确实是一些“怪球”，化学家们只能在他们的飞行

图 15.1 意外发现珍宝与科学进步

这位科学家如此全神贯注于现有范式框架内定义的难题中，以至于没有注意到转换范式的巨大发现而被它所“绊倒”。机遇给思维开放的科学家以超越现有范式的界限和把科学的疆域推向新的未知方向的机会。

时间质谱仪上偶尔捕捉到——则可以硬要求旧的碳范式接纳这种新颖的分子。

接着，克雷奇默、拉姆、福斯蒂罗波洛斯和赫夫曼更显著地转换了碳范式。把驼峰与 $C_{60}$ 联系起来莫过于一场疯狂的赌博，正如克雷奇默一开始所认为的，那是一个勇敢的人站起来用近乎鲁莽的方式下赌注。但是，赫夫曼那勇敢的一注下在了正确的方向上。物理学家们所面临的巨大困难，部分来源于对业已存在的碳范式的超越。他们很难让自己相信，在他们的简单实验中可以自发合成极少量的富勒烯。现有碳范式不允许出现这种情况。

1990 年 9 月，碳的一种新结晶形态诞生了。此时，碳范式的转换也已完成。这是多么有意思啊！当碳蒸发器中产物的收率超过14%时，显而易见富勒体代表着碳的一种新的、重要的、稳定的同素异形体。不管弧光放电怎么形成富勒烯，反正这是一种除去悬键、生成封闭的球形结构的有效方法。在亲身卷进了这场发现的科学家们看来，碳化学世界和材料科学世界在1990年9月彻底改变了。

但是，碳范式的转换甚至到现在还没有完成。自然界仍然还有许多令人吃惊的事情，它们用数年前还难以想象的方式向旧范式发起挑战。

在所有的激动人心的事情中，人们很容易忘记，在数目可能是无穷多的新分子系列中，$C_{60}$和$C_{70}$可能是仅有的最稳定的成员。迪德里克和惠滕以及他们在UCLA的同事们刚开始制备富勒体时就注意到，在用溶剂萃取法提取的含有富勒烯的物质中，有5%左右的富勒烯比$C_{60}$和$C_{70}$大。经过仔细的分析和测量，揭示出这5%的物质主要由$C_{76}$和少量$C_{78}$（它有两种形态）、$C_{84}$、$C_{90}$、$C_{94}$和$C_{70}O$混合而成。还有一些物质不能溶解于甲苯，非常难以处理。它们的质谱分析显示，其中包含有从$C_{100}$到$C_{250}$范围内的一系列的富勒烯。

UCLA的化学家们继续在这5%的好对付的物质上作文章。他们反复使用色谱分离并提纯了少量（毫克量级）试样，它们是$C_{76}$、两种形态的$C_{78}$以及$C_{84}$。由于它们的存在，在原本$C_{60}$和$C_{70}$的品红色和深红色溶液中，又多了$C_{76}$的鲜亮的黄绿色溶液，棕栗色或金黄色的$C_{78}$溶液（其溶液的颜色依赖于它的结构），以及$C_{84}$的橄榄绿色溶液。正是这些美丽的颜色构成了丰富多彩的富勒烯家族，它们对好奇心十足的科学家来说真是魅力无穷。

但是，这些“高级”富勒烯的结构非常迷惑人。首先，人们对

$C_{76}$作了详细的研究。福勒发明了一些方法以便在数以千计的可能候选者中筛选出稳定的结构，但是$C_{76}$这种分子正好不处在他们的“跳背游戏”或者“柱形”之内，于是，福勒的同事、诺丁汉大学的马诺洛普洛斯(David Manolopoulos)编写了一个计算机程序。这个程序能够依次自动地逐一检查所有可能存在的结构。它首先把结构“解开”成由五边形和六边形组成的螺旋形带，然后用休克尔理论计算$\pi$键轨道的相对能量，从而筛选出最合适的结构。

当富勒烯分子的笼子大到超过$C_{70}$后，其可能拥有的不同结构的数目将变得十分巨大。因此，马诺洛普洛斯在筛选结构时把他的研究限制在那些含有孤立五边形的结构上，这是非常必要的。用他的那个程序去研究$C_{76}$，可以选出两个可能合适的候选者，其中一个异常稳定。

这个最稳定的结构也相当惊人，它由一个融合着六边形的带形成。这个带以螺旋形方式卷起来，类似于螺纹。因此，这样的结构具有手性，即它有左右两种不同的形态，且这两种形态是镜像对称的。对化学家们来说，以螺旋排列形成的手性结构自从沃森(James Watson)和克里克(Francis Crick)于1953年发现脱氧核糖核酸(DNA)的双螺旋结构以来，一直颇有吸引力(近乎令人敬畏)。手性结构在活生物体的生物化学中普遍存在。

马诺洛普洛斯就$C_{76}$的研究结果写了一篇论文，寄给了UCLA的惠滕。他的时运可真是不错：所预言的手性结构中有19种不同类型的碳原子，因此反映在$^{13}C$核磁共振谱上应该有19根同样强度的谱线。迪德里克和惠滕测量了$C_{76}$的$^{13}C$核磁共振谱，它刚好有19条谱线。这第一个手性富勒烯发现于1991年9月。后来，加利福尼亚大学伯克利分校的霍金斯和阿克塞尔·迈耶 (Axel Meyer) 把$C_{76}$

的两种镜像对称的形态分离开来。

人们在事后认识到，$C_{76}$的手性结构实质上是支配富勒烯相对稳定性的普遍原理的合乎逻辑的推广。科学家为此已苦苦寻找了好多年，但是，这并没有降低UCLA的化学家认识到自然界确实存在这种手性结构时的吃惊程度。对$C_{78}$的进一步研究揭示，他们分离出来的两种形态中的一种也具有手性结构。这似乎表明，手性是高级富勒烯所共有的结构特征。

福勒用他早先的跳背游戏构造和筛选方式把$C_{84}$的候选结构降低到了3种，其中1种还具有手性。UCLA的化学家尽管能分离出$C_{84}$，但是不能进一步把$C_{84}$的几种不同形态分开(他们相信至少还有2种混在一起)。京都大学的一个日本科学家小组随后也报告，他们成

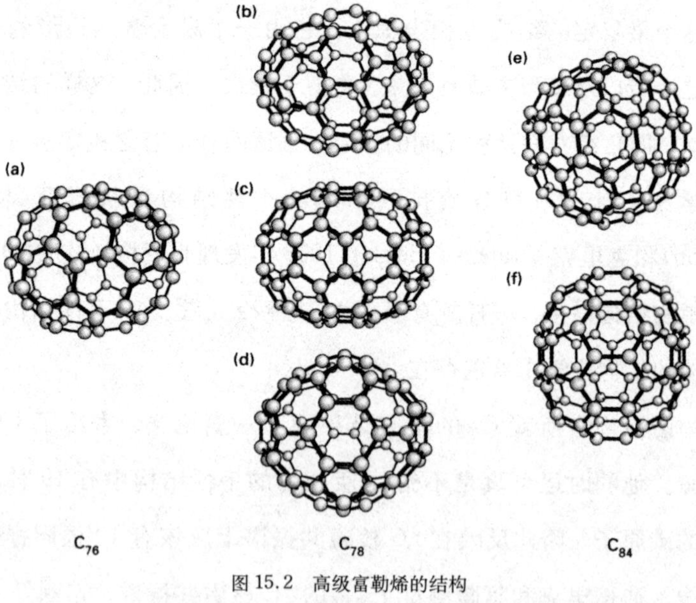


图 15.2　高级富勒烯的结构

马诺洛普洛斯所预言的$C_{76}$的结构，被迪德里克、惠滕及其UCLA的同事们所证实。把一个融有六边形的带按螺旋方式卷起来，构成第一个手性富勒烯$C_{76}$。$C_{78}$有3种不同的形态，最上面的那种形态也具有手性结构。$C_{84}$至少存在2种不同的形态，它们也已经被分离出来。图中所有结构均由福勒所预言。

功地分离和提纯了 $C_{78}$、$C_{82}$ 和 $C_{84}$，但是他们至今仍未能把 $C_{84}$ 的几种不同形态分离开来。实际上，他们的结果还有另一个重要意义，那就是一些高级富勒烯的形成对实验条件非常敏感。UCLA 小组没有找到任何有关 $C_{82}$ 的证据。

接下来的大震荡来自日本。饭岛于 1980 年在电子显微镜里观察到了奇特的同心球形结构，这种结构在 7 年后被斯莫利和克罗托用他们提出来的螺状成核机制解释。饭岛无法令人信服，他已经在碳弧光放电产生的热蒸气中制造出了奇特的富勒烯嵌套富勒烯的物质，并且这种物质已经顺着无定形碳淀积在他的衬底表面上了。克雷奇默、拉姆、福斯蒂罗波洛斯和赫夫曼 1990 年 9 月发表的论文使饭岛自己制定的研究计划更趋完善。他打算用电子显微镜观察在碳弧蒸发器中不同条件下由石墨形成的各种不同结构。

饭岛不断改变他自己的蒸发器中的条件。在实验中，使两个石墨电极保持一定的短距离，而不是像如今已成为合成富勒烯的标准方法那样接触在一起，但是两根电极的空隙又足够小，使得弧光电流能够通过。在 13.3 千帕的氩气下正电极被蒸发，此时他注意到，除了产生通常的碳灰(里面可能含有富勒烯)外，在负电极上还形成了一些碳的针状物质。

这些碳针不是均匀地生长在电极的表面上，而是倾向于在电极的某些部位上成束地生长。它们的直径大约在 4 纳米到 30 纳米之间不等，长度大约是 1 毫米。饭岛把这些碳针收集起来后用电子显微镜研究时，发现它们实际上是一些同心纳米管，内部有 2 个到 50 个嵌套纳米管不等。在任意一根碳针中，近邻纳米管之间的平均距离约为 0.34 纳米，这恰好等于具有平展“网状”结构的石墨近邻层面之间的距离。

用电子显微镜作更深入的研究，饭岛发现这些微管由六边形按螺旋线方式排列而成，或者可以将其想象成一根六边形长链用螺纹方式卷成的圆柱体。如果选取某些适当的角度卷进，每一圈上的六边形就极有可能与前一圈上的六边形融合到一起形成弯曲的石墨网。顺着盘旋在微管上的链看，就会发现微管是以螺旋方式卷成的。这些(尺度非常小)的柱形富勒烯的手性结构具有明显的相似性。

实际上，在单根纳米管的两端分别戴有半球形的“盖帽”，为了使管身闭合，它们共有 12 个五边形，显然，纳米管与富勒烯之间存在着家族中的相似性。对这种原本非常熟悉的元素，这里还有另外一种形态，它仅在 6 年前还被认为不可能再产生任何令人吃惊的结果。

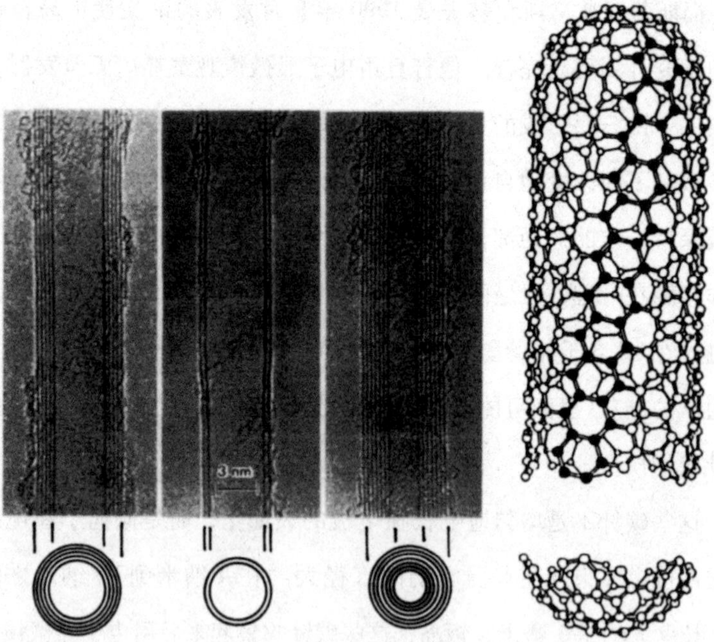


图 15.3

饭岛所获得的这些电子显微镜照片，清楚地显示出碳纳米管的同心特征。从图示结构中可以明显地看出，它们与高级富勒烯都出自相类似的家族。在纳米管的两端有半球形的盖帽，每个盖帽中含有 6 个五边形。沿着纳米管的躯干，六边形以螺旋方式排列起来。

饭岛在他于1991年11月发表在《自然》杂志上的论文中介绍了这些管状结构。它们非常有意思，在某些方面与富勒烯明显相关。事实上，它们并不是全新的东西，大约在30年前就已出现过有关管状石墨“胡须”的生长、结构及其性质的报道。培根(Roger Bacon)是联合碳化物公司的分公司国立碳公司的研究实验室里的一位物理学家，他于1960年在《应用物理杂志》上发表了一篇论文。在论文中，他介绍了在类似的碳弧放电实验中所获得的结果。他的这些实验与饭岛的那些实验的最重要的差别在于气体的压强，培根在实验中用了9 320千帕的氩气。

在培根的实验中，当正电极蒸发时，在负电极上生长出大批石笋似的柱形淀积物。在这些生长物的里面发现了一些“胡须”。培根把它们比作一束圣诞金丝。它们的直径从零点几微米到5微米不等，长度则达到3厘米。配合以极限分辨率的电子显微镜和电子与X射线衍射等研究，培根认为这些胡须具有卷轴结构，由一长片石墨网像卷报纸那样卷成的。

以这种方式形成的石墨圆柱，必定有一个重叠的边，而这些重叠的边将会产生台阶。在饭岛的现代高分辨率电子显微镜的辅助下应该能够清楚地看到这些台阶。但是，饭岛没有观察到任何有关这种台阶的证据，因此他提出了一种在开口端按螺线方式生长碳原子的模式。不久以后，克罗托和恩德(M. Endo)认为，最初的生长实际上始于微管两端半球形盖帽上的五边形面。

对于饭岛发现的微型碳管(后来被广泛地称为纳米管或者巴基管)，人们不难找出几种潜在的应用。培根已经注意到，他发现的石墨胡须具有高度的柔性和延展性。这些性能早已是衡量碳纤维性能的标准了。人们相信，纳米管所具备的特性极有可能与其较大的“堂表

图 15.4

培根猜测，他所合成的石墨“细丝”是由平坦的石墨层像卷报纸似的卷成的，这样形成的结构在一层的边沿与其下一层交叠处将会出现一个台阶。饭岛在他的电子显微镜照片上没有发现有关这种台阶的证据，因此他认为纳米管是一些封闭的圆柱体。

兄弟”(即其他的碳纤维)所拥有的特性相似。因此，它们在任何纳米尺度的架构方面都有可能发挥其充当结构单元的应用价值。事实上，后来的理论计算也表明，纳米管应当比任何一种碳纤维(就此而言，指迄今发现的所有碳纤维材料)强度都要大得多。

显而易见，纳米管也已影响到了微电子学(更确切地说是纳米电子学)。如果具有导体或者半导体导电性能的纳米管能够被制备到足够长，它们就可以发挥纳米尺度电线的功能。对纳米管电性质的理论计算预言，它们的电导率依赖其直径和螺旋几何结构。对于那些直径与富勒烯相似的纳米管，大约有三分之一被认为具有金属性质，而余下的三分之二则具有半导体或者绝缘体性质。普通材料的电性质对掺杂程度相当敏感(比如，就像以前讨论过的富勒烯化合物)，因此，纳米管的电导率与其几何结构之间的敏感关联在整个固态物理中是全新的现象。

培根的实验与30年后饭岛的实验之间的另一个重要区别在于纳米管的收率。饭岛制备纳米管的收率非常小。培根制备的碳“石笋”

用高分辨率的设备就近观察，发现其长度为数十厘米并由“胡须”堆积而成。这些胡须被证明与饭岛的纳米管具有相同的结构。因此，大规模合成纳米管看来完全可行。

饭岛的论文在《自然》杂志上发表后刚过8个月，就有科学家报道了这样的合成方法。饭岛在NEC公司的同事埃布森（Thomas Ebbesen）和阿贾安（Pulickel Ajayan）也在研究弧光放电设备在不同条件下制备的富勒烯衍生物。他们使用两根石墨棒，一根直径为6毫米，另一根直径为9毫米。他们把石墨棒放在压强为66.7千帕的氦气中并使它们靠近，中间留1毫米空隙。当有100安的特征放电电流流经石墨棒空隙时，直径较小的石墨棒被蒸发。为了维持稳定的电流，科学家们设法让两个石墨棒之间的距离保持不变。

在实验中有较大的柱形产物淀积在那个较粗的石墨棒上，这些淀积物类似于培根实验中的石笋。从较细的石墨棒上蒸发下来的碳中大约有75%转移到较粗的石墨棒上成为淀积物，其余的碳变成了碳灰状产物（其中就含有富勒烯）。柱形淀积物有一个坚硬的、灰白色的像金属样的外壳。数以百万计的纳米管就堆积在这个壳层中，它们约占整个蒸发的碳原子的25%。

淀积物的内部呈黑色纤维状结构，这些纤维顺着从一个石墨棒到另一个石墨棒的电流流向排列。把它们从外壳中分离出来，碾碎后涂抹到薄膜上，则呈现出灰白色的金属光泽。埃布森和阿贾安用高分辨率的电子显微镜证实，这种材料由纳米管所组成，它们的结构与饭岛所报道的结构一致。微管的直径在2纳米到20纳米之间，长度达到几微米。管子的尖端由含有五边形的半球结构覆盖。

埃布森和阿贾安测量了由微型管组成的大块试样的导电性质，发现这种材料的平均电导率可与一些半导体的电导率相当。假设大块材料中微管直径及其几何结构大范围的变化将会导致电导率大范围变化，那么大量微型管具有强烈的导体性质的猜想是有道理的。

针对纳米管的绝大多数理论预言均与管子的尺寸有关。用埃布森和阿贾安发现（确切地说是重新发现）的大规模合成纳米管的方法制备的纳米管的直径变化范围很大，嵌套在管子内部的微管数目也相差很多。因此，根据尺寸来分离单个纳米管以验证某些理论预言的前景不太乐观。但是在 1993 年 6 月，饭岛及另一个由 IBM 和加利福尼亚理工学院的科学家组成的小组分别宣布了两种截然不同的方法。这两种方法都能大规模制造直径大约是 1 纳米的单壁纳米管。

埃布森和阿贾安像克雷奇默、拉姆、福斯蒂罗波洛斯和赫夫曼研究富勒烯那样研究纳米管。现在科学家已经掌握大规模生产纳米管的简单方法，而制备单壁纳米管的进一步方法也已产生，因此，全世界有许多科学家正在实验室中研究这些新的碳结构的新奇性质。科学家同时在设法寻求富勒烯相关材料的商业应用。在这场竞赛中，纳米管在超导应用方面比富勒烯化合物超导体更具竞争力。

尽管碳纳米管具有很新奇的性质，它们在未来的纳米尺度的电子器件中可能充当基本的构造单元，但是在许多科学家的心目中，碳范式的转换甚至到现在还没有真正完备。这种说法或许不为过：他们基本上还没有完成这个转换。饭岛提出的生长机制，也就是克罗托和恩德提出的可能从五边形缺陷处开始生长的机制，看起来似乎完全可信，但是还留下了一些难回答的问题。众所周知，平展网状石墨结构在“正常”条件下是优选结构，因此，怎么可能在碳弧放电这样混沌的条件下产生如此完美的对称结构——富勒烯和纳米管？为何在“非常”条件下，球形石墨或管状石墨倒成了优选结构了呢？

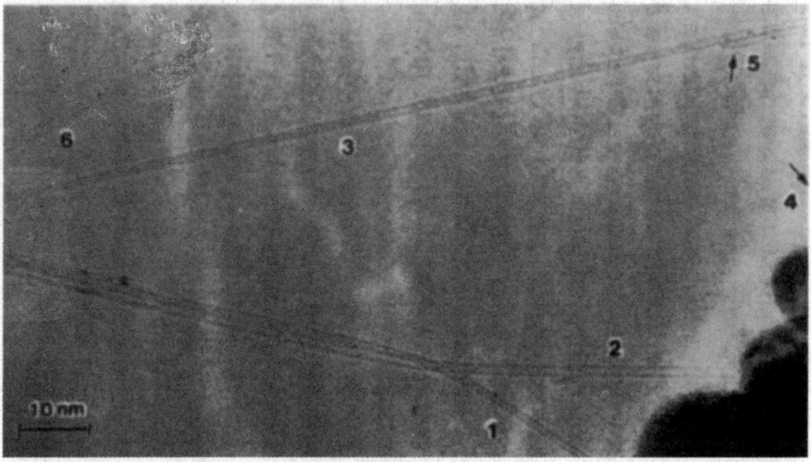


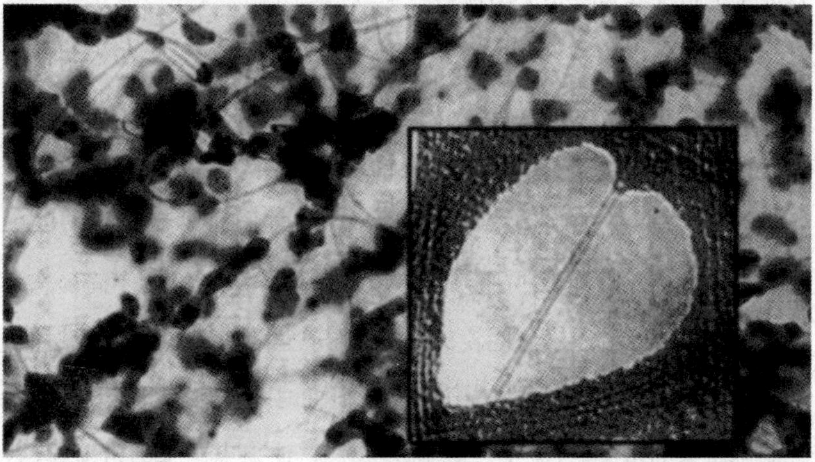

图 15.5　单壁纳米管

上图是饭岛和市桥锐也(Toshinari Ichihashi)获得的显微镜照片。图中显示出若干单壁纳米管。标号为(1)的纳米管直径为 0.75 纳米；标号为(2)的纳米管直径为 1.37 纳米；标号为(3)的纳米管是一根既长且直的管子；标号为(5)的纳米管一端有一个半球形的盖帽。

下图是贝休恩、德弗里斯和他们在 IBM 的同事们以及加利福尼亚理工学院的江庆华(Ching-Hwa Kiang)获得的显微镜照片。他们用不同的方法制造大量的单壁纳米管。这些单壁纳米管就像是在一大堆杂乱无章的碳灰中“编织”而成的，而用以“编织”的线像钴团簇放出的射线那样乱七八糟。插在右图中的是一张放大的单壁纳米管图像，其直径为 1.2 纳米。

当然，回溯到1985年9月，那个五人足球队在研究富勒烯过程中也遇到了相同的问题。这些问题的完备答案还必须继续寻找，但是现在已经很清楚，为了寻找它们，我们首先必须摈弃我们的偏见，并且把碳范式发生的转换完全囊括进来。现在是探索平展石墨之谜的时候了。

是什么原因使石墨变得平展？在20世纪末的高科技世界，这看起来像个奇怪的问题。但是早期在赖斯大学的研究人员于1985年发现，网状石墨碎片在高温条件下和惰性气体环境中是内禀不稳定的，它们倾向于形成任何有助于消除悬键的结构。对于这些含有数十个或者数百个碳原子的小碎片来说，平展性被视为一个大缺点。球形结构在能量上可能会占有更大的优势。

此看法对在由激光制造等离子体或弧光放电时形成的极端条件中产生的石墨小碎片来说是再适合不过了，但对我们非常熟悉的大块石墨来说没有任何关系，难道不是这样吗？

乌加特(Daniel Ugante)是瑞士洛桑实验物理研究所的物理学家。他设法用另一种方法研究碳原子在极端条件下形成的不同形态。他用通常的方法制备了一些碳灰，并用电子显微镜研究了薄膜试样。但是，他不像大多数人在作电子显微镜研究时那样为获得有效数据而控制电子束的密度(或者电子数目)，相反，他把电子束的密度(或者电子数目)增大到相当于正常时的10—20倍。他不仅想获得薄膜的图像及其构造方式，还想看看这些结构在密集的电子“炮弹”轰击下到底会不会发生变化。

在一个用令人难以忘怀的照片来表征的领域里，乌加特所获得的电子显微镜照片无疑是激动人心的。在延长电子束辐照的情况下，碳灰中大量的薄微管和多边形石墨颗粒陆续变成了一些球状颗粒。更细致的观察发现，它们是一些同心碳笼——一个碳笼嵌进另一个碳笼中。较大的颗粒直径接近 50 纳米，大约由 70 个富勒烯壳层组成。

这些结构乃是自 1980 年以来饭岛所发现的奇特结构的再现。唯一不同的是，乌加特使用了电子轰击技术以促使这些碳结构形成，而

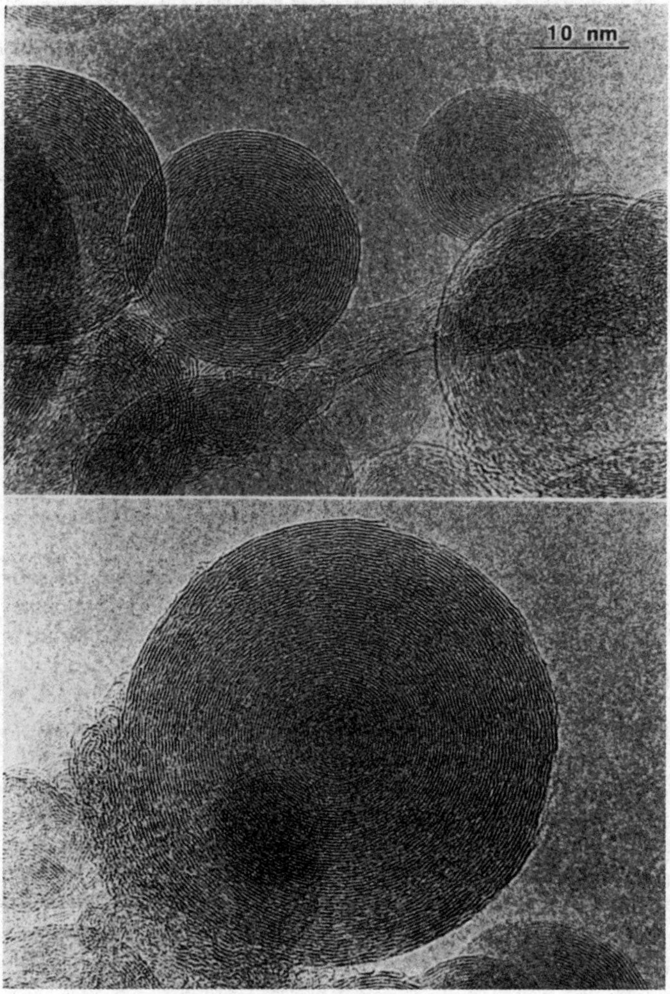


图 15.6　最大的富勒烯

这些像洋葱一样的结构是在电子束的轰击下由石墨碎片形成的，它们是一个套一个的富勒烯。乌加特观察到的所有“超级富勒烯”中最大的一个，其直径接近 50 纳米，包含大约 70 个富勒烯壳层。

不是通过气化石墨产生石墨蒸气合成的。在这两种不同的实验中，结构的形成过程并无必要相同。除了加热试样外，用高能量的电子轰击试样也能从靶子结构中激发出电子，从而促使试样发生在热激发条件下本不可能发生的重构。

然而，乌加特的实验明显地隐含着旧的碳范式。假定给平展石墨以必要的激励并赋予它结构上的“流动性”，它将会自发地把五边形合并进结构中，并且会卷起来形成一张封闭的网。为消除悬键而形成的结构，不限于网状结构的石墨小碎片，大尺度结构也很常见。关于后者即形成直径达几个微米的颗粒的证据，由乌加特通过延长电子束的辐照找到了：所形成的颗粒是较长的纳米管的球状类似物，看起来，甚至更大一些的宏观颗粒也可能得到。

到1992年2月，乌加特获得了一些令人难以置信的显微镜照片，他把这些照片加进他写的一篇短文中。在这篇论文里，他认为球壳结构可能是有限尺度的碳网中最稳定的形态(与有限碳网相反的是“无限的”平展网状石墨网络)。但是，范式往往具有巨大的惰性，而持有保守观点和顽固地坚持现有范式的科学家将拒斥突破成规的新思想的挑战。乌加特的遭遇也是如此。在他把论文投到《自然》杂志的两个星期后，论文的评审人拒绝发表该论文。几个月后，他再次作了努力，把几乎相同的一篇文投到了《物理评论快报》上。等待他的是相同的结果，论文又被拒绝刊登。其中一个评审人把乌加特的工作比作“冷聚变”。尽管在以前的7年间发生在富勒烯故事中的一幕幕都已展现在人们面前，一些科学家仍旧顽固地用旧的思维方式看待碳。

接着乌加特遇到了一位科学家，后者把乌加特介绍给了赖斯大学斯莫利小组。赖斯小组的科学家具有非常开放的思想和接受新思想的包容性，对发生在那里的任何事情都不感到奇怪。他们承认乌加特的工作具有重要意义，鼓励他把论文的预印本散发给活跃在富勒烯领域的每一位科学家，当然也包括克罗托、克雷奇默和惠滕。过了不久，乌加特在的里雅斯特遇上了克罗托。克罗托也非常看重乌加特的电子显微镜照片。当听说乌加特在发表这些照片时遇到了困难时，克罗托十分吃惊。他劝乌加特不要气馁，并答应以《自然》杂志编辑的身份支持他的论文。乌加特的论文终于在 1992 年 10 月发表于《自然》杂志，那些动人的照片还刊发在杂志的封面上。

正像饭岛可以筛选出只有少数几层管管相套构成的纳米管那样，乌加特也能把仅嵌套了几层富勒烯的较小颗粒区分开来。现在，人们常常喜欢称这些颗粒为“巴基洋葱”、“俄罗斯玩偶”或者“超级富勒烯”。例如，在碳灰中可以观察到由 $C_{60}$、$C_{240}$、$C_{540}$ 和 $C_{960}$ 从小到大若干层嵌套构成的超级富勒烯，它们可以通过将实验图像跟计算机模拟结果(即建立在理想壳层结构组合上的计算图像)进行比较而得到证实。实验获得的图像与计算出来的图像之间存在的轻微差别，主要应该归因于计算时采用的理想化模型。实际上，在壳层中的富勒烯球面不是像计算时所假设的那样保持着固定的取向，而是像在富勒烯化合物的 X 射线晶体学研究中所发现的那样可能是高速旋转的。

乌加特从那时起已经完成了针对所有不同类型的碳结构所作的深入的、系统的研究。这些碳结构都能用弧光放电法制备，但是球形结构与碳灰颗粒之间的关系仍然不清楚。乌加特没有发现任何有关鹦鹉螺式结构的证据，这些结构或许正如人们所预料的那样由螺状成核机制所形成，但是通常的电子显微镜所产生的密度不是很高的电子束也可能会改变这些结构。也就是说，当人们去观察这些结构时，它们就可能会发生变化。因此可能出现这样的事情：如果鹦鹉螺式结构存在，它们在电子显微镜的“凝视”下会演变成超级富勒烯。

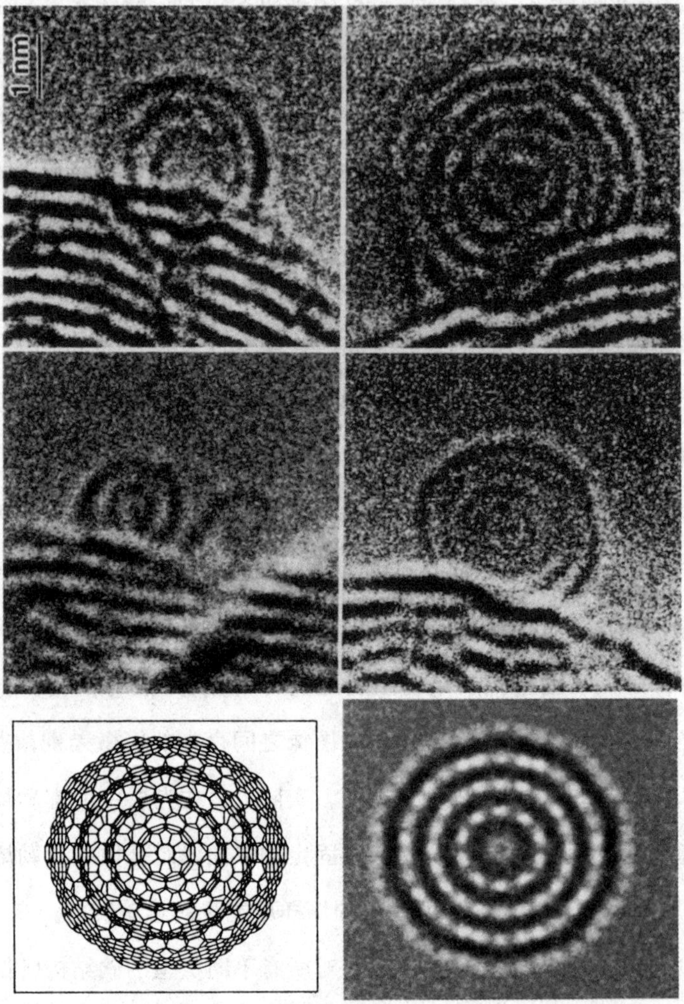


图 15.7

在乌加特的电子显微镜图像上也能够清晰地分辨出只包含了几层富勒烯嵌套的较小颗粒。把显微镜图像与建立在理想的壳层结构组合上的计算机模拟图像相比较，就可以确定它们的结构。下两图是计算机模拟获得的超级富勒烯图像，它由 $C_{60}$、$C_{240}$、$C_{540}$ 和 $C_{960}$ 从小到大依次嵌套而成。

尽管每一个问题都可以通过基础性研究而得到解决，但是与此同时，一个或多个新问题会不可避免地产生。针对纳米管和超级富勒烯的研究也不例外。但是，在乌加特的工作给将来的研究留下许多问题的同时，至少有一件事情是清楚的，那就是，引人注目的超级富勒烯图像表明在高温下石墨不倾向于形成平展结构。与乌加特的论文于1992年10月在《自然》杂志上发表的同时，克罗托思考着平展石墨之谜并为此撰写了一篇短文。他写道：

> ……仔细观察石墨材料，发现它可以被看成为一些无限大的平展石墨片，并且假定它们是自发形成的。但是事实上这种观点非常难以理解，或者根本不存在这种情况。

接着，克罗托把碳范式转换与500年前哥伦布（Christopher Columbus）发现“新大陆”造成的“地球形状”范式转换相提并论。他问，平展石墨最终会不会重蹈平坦地球的覆辙？

因为富勒烯和超级富勒烯存在结构上的联系，所以乌加特推测，或许只有在富勒体中才包含了大量可能存在的形形色色的碳元素固体形态。分离多壳层的球形颗粒做起来并不容易，但是如果真的能够分离，其结果也是各种各样的“超级富勒体”，它们由洋葱状的石墨颗粒按某种密堆积方式排列而成。此种材料的物理性质只能被猜测。它们肯定会拥有一些非常有意思的化学性质。

但是有一些事情不用等待分离方法出台就能够设法去做。赖斯大学小组在1985年9月发现$C_{60}$后不久，紧接着就置不能大量地生产和分离这种材料的现实于不顾，尝试着往$C_{60}$内部掺入金属原子。同样，科学家们也急切地希望弄清楚究竟什么东西才能填进超级富勒烯中央空区。

1993年初，加利福尼亚斯坦福国际研究所的劳夫（Rodney

Ruoff)、洛伦茨(Donald Lorents)、尚(Bryan Chan)和马尔霍特拉(Ripudaman Malhotra)以及在特拉华的杜邦实验站工作的苏布拉蒙尼(Shekar Subramoney)报告，他们已经合成了含碳化镧单晶的超级富勒烯。他们只是简单地将氧化镧填进一根石墨棒的中央，其过程与生产裹有镧原子的富勒烯的标准过程一样。唯一不同的是，当电流流过时，两根石墨棒之间保持小小的一点空隙。

对实验产生的淀积物用电子显微镜进行研究，发现其中含有纳米管和超级富勒烯，还有大量的明显含有金属晶体的颗粒。仔细分析显微镜图像，发现有些颗粒是一些具有特别形态的碳化镧晶体。把它们从仪器中取出暴露在空气中，这种形态的碳化镧就会跟潮湿的空气反应生成氧化镧和乙炔。但是，超级富勒烯内部形成的晶体暴露在实验室的空气中，好多天也不会发生任何变化。这表明，套在晶体外面的富勒烯非常有效地将晶体与它们的环境隔离开来，形成了一个保护罩。乌加特从那时起掌握了如何在超级富勒烯中填充微小的金原子团簇，又如何将其掏空。

在埃布森和阿贾安发表论文公布大量合成纳米管的方法后不久，科学家们就推测，借助毛细作用，在纳米管中填充一些材料或许是可能的。把纳米管头上的盖帽去掉后，它们也许真的像纳米尺度的移液管，将材料吸到里面。这种推测当真可能吗？阿贾安和饭岛在1993年1月底发表的一篇论文中十分肯定地回答了这个问题：这种推测完全可能！

NEC的科学家用埃布森—阿贾安法制造了大量的纳米管。把纳米管与其余石墨材料分离后，他们就往试样上喷洒液铅颗粒。这些液铅颗粒由电子束轰击置于真空中的固体靶所产生。这些颗粒的直径在1—15纳米之间，它们无规地淀积在试样上。一些颗粒正好淀积在某些纳米管两端的盖帽上或者靠近两端的区域。科学家们接着把试样放在炉子上并暴露于空气中，用加热方法对试样进行退火处理。在大约700开温度(高于铅的熔点)下保持30分钟，随后用电子显微镜观察，发现一些纳米管确实将液态金属吸进了它们的空腔。

填有铅的纳米管的形成机制还没有完全搞明白。然而，在液态金属因毛细作用被吸进管内之前，纳米管的盖帽必须被打破。科学家们发现，在整个过程中纳米管的侧壁一直保持完好无损；只要退火过程不在空气中进行，纳米管两端的盖帽在整个过程中也一直保持完好无损。这表明，纳米管两端的盖帽在空气中会因为化学侵蚀而被损坏。随后的研究表明，氧参与了铅催化的反应。这种反应破坏了连续的碳网，向外界暴露了纳米管的内部，这就使如下的说法讲得通了：纳米管的盖帽含有封闭管子所必需的五边形缺陷，它们因此很可能拥有一些原来在$C_{60}$中才能看到的超级烯性质。用氧化生成二氧化碳的方法可以打开纳米管或者削薄纳米管(剥掉纳米管的外层)也已经被证实。

铅到底以什么形态在纳米管中结晶，虽然有些证据可以排除氧化铅这种形态，但是阿贾安和饭岛还是不能确定是哪种形态。在纳米管这种几何结构的限制下，吸进其内部的液铅将会结晶出完全新颖的形态。这种可能性显然是存在的。窄纳米管的内径仅有1.2纳米，只能容纳两三个铅原子。没有证据表明在同心层之间有金属原子加入，对此合理的解释是：毗邻纳米管之间的间距只有0.34纳米，这个空隙太小了，连一个铅原子也容不下。

实际上，铅不是科学家们首选的金属。在此之前，他们已经尝试了其他好几种低熔点物质，但是都没有成功。当他们发现铅所起的作用竟如此有效时，多少有些吃惊。在理论上，熔化后的液态铅因为其高黏性而应该非常难以掺入纳米管的空腔之中。

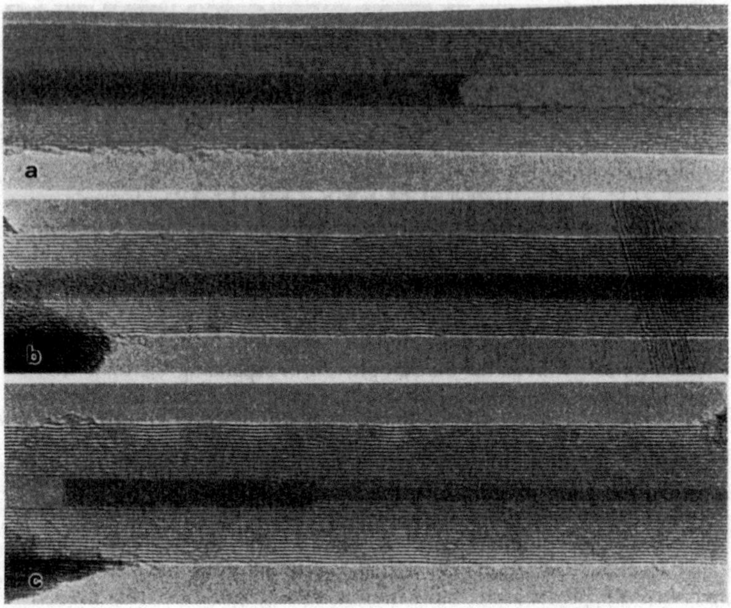


图 15.8

阿贾安和饭岛证实，在纳米管的空腔中填入铅是可能的。通过与氧发生化学反应(可能是在铅的催化作用下)，可以把纳米管的其中一个盖帽破坏掉，使其内部向外界洞开。接着，处于开口纳米管附近的液铅在毛细作用下被吸进纳米管。然后，在纳米管几何结构的限制下，管内的铅结晶形成全新的形态。最后极有可能制成一根分子尺度的导线。

填有金属铅的纳米管，提供了一个非常直观的分子尺度导线范例，这些复合纳米管的电导率不再依赖于碳保护罩的电性质。事实上，如果中空的纳米管是绝缘的，那么这些复合纳米管可能就是些纳米尺度的屏蔽电缆。当把它们进一步冷却到大约 7 开时，金属铅变成超导体，此时甚至为初露端倪的纳米技术科学的应用提供了更多的机会。因为与空心纳米管相比，填充过的纳米管其密度有相当大的增加，因此甚至连纳米管的分离过程也有可能从困难变得容易起来。目前，大规模制造和分离填有金属的纳米管看起来非常可行。

所有这一切对基础研究可能会具有更直接的价值。现在，用系统的方法研究限制在极小空间中的材料的性态已经变得可能。而此前对这些挤压进纳米尺度细孔中材料的物理性质的观测，远远落后于理论家所涉及的范围。现在，人们终于有办法在实验上测量这些性质了。

所有的这一切最终将走向何方？没有人知道。这种令人吃惊的特性一旦不再令人吃惊，就意味着更加奇特的发现或许正等待着人们。理论家已经预言，“负曲率”的碳结构可能也是稳定的。这些由内向外(外翻)的富勒烯有七元环而不是五元环参与结构的搭建。理论家已经要求实验家从碳弧光放电产生的烟灰中寻找这种奇异的结构。到目前为止，它们还没有被发现。但是，对这种简单的碳弧光放电，我们已经作了认真细致的研究，因此应当对进一步的惊奇有所准备。

不管未来会成什么样，我们对碳一般形态的拙见永远不可能与从前相同。旧的碳范式终将让位于新的范式。

# 第十六章　依旧是天文学中最后一大难题

数以百计的科学家测量、检验、归类、区分和记录了富勒烯的行为和性质。他们所作的种种努力或许已经揭开了这些奇异新分子的神秘面纱，但是仍然遗留了一些相当关键的核心秘密。在高温等离子体或者碳弧光放电所产生的混沌状态中，怎样形成如此完美对称的分子？这似乎与有序不能自发产生于无序的基本自然法则背道而驰。人类与碳元素的联系已有数千年的漫长历史，为什么直到 1985 年才发现富勒烯？若可能的话，富勒烯在星际空间到底充当了什么样的角色？

在谱写富勒烯、富勒烯衍生物、富勒烯超导体、纳米管以及超级富勒烯辉煌篇章的整个狂热的研究活动中，对这些核心问题的思考一直持续着。但是，与 1985 年最早发现富勒烯后的数个月里关在斯莫利办公室里的那一小组科学家不同，今天的推测者至少可以利用一些知识和认识帮助他们研究那些核心问题。这些知识和认识是从近 4 年的认真研究中提炼出来的。

富勒烯的形成机制，仍旧是一个值得推敲和争论的问题。赖斯—苏塞克斯小组于 1985 年提出的螺状成核机制(这种机制后来被斯莫利称为“政党路线”)确实颇具新意，但它仍建立在旧的碳范式上。石墨网碎片重构时会在它们的结构中形成五边形，从而容许它们弯曲，或者至少部分靠近，以消除某些不利的悬键。但是，科学家有理由相信，石墨更倾向于选择平展结构。尽管有悬键，但是五边形的介入还是很少发生。因此，完全封闭的富勒烯笼不常出现：对于 $C_{60}$，科学家们估计其出现的概率大约只有万分之一或者百万分之一。相反，更多的时候是结构会继续生长，逐渐形成鹦鹉螺状的碳灰小颗粒。

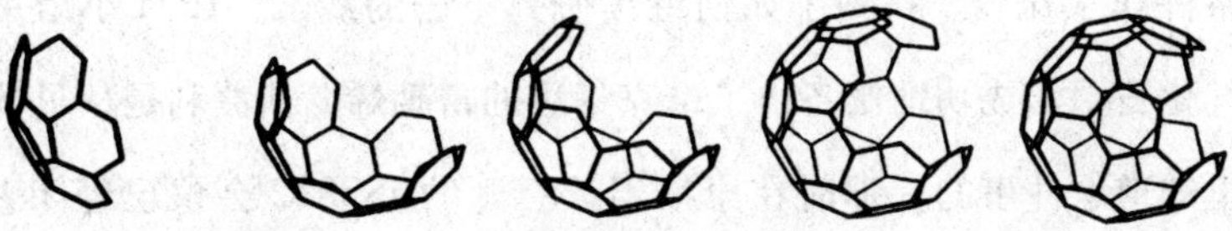

图 16.1

就 $C_{60}$ 的自发形成，斯莫利修饰过的“政党路线”机制。当连续地往碳碎片上添加碳原子或者小基团使其长大时，碎片的结构不断地退火到最低能量形态上。这个形态因为孤立五边形的并入而自然地弯曲，继续生长和退火几乎总会形成足球状 $C_{60}$。

$C_{60}$ 被看成为一个“幸存者”，一旦它以极小的概率形成，封闭的球形结构和化学惰性就阻止它进一步参与化学反应。AP2 可以制造出能使其他富勒烯“反应掉”(使颗粒尺寸长得足够大，以至于飞行时间质谱仪捕捉不到其信号)的实验条件。在这种条件下，谱仪上只留有 $C_{60}$(和少量 $C_{70}$)的信号。在螺状成核机制被提出的同时，只要能符合已知的事实，就没必要非得动摇业已存在的范式。

但是，这个机制显而易见不能解释富勒烯异常高的收率，用碳蒸发器和弧光放电方法确实可以大规模地生产富勒烯。在适当条件下，富勒烯笼的全封闭性不是例外，而是通则。在涉及螺状成核机制的时候，赖斯—苏塞克斯小组简直太保守了。因此，我们不禁要问，道路究竟在何方？

无论发生什么变化，至少有一点看来很清楚。那就是，富勒烯不由那些直接从固体表面脱附下来的石墨网小碎片所形成。用富含$^{13}C$的石墨试样所作的一系列细致实验（例如IBM小组报告的实验）证实，富勒烯由原子所合成。如果说这种形成方式说明什么的话，它甚至更加支持螺状成核机制。这些难以置信的有序对称结构，实际上是一个原子一个原子聚集而成的，而这些原子都在高温等离子体或者弧光放电的混沌状态下无规地运动着。

斯莫利把$C_{60}$、$C_{70}$及少量高级富勒烯相对容易制造与不易制造时的条件作了比较，找到了如何继续研究下去的线索。IBM小组用激光气化石墨法成功地制备出了毫克量级的富勒烯。斯莫利是从贝休恩那里知道这件事的。那时在康斯坦茨召开的ISSPIC会议已经闭幕，他们正在旅途中。斯莫利感到极度烦躁和痛苦。为什么在他和赖斯大学的同事们失败的事情上，IBM小组却成功了呢？

他们很快就找到了原因，所要做的就是把石墨棒放进炉子并重复先前的实验。在数十千帕压强的氦气和1 300开左右温度下，激光气化石墨产生的碳灰中含有高达20%的富勒烯。赖斯小组接着用这种方法制造了毫克量级裹有金属的富勒烯。

惰性气体的高压效应，被证明对碳气化仪实验的成功起着至关重要的作用。它限制着那些在等离子体中形成的碳原子及其石墨材料碎片的行动，并阻止它们向较冷的气体区域漂移。斯莫利得出结论，通过把石墨碎片限制在石墨棒周围的高温气体区域中，就可以使它们发生必要的重新排列，而形成的含有五边形的碎片也会经过碰撞而被加热（或者退火）。正在生长的结构中还会发生碎片与碳原子基团的化学反应。在高温下，这些结构将会发生重新排列以尽可能使孤立五边形的数目达到极大。正像斯莫利用他的纸五边形通过顿悟发现了五元环那样，这一次他发现，碳基团将会加合上去把结构完全封闭起来，最终形成一个完美对称的足球分子。

斯莫利的机制确实具有“政党路线”的适用性。减少生长中碎片上的悬键就能够降低其能量，而必要的高温将会导致碎片的重新排列。把两者结合起来，就是斯莫利的机制为什么合理的原因。没有高温，重新排列将会很慢，碎片将不断长大，成为平展的或者轻微弯曲的碳网，导致最终产生的碳灰中不含富勒烯。

然而，斯莫利的机制总是要求在高温下重新排列形成的结构绝大多数时候含有数目尽可能多的孤立五边形。因此，最后大量形成的是足球状 $C_{60}$ 分子。因为在生长机制中的每一步，退火所产生的主要结构是足球形状中的片段，那些不是此类片段的少数结构最后形成 $C_{70}$ 和高级富勒烯。这里存在着从乌加特关于超级富勒烯的研究工作中获得的类似经验。假定给平展石墨以恰当的激励，它将会发生重新排列并在结构中纳入五边形，这些五边形是形成封闭球形结构所必需的。

所有的这一切听起来都似乎有理，但是这种机制并非没有潜在的矛盾。大量理论计算表明，根据能量来判断，$C_{70}$，而不是 $C_{60}$，乃是更加有利的结构。但是，整个机制不仅与卷入反应的独立单元（原子、基团、分子和碎片）的能量有关系，还与它们的反应能量（因而也是相对速度）有关系。$C_{70}$ 或许是更加有利的结构，但是如果产生 $C_{60}$ 的反应要快得多，形成的 $C_{60}$ 分子将会多得多。

还有一些可供选择的方案。1991 年 4 月，在亚特兰大美国化学会研讨会的“快速破碎事件”专题会上，希思就富勒烯形成提出了另一种看法。希思的机制与斯莫利修正了的“政党路线”机制之间的根本差别在于，他们对团簇生长早期阶段的看法不同。希思认为，富勒烯的生长过程经历了从线性碳链到单碳环的相变以及从碳环到封闭笼的相变，而不是由经过退火形成的具有适当弯曲形状的碳碎片聚集而成。

从碳原子和小基团开始，最早产生于等离子体或者弧光放电中的凝聚产物是 $C_2$—$C_9$ 线性链，它们在早先的团簇束流实验中被大量观测到。因为这些链的任一端都有悬键，所以它们有活跃的化学反应性质，但是它们不会生长得更长(如 $C_{33}$)。理论计算预言，超过 $C_{10}$ 后，环结构比链结构更加稳定，因为通过首尾连接消除了悬键。

希思机制的最后一步，包含了从环结构向笼结构的相变过程，这一步可能以两种方式中的一种来完成。其中一种方式与斯莫利机制中的方式大同小异，即任意一个环都会重新排列形成石墨碎片，接着经过退火后生长产生富勒烯；另一种方式则是环发生重新排列直接形成封闭的几何结构。这两种方式对形成碳笼小于 $C_{60}$ 的小型富勒烯来说是非常必需的。这些小型富勒烯不断加合 $C_2$ 基团，越长越大，最后的这个过程虽然不完全是“收缩包装”的光致碎裂机制的逆过程，但是它们确实相当相像。在能量最低的状态下，通过不断加合 $C_2$ 基团使低级富勒烯随之膨胀的每一步都必须使孤立五边形的数目达到极大。

希思机制中这最后一步的理论解释多少有些不令人满意，因为 $C_{60}$ 以及 $C_{70}$ 在碳灰中占得最多，所以在等离子体中必须包含有足够浓度的碳原子小基团，只有这样才能使大量的低级富勒烯转变成 $C_{60}$ 和 $C_{70}$。还有，低级富勒烯生成后也需要经过一个退火过程，否则它们会很容易再次瓦解。这表明，低级富勒烯极有可能在聚集过程中相当靠后的时间里才真正形成。因此，直到低级富勒烯形成为止，数目庞大的碳原子小基团一直是必需的。这种需求也许在不断地产生碳基团的实验中(例如在弧光放电碳蒸发器中)非常容易实现，但是在那些用类似于 AP2 这样的设备所作的脉冲实验中就不大可能实现得了。

用希思的机制也很难解释清楚裹有金属的富勒烯的形成过程，许多本该通过加合 $C_2$ 基团而长大成 $C_{60}$ 的低级富勒烯因为太小而无法容

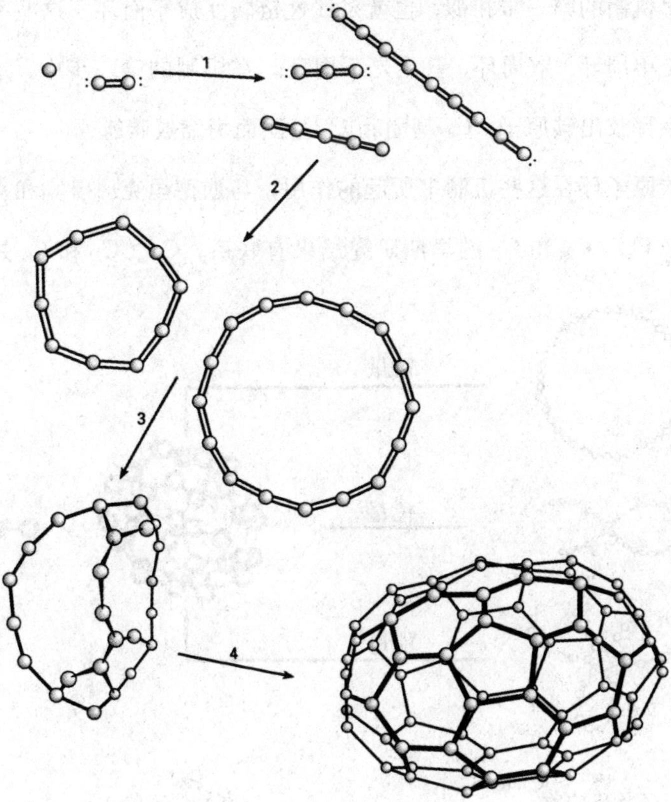


图 16.2　希思的可选择机制

这个机制包含了从线性碳原子链($C_n$，$n<10$)到碳原子单环($C_n$，$n$ 为 9—21)的相变。这些碳原子环进一步生长，先产生一些不稳定的中间体，中间体通过重新排列最后形成具有封闭笼形结构的富勒烯。

纳金属原子。如果确实没有办法使金属原子嵌进低级富勒烯，那么到这些低级富勒烯长大时，原则上也不会有简单方法使金属原子进到它们里面去。

1993年5月，加利福尼亚大学圣巴巴拉分校的冯黑尔登(Gert von Helden)、戈茨(Nigel Gotts)和鲍尔斯(Mike Bowers)给出了支持另一种机制的实验证据。这种机制认为，随着团簇生长到较大的尺度，这种较大结构经过退火和坍缩而形成富勒烯。这种机制的第一步跟希思机制的第一步相似，也就是线性链转变成平面环。这些平面环可能是单周环、双周环，甚至是三周环。在机制的第二步中，这些大环体系释放出碳原子、$C_2$ 基团和 $C_3$ 基团而坍缩成碳笼。

碳原子环在这些机制中所起的作用，与迪德里克、鲁宾和克诺布勒关于 $C_{18}$、$C_{24}$ 和 $C_{30}$ 的早期研究结果有联系。$C_{18}$、$C_{24}$ 和 $C_{30}$ 是氧化

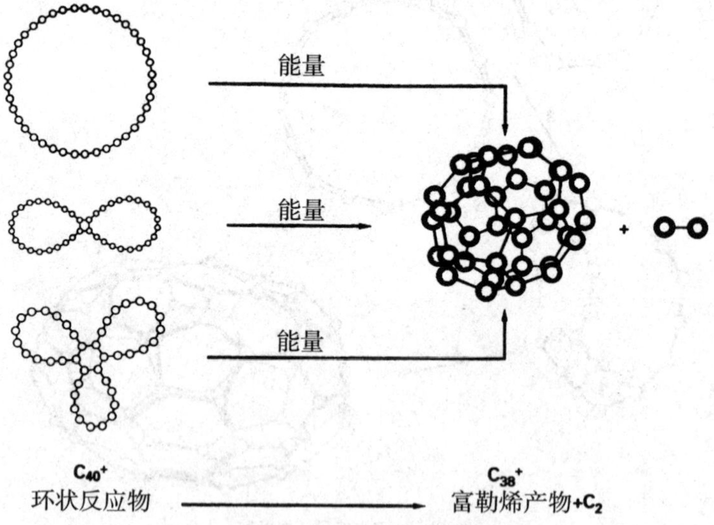


图 16.3　冯黑尔登、戈茨和鲍尔斯提出的机制

这个机制以线性链为开端，转变成单周的、双周的和三周的平面环。经过退火过程，这些环在剥离碳原子、$C_2$ 基团和 $C_3$ 基团的同时，坍缩成封闭的笼形分子。此图所示的是三个不同的 $C_{40}^+$ 环坍缩成一个 $C_{38}^+$ 富勒烯和一个 $C_2$ 基团。

碳分解所形成，他们获得了两个$C_{30}$分子(假定是环形的)生成$C_{60}$的自发二聚证据。1992年9月，迪德里克和惠滕以及他们在UCLA的同事们报告了$C_{60}$和$C_{70}$的并合反应的证据。在这些反应中，若干$C_{60}$分子熔合到一起形成一系列的高级富勒烯$C_{118}$、$C_{178}$、$C_{238}$和$C_{298}$。这些分子中的碳原子数不是60的简单倍数。这表明，$C_2$基团的剥离往往发生在可能形成更加稳定的结构之时。与$C_{60}$相似，$C_{70}$与$C_{70}$经并合反应结合在一起形成$C_{138}$，$C_{60}$与$C_{70}$结合一起则形成$C_{128}$。

事情正变得复杂，赫夫曼和拉姆以及一个来自华盛顿特区海军研究实验室的小组描述了$C_{60}$和$C_{70}$跟臭氧发生化学反应所形成的产物，这种反应合成了含有奇数个碳原子的团簇$C_{119}$、$C_{129}$和$C_{139}$。它们分别是$C_{60}$二聚体、$C_{70}$二聚体，或者是$C_{60}$跟$C_{70}$结合在一起，但是都少掉一个碳原子。它们的电离形式显然呈现出与大富勒烯相似的行为。科学家们相信，他们已经找到了以受控方式打开笼形结构的方法，这种方法与打开纳米管两端盖帽所用的许多方法相似。

就我们所关心的$C_{60}$的形成而言，含有五边形的碎片的反应或者重新排列、碳环的反应或者重新排列，以及低级富勒烯的并合反应三者的相对重要性现在都还不清楚，或许它们都起着重要的作用。假定在某个机制中有成千上万个不同结构参与，而所有的结构都对富勒烯的形成或多或少有贡献，那么除了最一般的原理外，这个机制的全部细节将永远无法知晓。

在1985年最早发现$C_{60}$后不久，赖斯—苏塞克斯小组就一味地作出大胆的推测：富勒烯的形成跟碳灰颗粒的生长相关，意味着$C_{60}$是一种普遍存在的分子，在每一根蜡烛的火焰中均有少量$C_{60}$存在。这种推测曾使他们卷入与碳灰专家之间的一堆麻烦之中。事后他们认识到，自己对 $C_{60}$ 稳定性和特殊性质所表现出来的热心程度与在 $C_{60}$ 形成机制上的保守态度是不和谐的。旧的碳范式的影响和束缚阻止他们拿出全部的勇气去坚持他们的观点。

$C_{60}$ 与碳灰之间的物理联系，在 1991 年被麻省理工学院的霍华德(Jack Howard)和他的同事们证实。这些科学家检测了在不同的条件下苯—氧火焰成灰区域中所含的内容，发现 $C_{60}$ 和 $C_{70}$ 的收率适中(在每千克被燃烧的燃料中大约有 3 克)。霍曼和他在马克斯·普朗克物理化学研究所的同事们早就用质谱仪在苯和乙烯燃烧产生的碳灰中鉴别了 $C_{60}$。过了 4 年，麻省理工学院的科学家充分利用了已分离的 $C_{60}$ 和 $C_{70}$ 的丰富的红外光谱和紫外光谱数据。他们直接从火焰上吸取碳灰材料，用甲苯萃取并且用高性能液相色谱仪分离出萃取物，最终用光谱学数据证实 $C_{60}$ 和 $C_{70}$ 确实存在。

但是，这个观测不能被用来证明螺状成核机制的正确性。麻省理工学院的科学家发现富勒烯的收率与普通碳灰的收率没有直接的联系，这意味着富勒烯和碳灰是通过两种不同的机制产生的。但是，赖斯—苏塞克斯小组发现，他们的一些大胆想象部分是正确的。那就是，在适当的条件下，有碳灰的地方也就有富勒烯。

因此，人们不禁要问，为什么在更早的时候没有发现大量的富勒烯？火毕竟是人类最古老的发现之一，为什么在原始人居住的洞穴壁上没有淀积着厚厚的 $C_{60}$ 层？斯莫利在 1990 年 11 月在波士顿召开的材料研究学会研讨会上思考着这个问题。

斯莫利指出，$C_{60}$ 不天然存在的部分原因，与它的化学反应活性有关。先不管原来的惰性证据，科学家们发现 $C_{60}$ 在氧气中燃烧得相当快。因此，虽然 $C_{60}$ 很有可能已经在早期的洞穴火焰的冒烟区中随蒸气凝结而形成了，但是当它与空气混合在一起并且经过火焰的最高温度区时又被破坏了。然而，并不是所有的$C_{60}$都像预料的那样由于上述原因而被燃烧掉，特别是当没有充足的氧气使所有的燃料完全燃烧时。因此，斯莫利推测，足球状分子可能以某种方式被包在碳灰颗粒内部。他相信，如果不是因为有这些过程，$C_{60}$作为数万年前的物质早就被发现了。

苏塞克斯小组在1995年5月又给出了一个更进一步的理由。他们发现，固态$C_{60}$试样暴露在光和空气中时会不断降解。当试图把试样重新溶于苯中时，发现已经形成了一些不能溶解的红褐色沉淀物。光化学研究揭示，当存在微量臭氧($O_3$)时，碳笼分子就分解，形成一系列的氧化产物。即使$C_{60}$自然形成且因存在时间足够长而变成固态淀积物，只要暴露在光和空气中，它照样会分解。苏塞克斯的化学家已经在烟囱内的碳灰中寻找过$C_{60}$，但是没有找到。

事情看起来就是这么回事，封闭笼形分子能够燃烧、降解或者被包裹起来，使得人们找不到天然存在的富勒烯。想起来，当科学家于1992年7月宣布，在古煤矿石中发现了$C_{60}$和$C_{70}$时是多么令人吃惊。古煤矿石乍看起来像煤炭，它是从圣彼得堡东北300千米一个名叫顺加的俄罗斯小镇开采出来的。

在坦佩，亚利桑那州立大学的布谢克(Peter Busek)和奇伯斯基(Semeon Tsipursky)以及在田纳西州橡树岭国家实验室的赫蒂奇(Robert Hettich)非常谨慎地检查了实验，以确信他们没有就观察到的实验结果作出错误的推断。正是奇伯斯基，在古煤的高清晰度电子显微镜图像中注意到富勒烯的蜂窝状结构。亚利桑那州立大学所完成的质谱测量研究发现了$C_{60}^-$和$C_{70}^-$的特征信号，赫蒂奇进一步对古煤试样进行了“盲试”(在测试时实验者不知道试样是什么物质)，也发现了富勒烯，证实了他们的发现。

这些富勒烯如何在那些可能形成于前寒武纪(大约是6亿年前或者更古老的年代)的岩石中产生,至今仍旧是个谜。一种可能的解释是,富勒烯分子在亿万年前产生,并且随着一些含碳物质形成岩石而淀积和淹埋在这些岩石中。为了能够在如此漫长的岁月中生存下来,它们必须与光和空气彻底隔绝。另一种可能的解释是,这些富勒烯或许是在最近作为副产物形成的。在亚利桑那州立大学,布谢克和他的同事戴利(Terry Daly)、威廉斯(Peter Williams)和刘易斯(Charles Lewis)已经在一种岩石试样中找到了$C_{60}$和$C_{70}$的存在证据。这种岩石采自科罗拉多州希普山脉,名为闪电熔岩(这个名称非常恰当)。它看起来像玻璃,在闪电击中地面的极端条件下形成。那时地表熔化了,无数细薄玻璃管组成的树枝状结构也随之形成,温度经常超过2 000开。科学家们由此认为,$C_{60}$和$C_{70}$作为这个过程的组成部分,由存在于土壤表层中的含碳材料(松针和松果)所形成。

有关碳弧光放电还存在一个问题。现在用于常规大量制造富勒烯的碳弧光放电法从19世纪初就已开始使用,就是这个简单的事实使克雷奇默对自己的实验结果难以置信。如果通过弧光放电或者电阻加热真能制造$C_{60}$,换句话说制造$C_{60}$的方法真的如此简单,那么在此之前为什么没有人发现$C_{60}$?

答案又部分在于有关$C_{60}$的活性上。早期的碳弧光放电在空气中进行,因此形成的$C_{60}$由于与氧发生化学反应而可能被破坏。伴随着真空技术的引入,在弧光放电产生的碳灰中发现富勒烯的机会迅速增大,但是温度和压强之间的微妙关系使人们很难偶然发现它们。

富勒烯被发现于20世纪80年代,因为对它们的探测需要像AP2那样的设备所具有的尖端技术。在1985年,最早的五人足球队报告了他们的奇异结果。假如没有这一报告，赫夫曼就没有理由要求本已不太情愿的克雷奇默重新检查先前做的碳蒸发器实验。$C_{60}$已经以驼峰的形式露出了撩人的闪光。显而易见，赫夫曼、克雷奇默和索格已经离发现碳的这种新形态只有一步之遥了，而且他们还比用 AP2 设备所做的实验早了 2 年。但是，想从海德堡蒸发器生成的碳灰中鉴别$C_{60}$，要求科学家们至少具备这样的念头：他们正在寻找的究竟是什么(尽管这种念头在那时看起来是多么的疯狂)。

与这一发现失之交臂的另一些研究工作，在 1985 年前也获得了相当的成功。1980 年，饭岛已经分析了他的电子显微镜照片中不寻常的同心环图样，但他没有能够解释这些图样。假如他知道由大泽和其他科学家针对足球状结构$C_{60}$分子所作的休克尔计算，他或许会更早地把电子显微镜图样与$C_{60}$联系起来，但他不知道，他无从与之建立联系。培根和另一些科学家虽然研究过在弧光放电中形成的碳胡须，但是他们没有寻找纳米尺度巴基管的坚定决心(或者意向)。另外，如果没有针对$C_{60}$在实验上和理论上持续 5 年的研究建立的基础，如果没有 1990 年 9 月的“大爆炸”以及在此以后的发展，人们将很难弄清它们是由什么组成的。

就 1982—1983 年克雷奇默、赫夫曼和索格用海德堡蒸发器所做的实验来说，无论怎么解释，都必须承认这些实验是失败的。这些物理学家是在寻找颗粒形式的碳，以解释观测到的 217 纳米的星际漫射带。他们最终发现的是$C_{60}$，但这种分子所具有的独特的驼峰谱看起来一点也不像那个 217 纳米特征。无论使遥远恒星发来的光线中出现这种特征的物质是什么，它肯定不是$C_{60}$。

虽然$C_{60}$本身并不是那个答案，但它的发现为解释星际尘埃物质提供了全新的种种可能性。为了解释紫外光、可见光和红外光中呈现出来的星际特征，电离富勒烯、富勒烯衍生物、裹有金属的富勒烯，甚至纳米管和超级富勒烯，都已经被当作可能的候选者而被讨论过。然而，科学家目前对所有这些不同的可能物质的光谱学性质还知之甚少，因此他们不能作出毫不含糊的选择。各种各样的推测有许多，其数目已多到天体化学家和物理学家无法选择。

赫夫曼认为，直到今天，我们还是没有充分地认识碳，因此也不清楚如何在星际空间尽力寻找它的踪影。他建议克雷奇默和他一起还是回到 1982—1983 年和索格做的碳蒸发器实验的初衷上来，重新开始。

那么，星际漫射带到底是什么？长链聚炔烃和氰基聚炔烃可能与这些神秘的漫射带有关。科学家把聚炔烃和氰基聚炔烃置于 AP2 内部的热气体中进行研究，正是这种研究使那支足球队于 1985 年 9 月投入 $C_{60}$ 的怀抱。$C_{60}$ 实在是太完美、太吸引人了，以至于成了一个使科学家无法忽视的候选者。它自发大量形成的那类条件，被认为在富碳红巨星的膨胀外壳中普遍具备，这似乎说明它几乎不可避免地存在于星际介质之中。因此，我们不禁要问，它究竟在何方？

在 1992 年 3 月发表的一篇综述中，克罗托和黑尔根据富勒烯的发现，重新审查了碳在银河系中的角色。如果 $C_{60}$（或某种相似物）要在星际空间中表现其特征，那么它必定以足球状框架结构而存在着，并且其 $\pi$ 电子轨道系统实际上也完好无损。如果它真的能够幸存下来，那么必将“沐浴”在宇宙射线之中，这些射线有足够的能量电离它。电离 $C_{60}$ 因而被当作一种可能的物质去解释星际漫射带。克罗托和朱拉举了一个例子，$C_{60}M^+$ 离子。M 是星际介质中常见的某种原子，比如钠、钾、钙、铁、硫和氧等。在这些复杂的离子中，涉及电荷转移的转变被认为与漫射带的能量和特征大体上相对应。

假如富勒烯在太空中以这种或者那种形式大量存在，有没有可能在陨石中探测到它们呢？这种可能性早在1991年已经被一些科学家研究过了，他们是IBM的弗里斯、温特(H. R. Wendt)和亨齐克以及他们的合作者——美国宇航局埃姆斯研究中心的彼得森(E. Peterson)和张(S. Chang)。他们从默奇森和阿连德陨石的含碳材料试样中寻找富勒烯，发现了许多多环芳香性碳氢化合物，唯独没有发现富勒烯。科学家们根据这些结果得出结论，存在于星际空间中的氢和包围在富碳红巨星周围的气体，可能阻止了这些环境中富勒烯的合成，在弯曲的石墨碎片进一步弯曲，最后闭合形成球形结构以前，碎片上的悬键已经被氢原子系紧了。

这样的结果丝毫没有动摇克罗托的信念：富勒烯在星际空间以某种形式大量存在。1992年，有报道说对富勒烯试样加上相当高的压强能够把球形结构压成正四面体金刚石结构。很久以前，超人从煤炭中压榨出金刚石给莱恩(Lois Lane)留下了深刻的印象，而现在在实验室中用这种方法使富勒烯变成金刚石，开辟了这种新形态碳的另一种潜在的商业应用。少量金刚石，以及看起来酷似纳米管和超级富勒烯的结构，也已经在陨石中发现，这表明，有一种机制既参与了击波对超级富勒烯的压缩过程，又在这些石块内部形成了金刚石。

目前，确定哪种物质或者哪些物质造成了星际漫射带，对化学家而言，依旧是天文学中最后一大难题。

# 结 束 语

回顾撰写和出版本书的历程，我因罗杰斯(Michael Rodgers)担任编辑(他也是《代达罗斯的发明》的编辑)而感到非常幸运。他是一个宽容和有远见卓识的人。他容许保留大量的技术细节。这本书要想让人读起来轻松愉快，一位严格的编辑必定要对它作大量的修改。我是空心石墨分子思想的始作俑者之一，但是在后来，我的影响远远比不上其他人。既然如此，我就没厚脸皮把我有关巨富勒烯(他们现在就是这么叫的)临界温度和压强的计算写进书中。尽管后来我为皇家学会会议和它要出版的会议文集而整理了这些计算，然而……我关心的是发现所能制造出的空心石墨分子究竟有多大。我对能造出多小的分子丝毫不挂怀，否则，我没准正好被 $C_{60}$ 结构所“绊倒”！

——琼斯给作者的信

1992 年 12 月 10 日

# 附　录

## 分子光谱技术：微观世界的窗口

各种各样的光谱学技术为科学家提供了一扇扇窗口。他们透过这些窗口，才能对原子和分子的微观世界进行研究。在我们对所有原子和分子科学(包括物理学、化学和生物学)的知识和认识提高到现有水平这个过程中，不能低估光谱学所起的作用。简言之，通过观察微观系统与电磁辐射如何相互作用，我们就能认识它们所表现的性态特征。科学家已经掌握了如何利用从无线电波到 γ 射线整个范围的光谱。

在 19 世纪末，物理学家麦克斯韦(James Clerk Maxwell)在法拉第著名的实验和理论工作基础上，提出了电磁辐射新理论。在这个理论中，辐射包含了横波—— 垂直于传播方向的波的两个分量。横波的一个分量代表振荡的电场，另一个分量则代表振荡的磁场，磁场既垂直于电场，也垂直于波传播的方向。

波的基本特征，有波长(完成一个周期振荡所需的距离)、频率

(在规定时间间隔内完成周期振荡的次数)和波速。电磁辐射只有一种波速即光速。然而，它有着不同的波长和频率，变化范围从无线电波经微波、红外光到可见光、紫外光，甚至到了X射线和 γ 射线。

尽管麦克斯韦理论在今天仍旧为人们所常用，但是它作为一个为电磁辐射提供完备解释而著称于世的理论只持续了相对较短的时间。1900年，德国物理学家普朗克(Max Plank)在物理学中提出了一个新概念。爱因斯坦(Albert Einstein)后来在解释光电反应时选择和使用这一概念并因此产生了巨大的突破，这就是光量子的思想。现在我们终于对辐射有了本质上的认识，即辐射既可以从波的角度来描述，也可以从光量子的角度来描述。后者是一种小粒子或说能量“包”，现在我们称为光子。把波和光子这两类貌似非常矛盾的性态联系到一起的，用普朗克最早发现的关系来表示。这个关系把辐射的频率跟它的光子能量联系在一起。增大辐射频率(即缩短波长)，意味着光子具有更高的能量。因此，射频辐射由能量相对较低的光子组成，而X射线或者 γ 射线由较高能量的光子组成。

通过与电磁辐射的电场分量或者磁场分量发生相互作用，分子能够吸收电磁辐射。绝大部分的光谱学考虑的是，分子与电磁辐射的电场部分的相互作用。当分子吸收电磁辐射后，它的内能就会增加。不同能量的电磁辐射，可以激发不同类型的分子内部运动形式。可见光和紫外光的波长有数百个纳米(一纳米等于十亿分之一米)，它们可以把分子中的电子激发到较高的能态。在这些能态上，组成每一个分子的原子之间的键合也发生了变化，使得分子更容易参与化学反应。这种化学反应就是光化学反应。阳光照射到绿色草地上时就不断地发生着光化学反应。

低能红外(热)辐射，波长在微米(百万分之一米)量级，它能够激发分子内部不同模式的振动运动。像一个小球(原子)的集合体，其中小球(原子)用许许多多的弹簧(化学键)相互连接起来，多原子分子经历着一系列非常复杂的内部运动，可以形象地描述为伸张、弯曲、裁剪、摇摆和扭曲。叠加在振动运动之上的，还有转动运动。分子振动时，它们在空间内“打滚”。分子还处于低能态时，它们对微波辐射(波长在厘米或者毫米量级)的吸收将导致纯转动运动的激发。

但是，分子能量的这些增加不能随着辐射能量(或者频率)的变化而连续地发生变化。相反，能量是一份一份地吸收或发射的。这一份一份的能量具有非常确定的值，被称为量子，这些吸收或者发射能量的过程由量子力学来描述。在20世纪头30年里，物理学家们作出了一系列伟大发现。这些发现使人们对组成原子和分子的微观物质——质子、中子和电子，有了革命性的认识。如今，我们可以用实验来证明这些物质表现出微小粒子的性态，它们有明确的穿越空间的路径或者轨迹。我们同样可以用实验来证明它们的性态又像波，其波峰和波谷的相长或者相消体现出干涉效应。

这两类似乎是非常矛盾的性态跟电磁辐射中波和粒子(光子)的描述十分类似，它们在量子力学中某种程度上是调和的。量子力学是在20世纪20年代和30年代为解释亚原子粒子的微观世界而建立的。尽管有关量子力学的争论直到今天还没有停止，但是它们作为迄今为止建立的最成功的理论之一而被公认。

亚原子尺度的物体所具有的波粒二象性，造成了分子中能量的量子化。只有某些离散的分子能量“态”可能存在，它们用一组整数(量子数)来表征。出现瞬时的量子“跃迁”时，分子在这些能态之间的跃迁就会发生。有时候，这些跃迁包含了对光子的吸收或发射。

每一个分子都拥有由低到高一系列量子化的能态。这些能态犹如

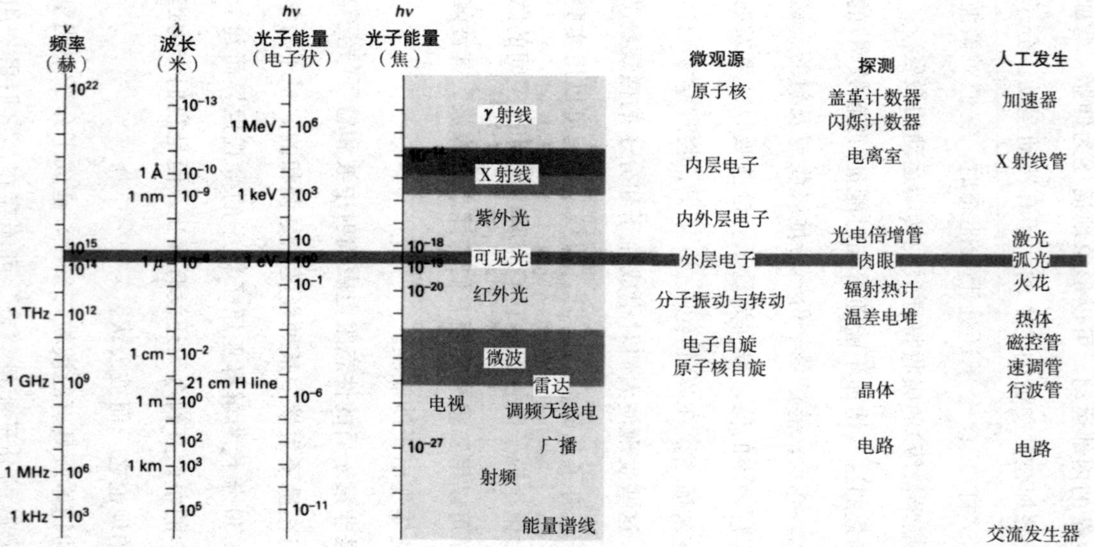


电磁辐射谱

左边的标度给出了辐射的能量（以电子伏和焦为单位），它们正比于辐射的频率（以赫为单位）。左边的标度还给出了波长，范围从千米（无线电波）到百分之几纳米。右边给出了不同的可能的辐射源。值得注意的是，随着辐射能量的增加，分子和（最终的）原子性态越来越精细的细节能够被探测到。

一把梯子。分子平移运动（在三维空间中的运动）的那些能态挨得非常近，实际上是连续的（因此是“经典”的）。忽略平移运动，梯子的最底下横杆（最低能态）是纯转动态。我们顺着梯子往上爬时，就碰到了振动态，每一个振动态都有它自己的一套转动态。继续往上爬到达较高的位置，我们就到达了电子态，它们代表了环绕着原子核的电子“波”的不同分布或者模式。每一个电子态都有它自己的一整套振动态，而所有这些振动态又分别有自己的一套转动态。光谱学家承担着绘制（一部分）复杂的能态模式的任务，从中找出关于分子的结构和性质的有意义东西。

为了激发分子的转动态，分子自身首先必须有电偶极矩——正负电荷分离，分子的一部分表现出轻微的负电性；另一部分表现出轻微的正电性。分子所表现出的作用就好像天线，不断地“拾取”光子频率或说能量正好等于梯子中某两根横杆之间空隙大小的辐射。通过监测被吸收的辐射频率，我们可以获得梯子中不同横杆上的精确能量。这就是吸收光谱学。

如果我们使用微波辐射，我们只能涉及梯子的最低横杆即转动态，或许还可包含少量较低能量的振动态。转动态的模式图可以用来导出一些重要的参数，例如分子的转动惯量（衡量转动加速度快慢的物理量）和分子化学键的长度。

分子不仅可以从微波辐射中吸收转动能量，还可以通过与其他分子或者大物体表面（容器壁或者太空尘埃颗粒）的碰撞获得转动能量。它们也可通过发射微波辐射释放出一些多余的能量，与此同时它们从梯子的较高横杆向较低横杆作量子跃迁。分子发射的微波辐射的频率模式，反映了代表分子特征的量子化的转动能态的模式，也是对分子的微波吸收谱的补充。因此，如果星际空间中存在一个转动态被激发

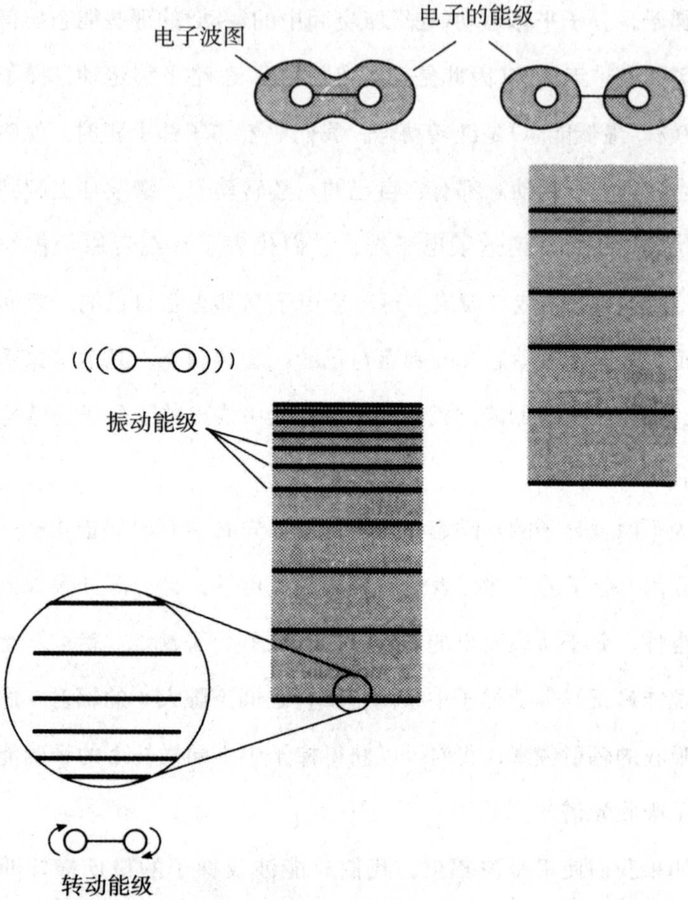


分子不能连续地吸收或者发射辐射。相反地，它们的性态受量子力学原理所支配。后者把分子的整个连续能量范围打破成一些离散的能级。这些能级形成一把梯子。梯子的底部横杆(最低能级)代表了分子的转动，即分子运动时不断地打滚。顺着梯子往上爬，我们将会看到分子的振动：分子内部化学键的伸长、压缩和弯曲，仿佛分子是由一系列用弹簧(化学键)连接起来的球(原子)组成的。继续往高处爬，我们开始把分子中的电子从它们的稳定“波样”激发到能量更高的“波样”上。这些新的波样可能会导致处于电子激发态的分子出现非常不同的键合状况，从而引起光化学反应。

了的分子，那么它可能会发射具有特征频率模式的微波辐射，而我们可以用射电望远镜探测到这种辐射。通过测量这些频率，并把它们跟从微波吸收谱中获得的数据相比较，天文学家就能弄清楚这种分子在星际空间究竟是否存在。

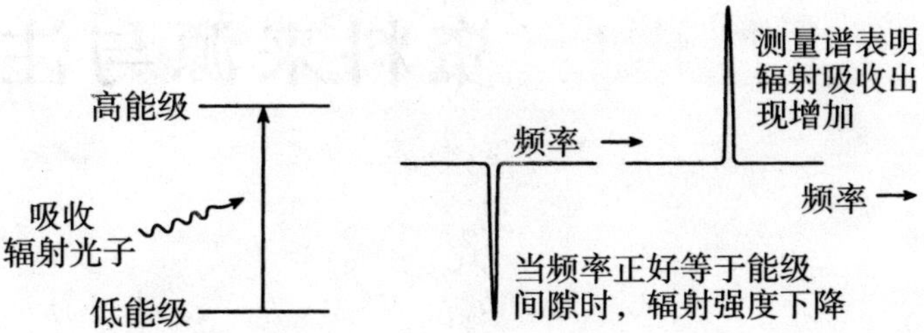


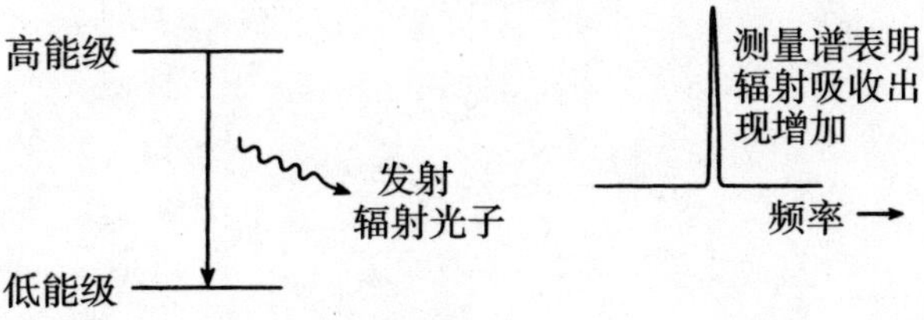


光子的频率(或说能量)正好等于表示分子能态的梯子上两根不同横杆之间的距离时，分子可能会吸收光子。虽然实际过程由量子力学原理所支配，但是一旦光子被吸收，分子就获得了能量，而经过含有该分子的试样的辐射强度就降低。测量经过试样的辐射强度，我们会发现在发生分子吸收光子的频率处辐射强度下降，这在分子的**吸收谱**上表现为一条谱线。同理，已经处于激发态的分子发射一个光子，这一发射在分子的**发射谱**上贡献为一条谱线。光谱学家在很大的频率范围内测量这样的谱，然后把表示分子能态的梯子一段一段地拼接起来，这样就能揭示出关于分子结构和性质的有意义信息。

# 资料来源与注释

本书的目的，是为了谱写普及20世纪末化学和材料科学的一段非常迷人的乐谱。本书无论如何不应该被当作是对富勒烯科学文献的权威的或学术性的贡献。但是，我意识到一些读者出于他们的某种理由，或许很想知道我的信息从何而来。我在引用原始资料时，有意识地避免陷入对没完没了的参考文献的冗长叙述，相反地，我在此只给出相关的情节。从这一节开始，感兴趣的读者应当能够追溯我所有重要的背景材料真实来源。参考文献的书写方法根据出版社的印刷格式，期刊的卷数用黑体，紧接着是论文第一页的页码。

## 第一章　天文学中最后一大难题

宇宙的起源，恒星、星系和行星的形成，以及生命的起源和演化，都是科普作家感兴趣的课题。格里宾(John Gribbin)的《创世纪》[1]就是一本趣味无穷的科普小说，在20世纪80年代初非常流行。在小说中，作者试图描述人类和宇宙的起源。书中也包含了一些有关早期天体化学的有帮助的描写。霍金(Stephen Hawking)的《时间简史》[2] 是一位杰出理论物理学家对宇宙的大爆炸起源的最新看法。

奥巴林的《生命的起源》[3] 在1923年第一次出版，在第二版中不断地扩充内容，并于1953年由多佛尔出版社重新出版。尽管这本书的年代相对久远，但是它仍旧值得一读。汤斯和他的同事们第一个报告了对星际空间中多原子分子的探测。他们的论文发表在《物理评论快报》上。[4] 接着，有一系列的论文报道发现了更为复杂的分子，其中包括氰基聚炔烃。[5] 霍伊尔长期把注意力投向不流行的理论，他和维克拉马辛哈合著的《生命之云》[6] 在科学界大多数人看来不是一部严肃著作。尽管组成甘氨酸的成分已经在星际空间发现，但是甘氨酸本身还没有任何迹象。霍伊尔和维克拉马辛哈不懈奋斗，最近出版了他们的新书《我们在宇宙中的位置——未完成的演化》。[7]

克罗托较早投入到星际氰基聚炔烃探索中去的背景，可以从第一篇发表于1992年德国化学杂志《应用化学》[8] 的文章中的个人说明，来往信件，[9, 10] 作者的访谈，[11] 以及一些原始科学论文[12, 13] 中获得。沃尔顿的有关长链聚炔烃合成的研究，有他发表在《四面体》上的论文为证[14]。

星际分子形成的早期理论，由赫布斯特和克伦佩雷尔、[15] 达尔加诺(A. Dalgarno)和布莱克(J. H. Black)[16] 提出。大约20世纪70年代末，克罗托在他撰写的一篇发表在《新科学家》杂志上的科普文章，[17] 以及在蒂尔登的演讲中评述了天体化学这门学科。后来，他的演讲报告发表在《化学会评论》[18] 上。有关对 $HC_{11}N$ 的探测报告，刊登在1982年的《自然》杂志上。[19]

早期用弧光放电法对碳团簇进行测量的实验之一，由欣滕贝格尔等人[20]完成。赫夫曼[21]在他的评论文章，以及温-威廉斯（Gareth Wynn-Williams）[22]在他最近的科普书中，都对鉴别可见光谱中星际漫射带的起源这一难题作了描述。亨布斯特（Nigel Henbest）所著《在科学里面》，是一部关于星际空间中尘埃物质的著作，书中对上述主题作了简明有用的介绍。[23]道格拉斯认为线性碳链分子可能造成星际漫射带。他的观点于1977年发表在《自然》杂志上。[24]克罗托所说的"天文学中最后一大难题"，出自英国广播公司（BBC）在1992年1月播出的一个节目——《地平线》。[25]

## 第二章　某种杂质

有关克雷奇默与赫夫曼之间早期合作的大多数背景材料，均来自我与克雷奇默在海德堡的面谈，[26]与赫夫曼长时间的电话交谈，[27]以及两位物理学家自己发表的说明。[28—31]在温-威廉斯的书[22]和亨布斯特的《在科学里面》，[23]都对星际空间的尘埃物质的性质和影响作了很有用的介绍。赫夫曼的评论[21]不仅全面，而且与本故事有关。斯特克（Stecher）[32]第一个详尽地报告了217纳米星际空间谱带。

我把海德堡和马克斯·普朗克核物理所描写成"一个研究物理的好地方"。这样的描述基于我在1992年8月访问那里时的亲眼所见，并且结合了从城镇指南小册子[33]那里获得的一些信息。克雷奇默、索格和赫夫曼关于基体隔离碳团簇的工作，于1985年发表在《表面科学》杂志。[34]

碳炔的故事，实际上要比文中所描述的复杂一些。1968年，戈雷赛和东奈[35]宣布，他们发现了一种新的矿石，是在里斯克雷特的岩石中找到的。他们声称这种矿石完全由碳元素组成，"……由六边形石墨受雷击形成……"。他们把这种材料命名为"赵盐"，用以纪念一位华裔美国学者。随后，苏联科学家斯拉德科夫(A. M. Sladkov)和库德雷特赛夫(Yu. P. Koudrayatsev)也宣布了相似的发现，他们首先用术语"碳炔"来命名这种材料。10年后，惠特克给出了各种的碳炔的证据，并且认为赵盐实际上是碳炔的一种形态。[36]但是支持这一观点的证据一直不太有力，因此在80年代初受到质疑。一些科学家持完全相反的观点，他们认为这种材料根本不是由碳元素组成的，而仅仅是一些层状硅酸盐。这就意味着，以前所有的宣布者在他们的分析中都犯了严重的错误。这个问题在80年代中期沉寂下来，但是现在又随着一种与赵盐相似的碳形态的发现而重新提了出来。这种碳形态分布在陨石中金刚石小颗粒的周围，它可能与碳炔有关，但也可能无关。

戈雷赛实际上是在休假时和东奈作出了他们的发现。他的固定工作单位是海德堡马克斯·普朗克核研究研究所天体物理部。我收到了戈雷赛撰写的通过福斯蒂罗波洛斯转交的关于碳炔故事的评论，[37]同时我也从克雷奇默那里获得了一些背景情况，[38]从中获益匪浅。

## 第三章 欢迎参观我们的机器

导致克罗托于1984年访问赖斯，以及他的各种非科学性事务的具体情况，来源于我对他的个人访谈、[11]他自己在《应用化学》中的描述[8]以及他写给我的信。[10]柯尔也向我提供了有关那次访问，[39, 40]他和克罗托对道格拉斯于1977年就星际漫射带提出的想法所怀有的共同兴趣等背景情况。

我对发生在休斯敦和赖斯校园中的事情作的描写，来源于我于1992年9月访问那里时的观察，史密森博物馆美洲历史向导为我所作的介绍，[41]以及跟斯莫利的电话交谈。[42]虽然AP2自从克罗托于1984

年首次访问斯莫利的实验室后在外观上作了一些改变，但是我对它现在外貌所作的描述，可能跟以前的它在本质上是非常接近的。斯莫利和他的同事们发展了团簇束流技术，并把它运用于各种各样的小分子和团簇（包括 $SiC_2$）。他们在 80 年代初发表了一系列与此工作相关的论文。[43—47]斯莫利对有关石墨的实验缺乏热情，转而研究半导体材料。他的研究结果分别在 1985 年和 1986 年发表。[48, 49]

罗尔芬、考克斯和卡尔多对碳团簇的研究论文于 1984 年 10 月发表，[50]比克罗托对赖斯的访问晚了 8 个月。所发表的那张时间飞行质谱上的 $C_{60}$ 信号稍微比其他的偶幻数团簇大一点，这是埃克森公司小组在头一批石墨实验中获得的具有相当代表性的一张飞行时间质谱。[51]也正因为如此，埃克森的科学家没有激情对 $C_{60}$ 本身继续作更深入地研究。这些结果本来要在柏林召开的第三届 ISSPIC 会议上作为张贴论文发表，但后来被克雷奇默撤了回来。[26]

本章引用的斯莫利的原话“这个石墨的愚蠢游戏”，出自《科学》杂志对斯莫利的专访。[52]

## 第四章　孤胆骑侠

## 第五章　巴克明斯特富勒烯

把在 1985 年 9 月间发生在赖斯的事件汇编成一个大事记是非常困难的，这是因为人的记忆在很长时间后通常会发生差错。另外，斯莫利和克罗托之间后来爆发了争执（参见第八章第一段），这使得罗列起来更加困难。为了撰写那篇于 1991 年发表在《新科学家》上的文章，[53]我设法把事情按先后发生的次序拼起来，但是我所收到的分别来自克罗托[54—56]和斯莫利[57—60]的描述是相冲突的。克罗托[61]和柯尔[62]把当时的情况比作日本小说《罗生门》。在这个小说中，所有目睹犯罪行为的证人对事件的回忆各不相同。克罗托则对他称为“罗生门因素”的东西感兴趣，他注意到经黑泽明（Akira Kurosawa）改编而成的电影不是集中在客观真理特性而是集中在主观真理特性，或者说，集中在其他人所认为的真理的方面。在黑泽明导演的电影《罗生门》中，没有人说谎，即所有的目击者都讲述了他们相信是真实的情节。“五个人解释同一个情节，但是五种解释又各不相同。因为人们在叙述或重叙这个情节时，所揭示的不是情节本身而是他们自己。”[63]这种观点不仅仅适用于目击者，而且还适用于其他一些都试图客观地陈述事实的人，比如记者和作者。

科学家们在时间先后次序这个普遍关注的问题上发生的分歧，最后终于得到了解决，因为人们发现了一直被遗忘的 AP2 工作日志。[64, 65]这个日志还揭示了刘元和张清玲在工作中所发挥的作用，而在此以前她们明显地被低估了。我首先收到了奥布赖恩给我的工作日志中相关部分的复印件，它是由克罗托转交的，上面的记录在很大程度上证实了克罗托当初向我提供的事件先后的经过。[9]

斯莫利、希思、柯尔和奥布赖恩在 1992 年 5 月根据工作日志和原始计算机数据文件，重新建立了全部按先后发生的时间顺序排列的事件表。从 1985 年 8 月 23 日第一次把石墨放进 AP2 时候开始，直到同年 9 月 13 日《自然》杂志华盛顿办事处收到他们的论文稿为止。他们把这个表叫做“1985 年 AP2 大事记”。[66]数据文件本身表明，在他们按比例重画 $C_{60}$ 信号图时，$C_{60}$ 的奇特性早已在 8 月 23 日由 AP2 揭示出来了。[67—69]

克罗托不参与这项重建大事记的工作。他认为这项发现中的每一个当事人都应当独立地发表自己编的大事记，非常类似于《罗生门》中的目击者都可以说出他们自己的真相。因此，克罗托不支持 AP2

大事记的所有条目。[10]不可调和的分歧依然存在。与此同时，斯莫利和克罗托继续讲述着他们自己写的、相互冲突的真相“版本”。陶布斯(Gary Taubes)[70]把他们的争执写了下来。尽管在这两章中我努力容纳所有与此事有关的各种看法，但是我在这本书中所讲述的事件经过仍然必定是推演出来的，读者不应该把它当作“官方”的或者“权威”的看法。

我之所以洞悉斯莫利小组的工作环境，是因为我于1992年9月访问了那里，并且跟斯莫利的博士后研究助理奥尔福德(Mike Alford)作了面谈。[69]我有沃尔夫的平装本版著作《太空英雄》(由黑天鹅出版社出版)。[71]尽管我从来没有在类似于AP2这样的仪器上做过实验，但是过去也曾介入过类似的激光实验，因此在本书中我靠着自己的经验给文章润色。我对实验、讨论以及使人们普遍感到兴奋的事的描述，主要根据AP2大事记、[66]个人的叙述、访谈和信件，[8, 9, 11, 52, 55—60, 64, 65]并且参考克罗托、[10]柯尔、[40]斯莫利、[42]希思、[67]和奥布赖恩[68]对这两章初稿所作的评论，而进行了修正。

有关氢气、氮气、水以及重水的实验结果，在1987年发表。[72, 73]在后来的实验中，科学家们通过把甲基腈($CH_3CN$)和氨($NH_3$)注入充满氦气的容器，就能够直接证明氰基聚炔烃在AP2中形成。

马克斯关于$C_{60}$研究工作的书[74]非常吸引人，它有力地向读者展现了一种富有远见卓识的天资跟累赘冗长的怪癖的混合体。作者把这种混合体当作这位美国发明家的特点，并在书中使用了大量的插图，几乎达到了过度的地步。书中除了联合罐车公司的球顶这张重要的照片外，还有一张富勒本人的有趣照片。在照片中，富勒像一个神怪，穿过他设计的球顶上的五边形洞，从阿拉丁神灯中砰地一声飞出来。斯莫利用胶带、六边形和五边形纸片做出了$C_{60}$结构。我对他这一段

"我找到了！"经历的描写，依据的是发表在《科学》杂志上的他自己的陈述。[52]

给一项新发现命名，无论这项发现是现象还是理论，是效应还是分子，都是一桩令所有的科学家怦然心动的事。因此，如何为 $C_{60}$ 命名，成了斯莫利和克罗托争执的主要焦点之一。这毫不奇怪。我在本书中所用的名称，基本上是克罗托给的。[9, 10, 55] 他认为，巴克明斯特富勒烯这一名称，在斯莫利于 1985 年 9 月 10 日向小组提交论文框架之后才出现，是他建议使用这个名称。斯莫利也同样觉得，这个名称在小组内广泛使用也就是在上个星期的最后几天里。与此名称同时使用的，还有另外两个名称"巴基"($C_{60}$)和"巴基夫人"($C_{70}$)，[58, 64—66] 尽管在斯莫利最近的描述中没有提及后面两个名称。[75] 我选择了克罗托的说法介绍给读者(同时在脚注中对斯莫利的声明表示感谢)。

宣布发现 $C_{60}$ 的论文，于 1985 年 11 月发表在《自然》杂志上。[76] 斯莫利把初稿评审人之一的评论给了我。[77] 那篇描写注入了镧元素的石墨实验的结果的论文，发表在《美国化学会杂志》上。[78]

科普传媒很快就抓住了这个故事。布洛文的文章在 1985 年 12 月 3 日发表。[79] 鲍姆的文章随后很快在《化学与工程新闻》上发表。[80]

## 第六章　形状与几何

墨菲第二定律是我自己的发明。琼斯撰写的关于空心石墨球的文章，最早出现在 1966 年的《新科学家》杂志上。[81] 波利亚科夫在促使克罗托对这篇文章引起注意上起了重要的作用，这来自克罗托自己的叙述。[8] 有关欧拉公式的讨论，可以从《代达罗斯的发明》[82] 以及德夫林(Keith Devlin)最近撰写的科普书中找到。[83]

汤普森的经典之作《论生长和形态》由剑桥大学出版社以简编本

形式重新出版。[84]琼斯提到的“代达罗斯的最佳时机”，这句话源自他于1992年10月向皇家学会所作的演讲的摘要。[85]这个演讲报告现在已经出版。[86]

我对富勒的能量几何、网格球顶，以及他个人经历的讨论，均出自有关富勒现象的一系列书籍。[74, 87, 88]许多富勒写的书和关于他的书，都很难从书店买到，但是它们跟地图、玩具、招贴画和黏胶带一起均可从“富勒供应服务处”获取。[89]富勒对建筑学的贡献，在詹克斯(Charles Jenks)最近撰写的著作中作了分析和评价。[90]

巴思和劳顿撰写的关于心环烯的论文，发表在《美国化学会杂志》上。[91, 92]对大泽发现 $C_{60}$ 具有足球状结构的描述，源自他于1992年10月向皇家学会所作报告的摘要。[93]大泽的书(与吉田合著)于1971年用日文出版。[94]俄罗斯理论物理学家博奇瓦尔和他的同事们的研究工作的评论(包括对足球状结构 $C_{60}$ 的休克尔计算的讨论)的英译文，可以在《俄罗斯化学评论》上找到。[95]戴维森的计算，发表在《理论化学学报》上。[96]查普曼在80年代初对当时有机化学的状况作了评论，并向权威提出了挑战，这源自《地平线》节目。[25]我之所以了解查普曼跟迪德里克对足球结构概念的讨论，以及他后来在 $C_{60}$ 合成中所作的努力，是因为我收到了迪德里克给我的信。[97]霍尔德和他的同事们给出的 β 三方硼结构，于1963年发表在《美国化学会杂志》上。[98]我非常感谢邦克(M. J. Bunker)，是他使我注意到这项工作。[99]

## 第七章　富勒烯园

斯莫利和克罗托之间达成了一致意见，并且决定对 $C_{60}$ 作进一步跟踪研究。这些背景在陶布斯的文章中有详细的描述。[70]提出 $C_{70}$ 具有封闭笼形结构，以及碳灰颗粒是按螺状成核机制形成的论文，发表在《物理化学杂志》上。[100]柯尔和斯莫利，[101]以及克罗托[102]评论这个工作的文章，稍后也陆续发表。

海米特重新发现了足球状结构，并且还用休克尔方法进行了计算。他的论文发表在《化学物理快报》[103]和《美国化学会杂志》上。[104]施马尔茨和他的合作者们计算了笼形 $C_{60}$ 的 5 种可能的不同结构所具有的相对稳定性。他们在《化学物理快报》上发表了计算结果。[105]

埃克森小组第一件想做的事，就是把足球的气放掉，使它缩小，他们的这个想法可以从发表在《美国化学会杂志》上的论文中找到。[106]布朗和他的同事们研究了激光气化石墨产生的正负离子团簇的分布状况，他们撰写的论文发表在《化学物理快报》上。[107]哈恩、惠滕和他们的同事大约在一年之后取得了大体相同的结果。[108]赖斯—苏塞克斯小组对此作出的反应在不久后发表。[109]

## 第八章　病态科学

克罗托和斯莫利两人关系的破裂，被陶布斯记录在案。[70]在陶布斯与这两位科学家的许多私人通信中，这种破裂已体现得非常明显。[9, 11, 42, 55, 58, 64]拉松、沃洛索夫和阿梅·罗森的理论预言，发表在《化学物理快报》上。[110]希思、柯尔和斯莫利第一个报告了属于 $C_{60}$ 的吸收特征的实验测量结果，他们的论文发表在《化学物理杂志》上。[111]赖斯小组对收缩包装机制以及嵌入金属原子的效应进行了研究，柯尔和斯莫利对他们的工作发表了评论。[101, 112]我也收到了斯莫利[58—60]和柯尔[40]的个人描述。这个工作的概要，已经出现在科普传媒中。[113, 114]

克罗托想从英国4个不同的渠道获取资金以购买质谱仪，但是没有成功。这次失败所造成的影响，在《新科学家》杂志的一篇文章中作了详细的讨论。[115]克罗托在分子模型、孤立五边形规则的发现，以及控制富勒烯稳定性的一般原理方面所作的贡献，在他自己的个人叙述[8]以及为作者准备的笔记[9] 中有详尽的描述。那些研究结果发表在《自然》杂志上，[116]后来《科学》杂志作了评论。[102]福勒和他的同事们发现了一种简单的方法，能够从大富勒烯的成千上万种可能存在的不同结构中找出稳定结构。[117—121]

发生在斯莫利与克罗托，以及与以弗伦克拉克和埃伯特为代表的碳灰专家团体之间的笔伐舌战，刊登在两篇科普文章中。[114, 122]埃伯特在《科学》杂志上撰文，以澄清他在这场科学发现中所起的作用。[123]霍曼和他的同事们于1987年在碳灰火焰中发现了$C_{60}$。[124]饭岛在一篇发表在《物理化学杂志》上的论文中宣布："含有60个碳原子的团簇已经被发现！"[125]读者可以从已出版的书中找到几条关于冷聚变可笑结局的描述。我只向读者推荐克洛斯(Frank Close)的描写。[126]帕克特和他的同事们在1983年报告，他们已合成了具有正十二面体结构的$C_{20}H_{20}$。[127]

## 第九章　一个疯狂的念头

我把1985年12月到1990年9月间发生在海德堡和图森的事件放在一起描述。它们汇总了我与克雷奇默[26]、福斯蒂罗波洛斯[128]和赫夫曼[27]的个人访谈，与拉姆的电话交谈[129, 130]，克雷奇默[38, 131, 132]和福斯蒂罗波洛斯[37]给我的信，以及公开发表的叙述[28—31]。这些描写遍及第九章到第十二章。

最早报告已计算了足球状结构$C_{60}$的振动波数的有：吴、叶利斯基和乔治，[133]斯坦顿和马歇尔·牛顿，[134]以及B·N·叙温、布伦德萨尔、S·J·叙温和布伦沃尔。[135]克雷奇默、福斯蒂罗波洛斯和赫夫曼在一篇最终于1990年发表的论文中宣布，他们已经在由蒸发石墨形成的碳灰中观察到了4条红外谱线。[136]

克罗托在他自己的个人叙述、[8]为作者准备的笔记，[9]以及《地平线》节目[25]中，描述了他收到这篇论文摘要时的反应。在苏塞克斯大学的科学家们随后也做了实验。黑尔在他的苏塞克斯大学博士论文，[137]以及给作者的信[138, 139]中，描写了他在实验中所起的作用。黑尔的叙述中包含了他写给克雷奇默的信的复印件，[140]以及克雷奇默给他的回信。[141]福斯蒂罗波洛斯[37]对慕尼黑大学的梅耶科莫尔博士和马克斯·普朗克化学研究所的布雷博士所给予他的帮助表示感谢。[37]

## 第十章　富勒体

## 第十一章　单谱线证据

克罗托在他自己的个人叙述，[8]以及$C_{60}$发现以来他所作的有关这个发现的许多演讲中，强调了在UCLA所获得的实验结果的重要性。UCLA的科学家也承认了这个工作的重要性(实际上，他们是想通过$C_{30}$的并合反应大规模合成$C_{60}$)。这方面消息，源自迪德里克给我的一封信。[97]宣布环形聚炔烃$C_{18}$的合成及其特性的论文，发表在《科学》杂志上。[142]氧化碳大分子的激光脱附研究，后来发表在《美国化学会杂志》上。[143]

施米特给克雷奇默的信[144]使海德堡—图森小组在分离$C_{60}$的竞赛中处于领先地位，而且还对他们最后的成功起了极其重要的作用。一种由碳的全新形态构成的晶体，在电视摄像机的拍摄下顺利地形成，这些激发人们兴趣的图像成为英国广播公司《地平线》节目的特写。[25]

要了解 IBM 的研究战略，读者可以去阅读科科伦（Elizabeth Corcoran）发表在《科学美国人》上的文章。[145]在 IBM 最近发生了破纪录的资金短缺后，这个战略毫无疑问需要修改。人们对该公司未来基础性研究规划所作的推测是令人沮丧的。我在此也充分采用了我个人的观点。这些观点是通过在 IBM 研究中心时的接触，以及随后在 1987 年对阿尔马登和约克敦高地研究中心的访问而形成的。

贝休恩就 IBM 小组所作的关于富勒烯的研究工作作了详尽的个人叙述，这些工作是从 1990 年 5 月开始进行的。[146]我在本书中的描写主要源自这个叙述，贝休恩给我的一些信，[147—149]以及一个带有简短描述的按时间顺序排列的大事记［由迈克尔·罗斯（Michael Ross）把两者合在一起］。[150]我还收到了贝休恩在 7 月 9 日举办的小组内讨论会上所用的第一张幻灯片的复印件［为向荷兰足球明星古力特（Ruud Gullit）表示敬意，$C_{60}$ 戴着梳有许多长小辫的假发套，在荷兰国家足球队的漫画中翱翔］。[146, 151]贝休恩和赫拉德·迈耶获得的第一批实验结果，发表在 1990 年 12 月出版的《化学物理杂志》上。[152]

鲍尔在充分考虑了评审人的意见，以及围绕着克雷奇默—拉姆—福斯蒂罗波洛斯—赫夫曼论文投稿过程中出现的时间次序问题的一些相互独立的证据后，对《自然》杂志的编辑政策提出了批评。他在给我的信中把他的批评告诉了我。[153]柯尔在跟我的电话交谈中向我描述了他作为一个评审人收到这篇论文后所采取的措施。[154] IBM 小组的论文中包含有第一张提纯后的 $C_{60}$ 和 $C_{70}$ 的拉曼谱，这篇论文于 1990 年 11 月发表在《化学物理快报》上。[155]

贝休恩的夏威夷之行一直没有成行。[146]

## 第十二章　任重道远

1990 年 9 月，许多科学家卷入了富勒烯这一戏剧性事件。我把他们在这个“舞台”上来来往往的各种事情拼到一起。我有许多消息来源，其中包括：跟斯莫利的电话会谈；[42] 克罗托先后给我的一系列传真和信件，以及与他的电话交谈；[10, 55, 156, 157] 沃尔顿给我的信；[158] 福斯蒂罗波洛斯给我的信；[37] 跟克雷奇默的面谈；[26] 跟惠滕的电话会谈；[159] 迪德里克给我的信，[97] 还有贝休恩的个人叙述。[146] 这一章表明，国际性的科学会议在为科学家们了解同行们的最新研究成果提供机会上体现不出太多真正的价值（或者说，它仅为科学家们花钱旅行提供了机会）。会见有相同科学兴趣的同行，继续保持业已存在的友谊，以及建立起新的友谊，这些就是国际科学会议的真实意义。虽然现代信息技术也许已经使地球缩小，但是当科学出现突破性进展的消息开始传播时，仅仅举办几个讨论会是发挥不了作用的，必须召开国际性科学大会。

克雷奇默—拉姆—福斯蒂罗波洛斯—赫夫曼论文，于 1990 年 9 月 27 日发表。[160] 此论文像“导火索”，引发了一系列论文的发表，它们证实和推广了第一篇论文中的结果。其中有：IBM 小组的论文，他们报告了拉曼谱、[155] $^{13}C$ 核磁共振谱[161] 和扫描隧道电镜图像；[162] 苏塞克斯小组的论文，其中包含了单谱线证据和有 5 条谱线的 $C_{70}$ 核磁共振谱；[163] UCLA 小组的论文；[164] 赖斯小组的论文；[165] 还有密苏里小组获得的扫描隧道电镜图像。[166] IBM 小组早在 1991 年初，就报道了他们所作的细致的核磁共振研究。[167] 霍金斯和他的同事们于 1991 年 4 月在伯克利报告了由 $C_{60}$、$OsO_4$ 及 2 个 4，3－丁基氮苯组成为分子的晶体结构。[168]

## 第十三章　球体化学

我在撰写本书时，幸运地收到了斯莫利的 $C_{60}$ 文献库的几个拷贝。我使用这个文献库，努力跟踪在 1990 年到 1991 年之间发表的大批论文，以及估计这些论文的总量(事实上，我个人的努力比起大量论文来是非常弱小的)。我的最新文献库的截止日期是 1993 年 1 月 1 日，读者现在可以通过亚利桑那富勒烯联合会获取。[169]想更多地了解这个文献库的读者，应当与廷克(Frank A. Tinker)联系。他的地址是美国亚利桑那州图森市亚利桑那大学物理楼 81 号，邮政编码 85721。读者也可以通过因特网电子信箱跟廷克联系。他的电子信箱地址是 Tinker @ Physics. arizona. edu。读者还可以从宾夕法尼亚州立大学的费希尔那里获取一个名为“巴基”的文献库及其升级服务。联系的电子信箱地址是 bucky @ Soll. lrsm. upenn. edu。与此同时，美国专利局也相应地收到了大量的专利申请，并且在不断地增加。我从埃布森在 1993 年 1 月发表的一篇书评中，看到了有关美国专利局收到专利申请的数量与富勒烯文献数目同时暴涨的评论。[170]

弗雷德·伍德提出的富勒烯“工作台面”反应器的细节，可以从《有机化学杂志》中找到。[171]富勒烯的商业出售者，也列在了 $C_{60}$ 文献库中。[169]

托马斯(John Meurig Thomas)在他最近出版的一本书中，描写了法拉第所做的有关苯的早期实验工作。[172]围绕着苯的环形结构的解释，依然存在着争议。我在本书中给出了“传统的”历史看法，它归功于凯库勒和他的梦。但是，其他一些人指出，凯库勒至多受到了奥地利教师洛施密特(Josef Loschmidt)思想的一点影响。另有一些人认为，凯库勒至少是剽窃了洛施密特的思想。还有一些人把这一思想归功于“被遗忘的天才”库珀(A. S. Couper)。要想了解有关这个问题的最近讨论情况，请阅读《英国化学》1993 年 2 月和 5 月两期。[173]

美国电话电报公司贝尔实验室小组就 $C_{60}$ 和 $C_{70}$ 的磁化率进行了理论和实验研究。描述他们研究结果的论文，于 1992 年 3 月发表。[174] 福勒对他们的工作及其与富勒烯中芳香性问题的相关性，提出了非常有价值的评论。福勒的论文与贝尔实验室小组的论文，发表在同一杂志的同一期上。[175] 贝尔实验室的科学家们后来对 $C_{60}$ 作为一个芳香分子的地位作了修正，他们的论文在 1992 年 9 月[176] 和 1993 年 3 月发表。[177] 我十分感谢哈登，是他使我注意到了这些论文。[178]

在评论 $C_{60}$ 化学的早期工作时，我非常感谢鲍姆。他在 1991—1993 年间定期向《化学和工程新闻》杂志提供 $C_{60}$ 化学的概要。[179—187] 我得承认，这些概要对我十分有价值。林多伊(Leonard Lindoy)撰写的一个相似的概要也很有用。[188] 除了这些以外，我还利用了许多原始文献和评论文章，它们所描述的相关研究课题有：$C_{60}$ 与原子基团的化学反应，[189, 190] $C_{60}$ 可作为润滑剂的潜力，[191, 192] $C_{60}$ 与卤族元素的化学反应，[193—198] 生成富勒烯化合物的"填充"化学反应，[199—201] 含有 $C_{60}$ 的聚合物，[200, 202] 以及 $C_{60}$ 和 $C_{70}$ 的有机金属化学。[203—208] 泰勒和沃尔顿[209] 对富勒烯化学作了评论。[209] 我也非常感谢沃尔顿、[210] 弗雷德·伍德[211] 和克罗托[212] 就本章的初稿提出的批评和建议。纯粹化学与应用化学国际联合会(简称 IUPAC)现在看来已经作出规定：从今以后，凡通过在两个六元环共有的那些键上发生加成反应合成的富勒烯衍生物都将被称作"甲富勒烯"，而在五元环与六元环所共有的那些键上发生加成反应合成的富勒烯衍生物将被称作"富勒烯化合物"。[211]

在本书中，我对裹有金属原子的富勒烯的制备和特性作了评论。这些评论的根据，是鲍姆和达加尼(Ron Dagani)的文章，[181] 鲍姆的文章，[182, 185] 以及其他一些原始论文。[213—221] 日本京都大学的阿知波洋次

(Yohji Achiba)和他的同事们成功分离出 La@$C_{82}$，并且弄清了它的特性，是伍德把这一消息告诉了我。[211] 另外，贝休恩把 IBM 小组在分离含有钪原子的富勒烯上获得了成功这一消息通知了我。[222]

## 第十四章　超导富勒烯化合物

在这一章中，我向读者介绍了许多有关超导电性的历史背景和科学知识。这些知识主要来源于一系列的书和最近出版的评论文章。[223—232] 1993 年 5 月，铜氧化合物陶瓷超导体转变温度的新纪录被提高到了 133 开，这个纪录由位于亨格伯格的瑞士联邦研究所固体物理实验室的科学家希林(A. Schilling)、坎托尼(M. Cantoni)、郭和奥特(H. R. Ott)所创造。[233]

哈登在他给我的信中，向我详细描述了他和拉加瓦查里跟贝尔实验室的科学家们在掺杂富勒烯早期研究工作上的竞争。[178, 234] 1990 年 10 月 18 日，哈登为材料讨论组举办了一个非正式的讨论会。[235] 贝尔实验室小组关于掺碱金属的 $C_{60}$ 和 $C_{70}$ 薄膜的制备和超导电性的研究报告，于 1991 年 3 月发表于《自然》杂志。[236] 在鲍尔的一封信中，他描述了当听到发现掺钾 $C_{60}$ 薄膜有超导性这一消息时的反应。[153] 有关 $K_3C_{60}$ 超导电性的研究报告，发表于 1991 年 4 月的《自然》杂志，[237, 238] 并且在亚特兰大美国化学会会议上受到广泛讨论。[239] 就在这一年的晚些时候，有人报告说，超导电性的转变温度已达 33 开和 45 开，[240, 241] 尽管他们随后又发表声明收回这一报告。[242] 哈登在 1992 年就富勒烯盐的导电性和超导电性的研究工作，进行了回顾和评论。[243]

## 第十五章　转换碳范式

“范式”一词在库恩的著作《科学革命的结构》[244] 中得到很好地

使用。这一概念在70年代变得非常流行，流行得甚至让库恩为自己曾经使用过它而感到后悔。它已经成为描述制约我们思考问题的方式的术语。从这种意义上讲，我们也许可以发明出一个“心态”，它使我们难以接受那些与它不符的思想。例如，对于20世纪20年代的物理学家们来说，他们习惯于只用经典力学的思想去思考原子的性态，而将量子革命看成是深奥难懂的捣乱。

库恩的科学哲学建立在“常规”的科学活动与“革命”科学活动两者之间差别的基础上，属于被称为社会建构论的范畴。实质上，科学家们拥有同一个(社会建构起来的)世界观——范式，它既制约着他们解决科学问题，又使他们习惯于用它去解释实验结果。通过一些偶然发生的科学事件，去超越公认范式的界线，被认为是获得科学进步的一条途径。这种观点在施兰克所作的漫画中得到了绝妙的描绘。他是为我于1990年3月发表在《新科学家》上的文章而画的。[245]因为画得实在太好，所以我干脆把原画买了下来。现在我得意地将它悬挂在我的起居室中。

我在《新科学家》杂志上，描述了福勒和马诺洛普洛斯[246—248]就$C_{76}$、$C_{78}$以及$C_{84}$的结构所作的理论预言。[249]有关休克尔计算对这些富勒烯结构的重要性，和福勒“跳背游戏”原则在这些富勒烯结构上的运用等一些背景情况，源自福勒和马诺洛普洛斯给我的信。[250, 251]迪德里克和惠滕以及他们的UCLA的同事们，跟圣巴巴拉分校的弗雷德·伍德及其同事一起，分离出了$C_{76}$、$C_{84}$、$C_{90}$和$C_{70}O$，并且确定了它们的特性，其研究结果于1991年4月发表在《科学》杂志上。[252]他们在1991年9月的《自然》杂志上公布了$C_{76}$手性结构的认定。[253, 254]霍金斯和阿克塞尔·迈耶于1993年6月宣布，他们已成功地分离出了$C_{76}$的两种镜像对称形态。[255, 256]迪德里克和惠滕在1992

年发表的一篇评论文章中，对他们早期的高级富勒烯研究工作进行了总结。[257]日本京都大学的菊地耕一(Koichi Kikuchi)、阿知波和他们的同事们于1992年5月在《自然》杂志上发表了一篇论文，[258]文中描述了他们在$C_{78}$、$C_{82}$和$C_{84}$上的研究结果。

饭岛宣布发现碳纳米管的论文，发表于1991年11月出版的《自然》杂志。[259]他还于1992年7月宣布了大规模合成碳纳米管的方法。[260, 261]德雷斯尔豪斯(M. S. Dresselhaus)[262]把这种方法跟培根在1960年发明的合成石墨胡须的方法作了比较。[263]1993年6月，IBM和加利福尼亚理工学院[265]的饭岛、市桥以及其他一些科学家，描述了大量制造单壁纳米管的方法。[266]饭岛视它为纳米管科学中最重要的发展之一。[267]

我第一次看到乌加特非常漂亮的电子显微镜照片，是在我与克雷奇默于1992年8月访问海德堡的过程中。这些照片[268]跟克罗托的评论[269]一起，发表在同年10月出版的《自然》杂志上。1993年1月，鲍姆对纳米管科学和超级富勒烯科学的研究状况作了评论。[270]随后，通过与乌加特的通信，[271, 272]我收到了几篇他即将发表的论文。[273—277]

加利福尼亚斯坦福国际研究所和特拉华杜邦公司的科学家们，紧跟着这些戏剧性的发现宣布，他们已经找到了把碳化镧晶体填进超级富勒烯内部的方法。[278, 279]其他一些科学家也报告了相似的发现。[280, 281]一个星期以后，阿贾安和饭岛解释了如何把铅填入碳纳米管内部。[282, 283]在研究了纳米管的形成[286]及其与富勒烯形成[287]的关系后，科学家们陆续报告了填充机制的实验研究结果。[284, 285]他们认为，铅原子是在纳米管两端的盖帽被打开后填进去的。莱奥诺斯基(Thomas Leonosky)、贡泽(Xavier Gonze)、泰特(Michael Teter)和埃尔瑟(Veit Elser)，在1992年1月提出可能存在负曲率(由里往外翻)

的富勒烯。[288]

## 第十六章　依旧是天文学中最后一大难题

斯莫利提出了他的修正过的“政党路线”机制，并且分别在1990年11月在波士顿召开的材料研究学会讨论会[289]和随后的一篇与柯尔合著的评论文章中，作了详细的描述。[112, 217] 1991年，在亚特兰大召开的美国化学会全国会议上，希思报告了他提出的机制。[290]柯尔对这些机制和其他的一些机制作了评论。[291] 1993年5月，冯黑尔登、戈茨和鲍尔斯为通过碰撞加热和碳环瓦解而形成富勒烯的形成机制找到了实验证据。[292]亨特（Joanna Hunter）、菲（James Fye）和雅罗尔德（Martin F. Jarrold），也描述了非富勒烯$C_{60}^+$离子经退火后形成封闭笼形结构的富勒烯，以及看起来像大单圆环的物质。[293]鲍姆对这些研究结果作了评述。[294]迪德里克、惠滕和他们在UCLA的同事们，于1992年9月发表了富勒烯并合反应的证据。[295]麦克尔文尼（Stephen W. McElvany）、卡拉汉（John H. Callahan）、马克·罗斯、拉姆和赫夫曼，于1993年6月在《科学》杂志上发表了他们关于碳原子数目是奇数的大富勒烯的研究结果。[296]

由霍华德领导的麻省理工学院的科学家们在1991年7月报告说，他们在火焰中观察到了$C_{60}$和$C_{70}$。[297]斯莫利在波士顿的讨论会上反复思考，在早期洞穴火焰中形成的所有$C_{60}$为什么会匿迹。[289]苏塞克斯小组于1991年5月在《自然》杂志上发表论文，报告他们的$C_{60}$光降解的研究结果。[298]

布谢克、奇伯斯基和赫蒂奇于1992年7月第一个报告了关于地质环境中的富勒烯的研究结果。[299, 300] 9个月后才有人宣布，在闪电形成的玻璃似的岩石中发现了富勒烯。[301]

克雷奇默向我说过，赫夫曼想直接回到他们在1982—1983年在海德堡蒸发器上所做实验的初始目标上去。[26]黑尔和克罗托对星际碳的评论文章，在发现富勒烯后的1992年3月发表。[302] IBM—美国国家宇航局埃姆斯小组，在1993年报告了在默奇森陨石和阿连德陨石中寻找富勒烯的结果。[303]贝克尔（L. Becker）、麦克唐纳（G. D. McDonald）和巴塔（J. L. Bada）于1993年2月总结了在阿连德陨石中存在纳米管和超级富勒烯的证据。[304]德黑尔（Walt A. de Heer）和乌加特在《化学物理快报》上发表了一篇论文，[305]为217纳米星际漫射带与含有2层至大约8层石墨壳壁的超级富勒烯之间的联系提供了证据。一篇发表在《化学工程》上的论文，描述了利用高压可把固态$C_{60}$挤压成多晶金刚石。[306]

# 跋

科学世界无法忍受和等待出版业过于缓慢的出版计划。本书的最后一稿于 1993 年 8 月寄给牛津大学出版社以来，富勒烯科学又有许多令人瞩目的进展。我的出版商非常通情达理，同意给我机会，让我在付印时插入这一节，向读者介绍最新的进展。这部分新添加的内容叙述到 1994 年 5 月为止。

富勒烯这一领域现在变得相对平静了，至少用在《自然》或者《科学》两杂志上发表那些扣人心弦的宣称或者令人惊愕的故事来衡量是平静多了，这种说法或许是公正的。这种平静是预料之中的，科学家们需要一段反省的时间。在这段时间里，他们要作一番休整，再把注意力集中到他们的各种专门学科的本质上。在这平静的表面之下，全世界的实验室正在酝酿着重大的活动，其结果就是在专业性科学出版社不断地出版富勒烯文献。

对那些新投身于富勒烯研究的科学家来说，他们非常关心的是找到以下问题——“是的，非常好。但是它有什么用呢？”的答案。在一定程度上，对这个问题如此认真，揭示了存在于这部分科学家以及他们的赞助人心中的一种不安全感。一个伟大的发现在今天总是伴随着对其商业潜在应用的推测，这些应用看来仅仅在其对社会的影响程度上有所相同，此乃这个时代的特征。科学记者和科普作家(像我这样的人)的推波助澜，只会抬高最终无法实现的期望。

道理很简单：要把这样的发现转变成商业计划，几乎无一例外需要多年的时间。甚至在非常讲究实用主义的商业性研究开发环境中，针对清楚地确定和彻底地研究过的目标市场的计划，都需要5年或者更长的时间才能实现。在我们这个不断需求新技术的世界里，还存在着一些目前仍难以解决的问题。富勒烯、超导富勒烯化合物、纳米管和超级富勒烯，没有立即为我们解决这些问题提供有销路的方法。当然，这并不意味着商业性应用不可被找到，它只是需要时间。

富勒对这个过程的理解真是非常深刻。1927年，他曾预言，把他的能量几何思想变成适合市场营销的结构需要25年时间。他认为，这段酝酿期在某种程度上是非常必要的，因为要想把他的设计变成商业世界中有利可图的建筑，他需要轻型材料，但那时轻型材料尚未被广泛使用。富勒言中了。恰好在他作出这个预言的25年后，福特汽车公司成为第一家享有他的专利使用权的企业。

我们或许不必再为从富勒烯中找到某些有用的或者实用的东西而苦苦等待25年，但是在我们等待的同时，至今从本书所描述的发现中引发的任何问题，仍旧需要研究和(更加周全地而不是不耐烦地)思考。投身于其中的每一位科学家都有他们自己的观点，鲍姆把这些观点收集起来并作了非常好的评述，于1993年11月发表。[307]

尽管大多数企业研究人员天性谨慎，但是专利申请书还是像雪片似的涌向全世界的专利局。埃克森公司、美国电话电报公司、施乐公司、休斯公司、霍克斯特公司、住友公司、材料和电化学研究公司、赖斯大学，以及其他许多单位，都得到或者申请了各种专利。赫夫曼—克雷奇默最初的专利，于1990年由代表亚利桑那大学和马克斯·普朗克协会的技术研究公司提出申请，现在它已分成两部分：第一部分包括生产过程等较为宽泛的应用，第二部分是富勒体本身的“物质组成”方面的应用，但是这个专利直到现在还没有被批准。[308]专利申请中申请者宣称对一些技术拥有权利，这种情况阻碍了富勒烯的商业化应用。美国专利局很有可能承认这些有着划时代意义的专利，它们在新产品开发中体现出广泛的潜在应用前景。与此同时，福斯蒂罗波洛斯公开主张共同发明。[309]他通过一位律师，于1993年8月提交了正式的诉讼状，控告德国专利局。

## 以太阳能为动力

目前用来大规模生产富勒烯的方法，是能量非常集中的弧光放电。有些读者不免担心所有这些弧光放电对环境造成的影响。现在，我要对你们说，你们尽可放宽心，因为赖斯大学的斯莫利和他的同事们，以及科罗拉多州戈登市国家可再生能源实验室小组，均报告了用太阳能炉合成富勒烯的新方法。[310—312]

## 深灰色芳香性分子

$C_{60}$作为一个芳香性分子的地位现在已被相当合理地证实。耶鲁大学和UCLA的一群化学家和物理学家研究了He@$C_{60}$和$^3$He@$C_{70}$的$^3$He核磁共振谱，发现存在着代表离域电子特征的大环电流。[313]这些结果与哈登从大量理论和实验研究工作中所获得的结果[314]一致。他指出，$C_{60}$六边形中的抗磁环电流几乎被五边形中的顺磁环电流所抵消。$C_{70}$中净环电流对磁化率的贡献很大，其原因很简单，就是因为$C_{70}$结构比$C_{60}$有更多的六边形。

富勒烯昭示人们，对芳香性的非常传统的看法——一个分子要么是芳香性分子，要么不是——这种"非黑即白现象"必须得到纠正，必须包括灰度。$C_{60}$就是一种"深灰色"芳香性分子。化学家们用平面类比物（比如焦环烯）把$C_{60}$刻画为缺电子"超烯"，哈登认为这种做法忽视了某些相当重要的方面。[315]他提出了一种更好的观点，认为$C_{60}$的化学反应活性由其模棱两可的芳香特性及其球面几何内禀应变释放所决定。

富勒烯化学完全按照本书第十三章中所描述的方向继续发展。无论是有机化学家还是有机金属化学家，都已把富勒烯化学反应活性研究得相当清楚了，因此他们可以进行更多更复杂的研究。化学家们也已用他们的智慧加速提纯$C_{60}$和$C_{70}$的过程，以及发明新的提纯方法。[316]

## 巴基球与艾滋病

一个新兴的化学领域从什么时候开始进入"青春期"，判断这个问题的方法之一，是看化学家们受到前所未有的挑战后，何时能作出成功的反应。当加利福尼亚大学旧金山分校的化学家们得到一种水溶性$C_{60}$衍生物时，圣巴巴拉分校的弗雷德·伍德和他的同事们正在解决二苯乙基氨基丁二酸酯富勒烯化合物的合成问题。[317]这项工作导致了1993年有关富勒烯的最令人震惊的事件之一：巴基球抑制艾滋病毒。

加利福尼亚大学旧金山分校的研究生弗里德曼(Simon Freidman)偶然间产生了一个想法：用$C_{60}$去阻塞称为HIV-1蛋白酶的人免疫

缺陷病毒中最关键的酶的活性部位。计算机模型证实，$C_{60}$正好可以填进蛋白酶上近似圆柱形的疏水活性部位。$C_{60}$作为全碳分子，由于其疏水性，它在形状、大小和物理特性等方面跟蛋白酶的活性部位非常相配。伍德合成的富勒烯衍生物表现出可溶性，这使$C_{60}$能够跟蛋白酶在溶液中发生相互作用。弗里德曼、凯尼恩(George Kenyon)和德坎普(Diane Decamp)在加利福尼亚大学旧金山分校进行了更深一步的实验，他们发现这种衍生物具有对抗蛋白酶的活性。[318]虽然这种衍生物本身不能成为抗艾滋病药物的候选者，但是它确实为研制建立在富勒烯化学上的可能的药物提供了一个良好出发点。

亚特兰大埃默里大学的希尔(Craig Hill)和欣纳兹(Raymond Schinazi)发现，这同一种衍生物也具有对抗一种叫逆录酶的 HIV 酶的活性。埃默里大学的科学家发现，这种衍生物能够抑制那些感染了急性和慢性 HIV 的免疫细胞中 HIV 病毒的繁殖。抗艾滋病药物 AZT 仅仅在抑制感染了急性 HIV 的细胞方面有效。[319, 320]

## 里面的故事

科学家们发现，可以填充到富勒烯笼里面的原子越来越多，它们在元素周期表上的范围不断扩大；像一氧化碳这样的小分子也能像原子一样填充到富勒烯里面。目前，这个领域仍然由于缺乏大量制造纯的裹有原子或分子的富勒烯分子的方法，而多少受到一些牵制。除了 La@$C_{82}$外，$Sc_2$@$C_{74}$、$Sc_2$@$C_{82}$和$Sc_2$@$C_{84}$等分子都已用高性能的液相色谱仪以毫克量被制备和提纯。贝休恩和他的 IBM 的同事们，于 1993 年 11 月对这个领域作了评述。[321]西北大学化学系的雅罗尔德和他的同事们，提出了一个在气相条件下形成裹有金属原子的富勒烯的机制。[322]

在赖斯大学，斯莫利和他的同事们继续对裹有金属原子的富勒烯进行研究。[323]他们成功地大量分离出了的分别含有钙和钇的$C_{60}$（不是$C_{82}$！）。在这些分子中，碳笼从中央金属原子接受电子，这些电子转移到了高能量空电子轨道上。Ca @ $C_{60}$和 Y @ $C_{60}$富含电子，很容易被氧化，因此它们对空气和水分极度敏感。斯莫利认为，他们分离裹有金属原子的$C_{60}$分子的早期努力所以失败，只是因为他们不知道如何控制这种反应性质活泼的化合物。

默里（Robert Murry）和斯库塞里亚为电子激发富勒烯中"窗口"的形成，提供了理论依据。[324]这也是另一个对代达罗斯想象力的非常恰当的称颂。那些窗口可以使处于气相的原子在窗口重新关闭、电子恢复到非激发态之前进入笼子内部。

## 超导热

高温超导富勒烯化合物曾经的进展在 1993 年 12 月变得黯然失色，因为有科学家宣布，铋锶钙铜氧化物薄膜的超导转变温度达到惊人的 250 开。[325, 326]虽然这些结果还没有被独立地证实，但是假如它们能够得到重复，就意味着超导电性转变温度只比人们长期以来梦寐以求的室温低 40 摄氏度左右。杨（Philip Yam）在 1993 年 12 月对超导电性时下的研究动向作了评论。[327]

1993 年 9 月，纽约州立大学布法罗分校的高义汉（Yi-Han Kao）和他的同事们，在提高富勒烯衍生物超导转变温度方面取得了进展。他们制备了掺有一氯化碘的富勒烯，当温度在 60—70 开时，它呈现超导电性迹象。[328, 329]这是一种 p 型而不是 n 型超导体，因此它代表了一种全新的制备超导富勒烯衍生物的方法。这些超导电性迹象是推测性的，但如果它们真的被证实，那么这个领域将朝着最重要的 77 开目标迈出了它自己的一大步。

## 纳米管及其他

1994 年 2 月，NEC 的埃布森和他的同事们报道，他们找到了一种方法，用它可以把制造纳米管时产生的碳渣清除掉，只留下纯净的纳米管。[330]现在，我们必须在纳米管中增加两种更“新颖”的形态：“海胆”和“纳米蚯蚓”。

碳海胆由位于特拉华州威尔明顿的杜邦公司实验站和位于加利福尼亚州门洛帕克的斯坦福国际研究所的一批化学家所发现。它们是在气化含有钆或者氧化钆的石墨棒时形成的一些结构，由向外散布的碳纳米管和中心部位的无定形碳化钆或者单晶 $GdC_2$ 组成，整个形状看起来非常像海胆。[331, 332]纳米蚯蚓是杜邦公司小组的另一个发现，其结构都包含有“头”和“尾”两部分。头部由超级富勒烯内的立方钯晶体构成；尾部是碳纳米管的片断。[333]

## 中生代富勒烯

尽管没有人能够确切地说出富勒烯到底是怎样设法将自己组合起来的，但科学家们还是在不断地提出这样那样的观点。西北大学的雅罗尔德和他的同事们在 1994 年 3 月提出了他们的机制，使得一长串可能的机制又多了一种。[334, 335]西北大学的科学家们在充分研究了所获得的大碳团簇实验结果后提出，在高温下大多数环碳团簇重新排列形成聚炔烃长链，这些长链按螺线转动形成富勒烯碎片。接着，这些碎片各就各位合并起来形成封闭的、球形的富勒烯。

不管它们是怎么形成的，科学家们迄今已获得了一些相当可靠的证据，表明富勒烯确实像早先的巴基先驱所设想的那样普遍存在。虽然霍曼、霍华德和他们的同事们在火焰灰烬中找到 $C_{60}$ 形成的证据，但是这些灰烬是在相当特别的实验室条件下产生的，与通常蜡烛燃烧产生的灰烬几乎没有关系。现在，赖斯大学地质学和地球物理学系的海曼（Dieter Heymann）以及斯莫利，他们的同事希班特（Felipe Chibante）、布鲁克斯（Robert Brooks）和沃尔巴克（Wendy Wolbach），提出了一种能够探测微量富勒烯的分析方法。他们证实，$C_{60}$ 可以在几种自由燃烧的火焰（包括通常用于装饰的蜡烛的火焰）中形成，它在灰烬中的含量在百万分之一到百万分之十之间。[336]你下次吹灭生日蛋糕上的蜡烛时，也许会想到已有 $C_{60}$ 形成。

但是，海曼、斯莫利和他们的同事们实际上是在寻找年代久远的 $C_{60}$。大约在 6 500 万年以前，一场全球性的灾难事件导致了恐龙的灭绝。这场事件据信由一个巨大的流星冲撞靠近现在的尤卡坦半岛地区而造成。这场冲撞被认为是引发大规模火灾的直接原因。大火向大气中释放了大量的烟和灰，遮挡住了太阳光。这次事件是中生代结束的标志。用地质学术语来讲，在白垩纪和第三纪的界面上有一薄层灰烬，它标志着中生代的结束。接下来问题的答案就是肯定的了，即在这层灰烬中含有一些 $C_{60}$。

科学家从新西兰的两个地点取回了一些包含在白垩纪和第三纪界面层中的灰烬试样，经研究发现，在这些灰烬中确有 $C_{60}$ 存在，含量在千万分之一到千万分之二之间。[336]在界面层下面一点的白垩纪石灰试样和上面一点的第三纪页岩试样中，均没有探测到 $C_{60}$。在取自西班牙某地的白垩纪与第三纪界面灰烬试样中，科学家们也发现了富勒烯，[323]相比之下，它的含量要“丰富”得多。这些 $C_{60}$ 也有可能来自地球外，即由流星带到了地球上。虽然这不是绝对不可能，但是科学家还是相信它们更有可能是在流星冲撞地球的那次灾难事件后所引发的大规模火灾中形成的。斯莫利喜欢这样的看法：这些 6 500 万岁的富勒烯是在恐龙最后喘息之时形成的。[323]

## 太空中的富勒烯

最后一个问题是：太空中究竟有没有富勒烯？1994 年 5 月，迪布罗佐洛(Filippo Radicati di Brozolo)、邦奇(Theodore E. Bunch)、弗莱明(Ronald H. Fleming)和麦克林(John Macklin)，给出了非常确定的答案。[337]他们研究了一个小“陨石坑”。它是由一颗“微型碳流星”(即碳颗粒)冲撞宇宙飞船上的长时曝光装置(LDEF)上的铝板形成的。LDEF 在地球轨道上飞行了 6 年后，于 1990 年由“哥伦比亚”号航天飞机上的宇航员收回。它的一部分被拆下来，送至“洁净室”环境下进行研究。科学家们用激光电离结合飞行时间质谱测量方法，分析了铝板上“小陨石坑”内部以及周围区域，发现了 $C_{60}$ 和 $C_{70}$ 的特征信号。科学家们就富勒烯的起源提出了各种各样的解释，排除了明显存在的实验伪迹。尽管他们认为这是首次直接观测到太空中的富勒烯，但是他们不能分辨在两种可能的起源中富勒烯到底起源于哪一种：富勒烯在“微型流星”冲撞发生之前是作为“微型流星”的组成部分早已存在，还是在冲撞过程中形成的。

克罗托则倾向于认为，“微型流星”的冲撞重新造成了科学家们在更加讲究实际的众多实验中能够获得的条件。[338]在这些实验中，科学家们用激光在石墨靶上钻孔。起初，他们没有发现 $C_{60}$，但是当孔越钻越深时，原子和离子在孔的底部形成等离子体。这些原子和离子到达孔的顶部时就有可能聚集起来。然而，不管富勒烯在太空中到底是怎样形成的，它们看起来至少在那里。

但是，星际漫射带即所谓的“天文学中的最后一大难题”究竟怎么回事？科学家们正因为它才在1985年9月会聚赖斯大学并且作出了伟大的发现。这种漫射谱带，现在大约有200个。富万（B. H. Foing）和埃伦弗罗因德（P. Ehrenfreund），在1994年5月又增添了更远的两个近红外带。[339]通过对来自7颗恒星的光的探测，发现这两个带分别为9.577微米和9.632微米，这跟修正了由惰性气体基体所造成的失真效应后在基体隔离$C_{60}^{+}$中观察到的两个谱带信号一致。富万和埃伦弗罗因德估计，大约有0.3%—0.9%的星际空间碳以电离化$C_{60}$形态存在。克罗托盛赞了这些新结果，[340]并希望在不久的将来，他能够用充分的理由去说明他的信念：$C_{60}$实际上就是一个"天球"。

## 等待获奖

一部伟大的维多利亚式的小说的特点，就在于有一个描写人物最终命运的结束语，它们浓缩了我们为这最后的500余页所付出的所有智慧和力量。因此，我们或许会问，在$C_{60}$被发现将近9年之后，参与富勒烯研究的那些主角的情况怎样？

在苏塞克斯大学，克罗托和他的同事们一起为在富勒烯化学的研究中居于前列而奋斗着。他同时对纳米管有着越来越浓厚的兴趣。他觉得他的工作进展得相当不错，但是竞争是残酷的，总有一股压力迫使他不断地研究出一些结果并且把它们发表出来。他仍旧保持着对艺术的兴趣，最近他被授予一个艺术之科学竞赛的奖项。[338]

在赖斯大学，斯莫利除了继续对裹有金属原子的富勒烯和寻找古$C_{60}$保持兴趣外，忙于建立一个纳米技术的基金，募集了4 000万美元的私人捐款。[323]基金的目标是扶植与所有科学学科及工程学科都交叉的纳米尺度科学的发展，用这笔新的资金去支持一些业已存在的研究项目，设立一些新的项目，并且把它们合在一起。他把碳纳米管视为他的中心课题，宣布很快就能制造出由连续的富勒烯构成的单根纤维。这些纤维实际上一下子就能找到应用之处，比如纳米电缆、纳米移液管、“邻近探针”，以及人指尖纳米大小的延伸：能够“触摸”和“感觉”到它们周围像活细胞那样的结构，并且把信息沿着它们的长度方向传送回来。

斯莫利兴致勃勃地看着富勒烯思想在全世界传播。他相信，对$C_{60}$的认识使化学物理学家们可用不同的方式审视他们的领域。越来越多斯莫利所熟悉的化学物理学家，不再满足于弄明白分子本身为何以及如何运作，他们已经开始对制造或者工程问题产生兴趣。

柯尔从一个由他个人承担的富勒烯科学大项目上撤了回来。他宁肯选择继续研究曾在1985年的伟大发现之前令他感兴趣的那类科学，同时以一个旁观者的身份注视着富勒烯科学的发展。他喜欢卷入到这个伟大的发现及其以后的各种事件之中。在克雷奇默—拉姆—福斯蒂罗波洛斯—赫夫曼论文发表在《自然》杂志之前的那些年里，他一直试图用电荷放电方法合成富勒烯，但是没有成功。每天早上起床时，他常常为自己在实验上的失败而自责。[341]

希思在位于约克敦海兹的IBM研究中心工作了一段时间，现在已经回到UCLA的化学和生物化学系。他也放弃了承担的有关富勒烯科学的大项目，集中精力研究与极小半导体结构在溶液中的受控合成有关的问题。他激动地回顾了最近9年投身于富勒烯科学的切身感受。但是，他也承认在研究生院学习的第一年里就立足于一个全新的科学领域，是很难效仿之举。[342]

奥布赖恩在1988年获得了博士学位后跟随金西在赖斯大学工作，后来他又转到了位于达拉斯的得克萨斯仪器公司的半导体加工和设计中心工作。他现在正在为互补型金属氧化物半导体(CMOS)器件技术研制一种新的去污方法。[343]他仍旧对他及“足球队”的其他成员在赖斯大学所能获得的成就有相当好的印象。尽管他承认富勒烯的商业化将会是一个漫长的过程，但还是对至今仍然没有出现实际应用感到失望。

克雷奇默像柯尔一样，撇开所有的挫折不谈，多少有些风趣地回顾了他与富勒烯化合物这个伟大发现的整个关系。他为科学家们提供了许多可以研究的课题，对此他非常满意。现在，他满足地退出这场竞争，坐到后台观看其他科学家们的角逐。他继续跟赫夫曼在与星际物质有关的问题上展开合作。[308]

赫夫曼精力充沛地进行着各种富勒烯化学、物理学和材料科学，特别是高级富勒烯和纳米管等合作项目。虽然他承认不再能追上日益膨胀的越来越专业化的富勒烯文献，但是他还是觉得所有这一切都非常有趣，为他带来了巨大的快乐和鼓舞。赫夫曼就商业化的问题发表了非常直率的看法。他认为，在同行评议人和投资部门以及他们的顾问都执拗地提出同一个毫无益处的问题——富勒烯为什么会缺乏实际应用，这样一个背景下，这个问题在现在危害极大。[344]

福斯蒂罗波洛斯在1992年离开海德堡到位于耶拿的马克斯·普朗克射电天文研究所工作。我得到消息说他现在正在柏林弗里茨·哈伯研究所工作，但是当我试图跟他联系时，又被告知他已回到海德堡去了。因此，我无法在这部分付印时插入的内容中涉及他。

拉姆继续留在图森担任亚利桑那富勒烯联合会的副主任。尽管他在图森十分愉快并且觉得待遇非常好，但是他意识到必须离开那里并准备寻找一个从事科学研究的工作。至于希思，他承认，现在不是在美国从事科学研究的最佳时候，必须小心谨慎地对待他的发现。[345]

克罗托、斯莫利、赫夫曼和克雷奇默因在凝聚态物理学上的杰出成就，获得了惠普欧洲物理奖。[346]他们于1994年3月前往马德里受奖，这也是他们的第一次聚会，是一次大体愉快的聚会。[308]虽然在纯粹的科研方面，克罗托和斯莫利两人的关系还算令人满意，但是在私交方面，过去7年来的伤害已经显得无法修复。[338]奥布赖恩更愿意回到1985年下半年那些愉快的日子里。[343]

下一个冲击这些科学家生活的重要事件，将是诺贝尔奖的宣布。这一天终将到来。诺贝尔奖最多只能由3位科学家所共享，因此对瑞典科学院及其顾问们来说，最困难的恐怕就是决定谁不予考虑了。*

---

* 克罗托、斯莫利和柯尔，因发现富勒烯，而获得1996年诺贝尔化学奖。——译者

# 参 考 文 献


1. Gribbin, John (1981). *Genesis*. Dell Publishing, New York.
2. Hawking, Stephen W. (1988). *A brief history of time*. Transworld Publishers, London.
3. Oparin, A. I. (1953). *Origin of life*, (trans. Serguis Morgulis). Dover Publications, New York.
4. Cheung, A. C., Rank, D. M., Townes, C. H., Thornton, D. D., and Welch, W. J. (1968). Detection of $NH_3$ molecules in the interstellar medium by their microwave emission. *Physical Review Letters*, **21**, 1701.
5. Turner, B. E. (1971). Detection of interstellar cyanoacetylene. *Astrophysical Journal*, **163**, L35.
6. Hoyle, Fred and Wickramasinghe, Chandra (1978). *Lifecloud*. J. M. Dent and Sons, London.
7. Hoyle, Fred and Wickramasinghe, Chandra (1993). *Our place in the*

*cosmos: the unfinished revolution*. J. M. Dent, London. (See the review by Tony Jones in *New Scientist*, July 10, 1993.)

8. Kroto, Harold W. (1992). $C_{60}$: buckminsterfullerene, the celestial sphere that fell to earth. *Angewante Chemie* (*international edition*), **31**, 111.
9. Kroto, Harry. Notes prepared for Jim Baggott by Harry Kroto. March 12, 1991.
10. Kroto, Harry. Letter to the author. January 4, 1993.
11. Kroto, Harry. Interview with the author. November 16, 1991.
12. Alexander, A. J., Kroto, H. W., and Walton, D. R. M. (1976). The microwave spectrum, substitution structure and dipole moment of cyanobutadiyne, H—C≡C—C≡C—C≡N. *Journal of Molecular Spectroscopy*, **62**, 175.
13. Kirby, C, Kroto, H. W., and Walton, D. R. M. (1980). The microwave spectrum of cyanohexatriyne, H—C≡C—C≡C—C≡C—C≡N. *Journal of Molecular Spectroscopy*, **83**, 261.
14. Eastmond, R., Johnson, T. R., and Walton, D. R. M. (1972). Silylation as a protective method for terminal alkynes in oxidative couplings. A general synthesis of the parent polyynes $H(C\equiv C)_n H$ ($n = 4-10$, 12). *Tetrahedron*, **28**, 4601.
15. Herbst, Eric and Klemperer, William (1973). The formation and depletion of molecules in dense interstellar clouds. *Astrophysical Journal*, **185**, 505.
16. Dalgarno, A. and Black, J. H. (1976). Molecule formation in the interstellar gas. *Reports on Progress in Physics*, **39**, 573.
17. Kroto, Harold. Chemistry between the stars. *New Scientist*, August

10, 1978.

18. Kroto, H. W. (1982). Tilden Lecture: Semistable molecules in the laboratory and in space. *Chemical Society Reviews*, **11**, 435.

19. Bell, M. B., Feldman, P. A., Kwok, Sun, and Matthews, H. E. (1982). Detection of $HC_{11}N$ in IRC + 10°216. *Nature*, **295**, 389.

20. Hintenberger, H, Franzen, J., and Schuy, K. D. (1963). Die periodizitaten in den häufigkeitsverteilungen der positiv und negativ geladenen vielatomigen kohlenstoffmolekülionen $C_n^+$ and $C_n^-$ im hochfrequenzfunken zwischen graphitelektroden. *Zeitschrift für Naturforschung A*, **18**, 1236.

21. Huffman, D. R. (1977). Interstellar grains: The interaction of light with a small particle system. *Advances in Physics*, **26**, 129.

22. Wynn-Williams, Gareth (1992). *The fullness of space*. Cambridge University Press.

23. Henbest, Nigel. Dust in space, *Inside Science No*. 45. *New Scientist*, May 18, 1991.

24. Douglas, A. E. (1977). Origin of diffuse interstellar bands. *Nature*, **269**, 130.

25. Molecules with sunglasses (produced by John Lynch), first shown on *Horizon*, BBC2, January 20, 1992.

26. Krätschmer, Wolfgang. Interview with the author. August 28, 1992.

27. Huffman, Donald. Telephone interview with the author. November 4, 1992.

28. Krätschmer, W. (1991). How we came to produce $C_{60}$-fullerite. *Zeitschrift für Physik D*, **19**, 405.

29. Krätschmer, Wolfgang and Fostiropoulos, Konstantinos. Fullerite-neue

modifikationen des kohlenstoffs. *Physik in Unserer Zeit*. January 23, 1992.

30. Huffman, Donald R. Solid $C_{60}$. *Physics Today*. November 1991.

31. Krätschmer, Wolfgang and Huffman, Donald R. Fullerites: new forms of crystalline carbon. Preprint. August 1992.

32. Stecher, Theodore P. (1969). Interstellar extinction in the ultra-violet. II. *Astrophysical Journal*, **157**, L125.

33. Heidelberg. City Guide in Colour. (1991). Edm. von König-Verlag, Heidelberg.

34. Krätschmer, W., Sorg, N., and Huffman, Donald R. (1985). Spectroscopy of matrix-isolated carbon cluster molecules between 200 and 850 nm wavelength. *Surface Science*, **156**, 814.

35. El Goresy, A. and Donnay, G. (1968). A new allotropic form of carbon from the Ries Crater. *Science*. **161**, 363.

36. Whittaker, A. Greenville (1978). Carbon: a new view of its high temperature behaviour. *Science*. **200**, 763.

37. Fostiropoulos, Kosta. Letter to the author. January 1993.

38. Krätschmer, Wolfgang. Letter to the author. January 18, 1993.

39. Curl, Bob. Letter to the author. February 18, 1992.

40. Curl, Bob. Interview with the author. September 30. 1992.

41. The Smithsonian guide to historic America: Texas and the Arkansas River Valley. (1990). Stewart, Tabori, and Chang, New York.

42. Smalley, Rick. Telephone interview with the author. January 12, 1993.

43. Dietz, T. G., Duncan, M. A., Powers, D. E., and Smalley, R. E. (1981). Laser production of supersonic metal cluster beams. *Journal of Chemical Physics*, **74**, 6511.

44. Powers, D. E., Hansen, S. G., Geusic, M. E. Pulu, A. C., Hopkins, J. B., Dietz, T. G. Duncan, M. A., and Smalley, R. E. (1982). Supersonic metal cluster beams ： laser photoionization of $Cu_2$. *Journal of Physical Chemistry*, **86**, 2556.

45. Michaelopoulos, D. L., Geusic, M. E., Hansen, S. G., Powers, D. E. , and Smalley, R. E. (1982). The bond length of $Cr_2$. *Journal of Physical Chemistry*, **86**, 3914.

46. Hopkins, J. B., Langridge-Smith, P. R. R., Morse, M. D., and Smalley, R. E. (1982). Supersonic metal cluster beams of refractory metals: spectral investigations of ultracold $Mo_2$. *Journal of Chemical Physics*, **78**, 1627.

47. Michaelopoulos, D. L., Geusic, M. E., Langridge-Smith, P. R. R., and Smalley, R. E. (1983). Visible spectroscopy of jet-cooled $SiC_2$: geometry and electronic structure. *Journal of Chemical Physics*, **80**, 3556.

48. Heath, J. R., Liu, Yuan, O'Brien, S. C., Zhang, Qing -Ling, Curl, R. F., Tittel, F. K., and Smalley, R. E. (1985). Semiconductor cluster beams: one and two colour ionization studies of $Si_x$ and $Ge_x$. *Journal of Chemical Physics*, **83**, 5520.

49. O'Brien, S. C., Liu, Y., Zhang, Q., Heath, J. R., Tittel, F. K., Curl, R. F., and Smalley, R. E. (1986). Supersonic cluster beams of Ⅲ-Ⅴ semiconductors: $Ga_xAs_y$. *Journal of Chemical Physics*, **84**, 4074.

50. Rohlfing, E. A., Cox, D. M., and Kaldor, A. (1984). Production and characterization of supersonic carbon cluster beams. *Journal of Chemical Physics*, **81**, 3322.

51. Rohlfing, Eric A. Letter to the author. October 14, 1992.

52. Smalley, Richard E. (1991). Great balls of carbon: the story of buckminsterfullerene. *The Sciences*, **31**, 22.

53. Baggott, Jim. Great balls of carbon. *New Scientist*, July 6, 1991.

54. Kroto, H. W. (1986). Chemistry between the stars. *Proceedings of the Royal Institution*, **58**, 45.

55. Kroto, Harold. Letter to the author. April 21, 1991.

56. Kroto, Harold. Letter to Paul Hoffman (*Discover* magazine). September 13, 1990.

57. Smalley, Rick. Letter to the author. February 13, 1991.

58. Smalley, Rick. Letter to the author. April 11, 1991.

59. Smalley, R. E. Letter to Paul Hoffman (*Discover* magazine). August 28, 1990.

60. Smalley, Rick. Letter to Gary Taubes (*Discover* magazine) September 5, 1990.

61. Kroro, Harold. Letter to the author. July 8, 1993.

62. Curl, Robert. Letter to the author. April 12, 1991.

63. Kurosawa, Akira and Richie, Donald (1987). *Rashomon*. Rutgers University Press.

64. Smalley, Rick. Letter to the author. June 13, 1991.

65. Smalley, Rick. Letters to Kroto, Curl, Heath, and O'Brien. May 31 and June 6, 1991.

66. Smalley, Rick, Heath, Jim, Curl, Bob and O'Brien, Sean. AP2 chronology 1985. May 1992.

67. Heath, Jim. Letter to the author. October 2, 1992.

68. O'Brien, Sean. Letter to the author. July 1, 1993.

69. Alford, Mike. Interview with the author. September 18, 1992.

70. Taubes, Gary (1992). The disputed birth of buckyballs. *Science*, **253**, 1476.

71. Wolfe, Tom (1980). *The right stuff*. Black Swan, London.

72. Heath, J. R., Zhang, Q., O'Brien, S. C., Curl, R. F., Kroto, H. W., and Smalley, R. E. (1987). The formation of long carbon chain molecules during laser vaporization of graphite. *Journal of the American Chemical Society*, **109**, 359.

73. Kroto, H. W., Heath, J. R., O'Brien, S. C., Curl, R. F., and Smalley, R. E. (1987). Long carbon chain molecules in circumstellar shells. *Astrophysical Journal*, **314**, 352.

74. Marks, Robert and Fuller, R. Buckminster (1973). *The Dymaxion world of Buckminster Fuller*. Anchor Press/Doubleday, New York.

75. Smalley, R. E. in Billups, W. Edward and Ciufolini Marco, A. (eds.) (1993). *Buckminsterfullerenes*, VCH Publishers, Inc.

76. Kroto, H. W., Heath, J. R., O'Brien, S. C., Curl, R. F., and Smalley, R. E. (1985). $C_{60}$: Buckminsterfullerene. *Nature*, **318**, 162.

77. Smalley, R. E. Letter to the author. January 12, 1993.

78. Heath, J. R., O'Brien, S. C., Zhang, Q., Liu, Y., Curl, R. F., Kroto, H. W., Tittel, F. K., and Smalley, R. E. (1985). Lanthanum complexes of spheroidal carbon shells. *Journal of the American Chemical Society*. **107**, 7779.

79. Browne, Malcolm. Molecule is shaped like a soccer ball. *New York Times*. December 3, 1985.

80. Baum, Rudy M. Laser vaporization of graphite gives stalbe 60-carbon

molecules. *Chemical and Engineering News*, December 23, 1985.

81. Jones, David (writing as Daedalus). Ariadne. *New Scientist*, November 3, 1966.

82. Jones, David E. H. (1982). *The inventions of Daedalus: A compendium of plausible schemes*. W. H. Freeman, New York.

83. Devlin, Keith (1988). *Mathematics: The new Golden Age*. Penguin, London.

84. Thompson, D'Arcy (1961). *On growth and form* (abridged edn) (Bonner, J. T., ed.). Cambridge University Press.

85. Jones, D. E. H. Dreams in a charcoal fire. Abstract for the Discussion Meeting, *A postbuckminsterfullerene view of the chemistry, physics and astrophysics of carbon*. Royal Society, October 1 – 2, 1992.

86. Jones, David E. H. (1993). Dreams in a charcoal fire: predictions about giant fullerenes and graphite nanotubes. *Philosophical Transactions of the Royal Society of London*, *A*, **343**, 9.

87. Meller, James (ed.)(1972). *The Buckminster Fuller reader*. Penguin, London.

88. Fuller, R. Buckminster (1969). 50 *years of the design science revolution and the world game*. World Resources Inventory, Philadelphia.

89. A Fuller Supply Service. Roger Golten, 15 Water Lane, Kings Langley, Herts. WD4 8HP, England.

90. Jencks, Charles (1985). *Modern movements in architecture* (2nd edn). Penguin, London.

91. Barth, Wayne E. and Lawton, Richard G. (1966). Dibenzo [*ghi*, *mno*] fluoranthene. *Journal of the American Chemical Society*, **88**, 380.

92. Barth, Wayne E. and Lawton, Richard G. (1971). The synthesis of corannulene. *Journal of the American Chemical Society*, **93**, 1730.

93. Osawa, E. The evolution of the football structure for the $C_{60}$ molecule: an historical perspective. Abstract for the Discussion Meeting, *A postbuckminsterfullerene view of the chemistry, physics and astrophysics of carbon*. Royal Society, October 1－2, 1992.

94. Yoshida, Z. and Osawa, E. (1971). *Aromaticity*. Kagakudojin, Kyoto.

95. Stankevich, I. V., Nikerov, M. V., and Bochvar, D. A. (1984). The structural chemistry of crystalline carbon: geometry, stability and electronic spectrum. *Russian Chemical Reviews*, **53**, 640.

96. Davidson, Robert A. (1981) Spectral analysis of graphs by cyclic automorphism subgroups. *Theoretica Chimica Acta*, **58**, 193.

97. Diederich, François. Letter to the author. November 6, 1992.

98. Hughes, R. E., Kennard, C. H. L., Sullenger, D. B., Weakliem, H. A., Sands, D. E., and Hoard, J. L. (1963). The structure of β-rhombohedral boron. *Journal of the American Chemical Society*, **85**, 361.

99. Bunker, M. J. Letter to the author. February 24, 1992.

100. Zhang, Q. L., O'Brien, S. C., Heath, J. R., Liu, Y., Curl, R. F., Kroto, H. W., and Smalley, R. E. (1986). Reactivity of laige carbon clusters: spheroidal carbon shells and their possible relevance to the formation and morphology of soot. *Jurnal of Physical Chemistry*, **90**, 525.

101. Curl, Robert F. and Smalley, Richard E. (1988). Probing $C_{60}$. *Science*, **242**, 1017.

102. Kroto, Harold (1988). Space, stars, $C_{60}$ and soot. *Science*, **242**, 1139.

103. Haymet, A. D. J. (1985). $C_{120}$ and $C_{60}$: Archimedean solids constructed from $sp^2$ hydridized carbon atoms. *Chemical Physics Letters*, **122**, 421.

104. Haymet, A. D. J. (1986). Footballene: A theoretical prediction for the stable, truncated icosahedral molecule $C_{60}$. *Journal of the American Chemical Society*, **108**, 319.

105. Schmalz, T. G., Seitz, W. A., Klein, D. J., and Hite, G. E. (1986). $C_{60}$ carbon cages. *Chemical Physics Letters*, **130**, 203.

106. Cox, D. M., Trevor, D. J., Reichmann, K. C., and Kaldor, A. (1986). $C_{60}$ La: A deflated soccer ball? *Journal of the American Chemical Society*, **108**, 2457.

107. Bloomfield, L. A., Geusic, M. E., Freeman, R. R., and Brown, W. L. (1985). Negative and positive cluster ions of carbon and silicon. *Chemical Physics Letters*, **121**, 33.

108. Hahn, M. Y., Honea, E. C., Paguia, A. J., Schriver K. E., Camarena, A. M. and Whetten, R. L. (1986). Magic numbers in $C_N^+$ and $C_N^-$ abundance distributions. *Chemical Physics Letters*, **130**, 12.

109. O'Brien, S. C., Heath, J. R., Kroto, H. W., Curl, R. F., and Smalley, R. E. (1986). A reply to Magic numbers in $C_N^+$ and $C_N^-$ abundance distributions' based on experimental observations. *Chemical Physics Letters*, **132**, 99.

110. Larsson, Sven, Volosov, Andrey, and Rosén, Arne (1987). Optical spectrum of the icosahedral $C_{60}$— 'Follene-60'. *Chemical*

*Physics Letters*, **137**, 501.

111. Heath, J. R., Curl, R. F., and Smalley, R. E. (1987). The UV absorption spectrum of $C_{60}$ (buckminsterfullerene): A narrow band at 3860 Å. *Journal of Chemical Physics*, **87**, 4236.

112. Curl, Robert F. and Smalley, Richard E. Fullerenes. *Scientific American*, October 1991.

113. Baum, Rudy M. Studies support spherical structure, aromaticity of $C_{60}$ carbon clusters. *Chemical and Engineering News*, August 29, 1988.

114. Taubes, Gary. Great balls of carbon. *Discover*, September 1990.

115. Baggott, Jim. How the molecular football was lost. *New Scientist*, July 6, 1991.

116. Kroto, H. W. (1987). The stability of the fullerenes $C_n$, with $n$ = 24, 28, 32, 36, 50, 60, and 70. *Nature*, **329**, 529.

117. Fowler, P. W. and Woolrich, J. (1986). $\pi$-systems in three dimensions. *Chemical Physics Letters*, **127**, 78.

118. Fowler, P. W. (1986). How unusual is $C_{60}$? Magic numbers for carbon clusters. *Chemical Physics Letters*, **131**, 444.

119. Fowler, P. W. and Steer, J. I. (1987). The leapfrog principle: A rule for electron counts of carbon clusters. *Chemical Communications*, 1403.

120. Fowler, P. W., Cremona, J. E., and Steer, J. I. (1988). Systematics of bonding in non-icosahedral carbon clusters. *Theoretica Chimica Acta*, **73**, 1.

121. Fowler, P. W. (1990). Carbon cylinders: A class of closed-shell clusters. *Journal of the Chemical Society, Faraday Transactions*, **86**, 2073.

122. Baum, Rudy M. Ideas on soot formation spark controversy. *Chemical and Engineering News*, February 5, 1990.

123. Ebert, Lawrence B. (1990). Is soot composed predominantly of carbon clusters? *Science*, **247**, 1468.

124. Gerhardt, P., Löffler, S., and Homman, K. H. (1987). Polyhedral carbon ions in hydrocarbon flames. *Chemical Physics Letters*, **137**, 306.

125. Iijima, Sumio (1987). The 60 - carbon cluster has been revealed! *Journal of Physical Chemistry*, **91**, 3466.

126. Close, Frank (1992). *Too hot to handle : the race for cold fusion*. Penguin, London.

127. Paquette, Leo A., Teransky, Robert J., Balogh, Douglas W., and Kentgen, Gary (1983). Total synthesis of dodecahedrane. *Journal of the American Chemical Society*, **105**, 5446.

128. Fostiropoulos, Kosta. Interview with the author. August 28, 1992.

129. Lamb, Lowell. Telephone interview with the author. November 2, 1992.

130. Lamb, Lowell. Telephone interview with the author. January 11, 1993.

131. Krätschmer, Wolfgang. Letter to the author. February 12, 1991.

132. Krätschmer, Wolfgang. Letter to the author. April 11, 1991.

133. Wu, Z. C., Jelski, Daniel A., and George, Thomas, F. (1987). Vibrational motions of buckminsterfullerene, *Chemical Physics Letters*, **137**, 291.

134. Stanton, Richard E. and Newton, Marshall D. (1988). Normal Vibrational modes of buckminsterfullerene. *Journal of Physical*

*Chemistry*, **92**, 2141.

135. Cyvin, S. J., Brendsall, E., Cyvin, B. N., and Brunvoll, J. (1988). Molecular vibrations of footballene. *Chemical Physics Letters*, **143**, 377.

136. Krätschmer, W., Fostiropoulos, K., and Huffman, D. R. (1990). Search for the UV and IR spectra of $C_{60}$ in laboratory-produced carbon dust. *Dusty objects in the universe*. (Bussoletti, E. and Vittone, A. A., eds). Kluwer Academic Publishers, Amsterdam.

137. Hare, Jonathan. (1993). A tale of two fullerenes. Ph. D. Thesis, University of Sussex (provided to the author as a preprint, October 5, 1992).

138. Hare, Jonathan. Letter to the author. December 18, 1992.

139. Hare, Jonathan. Letter to the author. July 7, 1993.

140. Hare, Jonathan. Letter to Krätschmer, W. February 28, 1990.

141. Krätschmer, Wolfgang. Letter to Hare, J. March 19, 1990.

142. Diederich, François, Rubin, Yves, Knobler, Carolyn B., Whetten, Robert L., Schriver, Kenneth E, Houk, Kendall N., and Li, Yi (1989). All-carbon molecules: evidence for the generation of cyclo [18] carbon from a stable organic precursor. *Science*, **245**, 1088.

143. Rubin, Yves, Kahr, Michael, Knobler, Carolyn B., Diederich, François, and Wilkins, Charles L. (1991). The higher oxides of carbon $C_{8n}O_{2n}$. ($n$ = 3 − 5): synthesis, characterization, and X-ray crystal structure. Formation of cyclo [ $n$ ] carbon ions $C_n^+$ ($n$ = 18, 24), $C_n^-$ ($n$ = 18, 24, 30), and higher carbon ions including $C_{60}^+$ in laser desorption Fourier transform mass spectrometric experiments.

*Journal of the American Chemical Society*, **113**, 495.

144. Schmidt, W. Letter to Krätschmer, Wolfgang, April 24, 1990.

145. Corcoran, Elizabeth. Redesigning research. *Scientific American*, June 1992.

146. Bethune, Donald S. The origins and early course of fullerene research at IBM Almaden Research Center. Final revision. December 22, 1992.

147. Bethune, Donald S. Letter to the author. December 18, 1992.

148. Bethune, Donald S. Letter to the author. July 19, 1993.

149. Bethune, Don. Electronic mail message to the author, via Oxford University Press. July 21, 1993.

150. Ross, Michael. Fullerene research at IBM Almaden Research Center. Faxed to the author on April 16, 1991.

151. Bethune, Don and Meijer, Gerard. World Cup madness or a new approach to the study of carbon clusters? July 19, 1990.

152. Meijer, Gerard and Bethune, Donald S. (1990) Laser deposition of carbon clusters on surfaces: a new approach to the study of fullerenes. *Journal of Chemical Physics*, **93**, 7800.

153. Ball, Philip. Letter to the author. February 25, 1993.

154. Curl, Bob. Telephone interview with the author. December 1992.

155. Bethune, Donald S., Meijer, Gerard, Tang, Wade C., and Rosen, Hal, J. (1990). The vibrational Raman spectra of purified solid films of $C_{60}$ and $C_{70}$. *Chemical Physics Letters*, **174**, 219.

156. Kroto, Harold. $C_{60}$ buckminsterfullerene: the third form of carbon. Faxed to the author (from Zagreb), September 19, 1990.

157. Kroto, Harold. Telephone interview with the author. October 5, 1990.

158. Walton, David. Letter to the author. January 2, 1993.

159. Whetten, Robert. Telephone interview with the author. January 14, 1993.

160. Krätschmer, W., Lamb, Lowell D., Fostiropoulos, K., and Huffman, Donald R. (1990). Solid $C_{60}$: a new form of carbon. *Nature*, **347**, 354.

161. Johnson, Robert D., Meijer, Gerard, and Bethune, Donald S. (1990), $C_{60}$ has icosahedral symmetry. *Journal of the American Chemical Society*, **112**, 8983.

162. Wilson, R. J., Meijer, G., Bethune, D. S., Johnson, R. D., Chambliss, D. D., de Vries, M. S., Hunziker, H. E., and Wendt, H. R. (1990). Imaging $C_{60}$ clusters on a surface using a scanning tunneling microscope. *Nature*, **348**, 621.

163. Taylor, Roger, Hare, Jonathan P., Abdul-Sada, Ala'a K., and Kroto, Harold W. (1990). Isolation, separation and characterization of the fullerenes $C_{60}$ and $C_{70}$: the third form of carbon. *Chemical Communications*, 1423.

164. Ajie, Henry, Alvarez, Marcos M., Anz, Samir J., Beck, Rainer D., Diederich, François, Fostiropoulos, K., Huffman, Donald R., Krätschmer, Wolfgang, Rubin, Yves, Schriver, Kenneth E., Sensharma, Dilip, and Whetten, Robert L. (1990). Characterization of the soluble all-carbon molecules $C_{60}$ and $C_{70}$. *Journal of Physical Chemistry*, **94**, 8630.

165. Haufler, R. E., Conceicao, J., Chibante, L. P. F., Chai, Y., Byrne, N. E., Flanagan, S., Haley, M. M., O'Brien, S. C., Pan, C. Xiao, Z., Billups, W. E., Ciufolini, M. A., Hauge,

R. H., Margrave, J. L., Wilson, L. J., Curl, R. F., and Smalley, R. E. (1990). Efficient production of $C_{60}$ (buckminsterfullerene), $C_{60}H_{36}$ and the solvated buckide ion. *Journal of Physical Chemistry*, **94**, 8634,

166. Wragg, J. L., Chamberlain, J. E., White, H. W., Krätschmer, W., and Huffman, Donald R. (1990). Scanning tunneling microscopy of solid $C_{60}/C_{70}$. *Nature*, **348**, 623.

167. Yannoni, C. S., Johnson, R. D., Meijer, G., Bethune, D. S., and Salem, J. R. (1991). $^{13}C$ NMR study of the $C_{60}$ cluster in the solid state: molecular motion and carbon chemical shift anisotropy. *Journal of Physical Chemistry*, **95**, 9.

168. Hawkins, Joel M., Meyer, Axel, Lewis, Timothy A., Loren, Stefan, and Hollander, Frederick J. (1991). Crystal Structure of osmylated $C_{60}$: confirmation of the soccer ball framework. *Science*, **252**, 312.

169. The almost (but never quite) complete buckminsterfullerene bibliography. Arizona Fullerene Consortium, January 1, 1993.

170. Ebbesen, Thomas W. (1993). Making bucks (book review). *Nature*, **361**, 218.

171. Koch, A. S., Khemani, K. C., and Wudl, F. (1991). Preparation of fullerenes with a simple benchtop reactor. *Journal of Organic Chemistry*, **56**, 4543.

172. Thomas, John Meurig (1991). *Michael Faraday and the Royal Institution*. Adam Hilger, Bristol.

173. Noe, Christian R., and Bader, Alfred (1993). Facts are better than dreams. *Chemistry in Britain*, **29**, 126; Rocke, Alan J. (1993).

Waking up to the facts? *ibid*, **29**, 401; see also letters from Lee, Donald and Hutchison, William C. *ibid* , **29**, 396.

174. Haddon, R. C., Schneemeyer, L. F. , Waszczak, J. V., Glarum, S. H., Tycko, R., Dabbagh, G. , Kortan, A. R., Muller, A. J. , Mujsce, A. M., Rosseinsky, M. J., Zahurak, S. M., Makhija, A. V., Thiel, F. A., Raghavachari, K., Cockayne, E., and Elser, V. (1991). Experimental and theoretical determination of the magnetic susceptibility of $C_{60}$ and $C_{70}$. *Nature*, **350** , 46.

175. Fowler, Patrick (1991). Aromaticity revisited. *Nature*, **350** , 20.

176. Pasquarello, Alfredo, Schlüter, Michael, and Haddon, R. C. (1992). Ring currents in icosahedral $C_{60}$. *Science*, **257**, 1660.

177. Pasquarello, Alfredo, Schlüter, Michael, and Haddon, R. C. (1993). Ring currents in topologically complex molecules : application to $C_{60}$, $C_{70}$, and their hexa-anions. *Physical Review A*, **41**, 1783.

178. Haddon, Robert C. Letter to the author. July 3, 1993.

179. Baum, Rudy. Buckminsterfullerene: structure of $C_{60}$ adduct determined. *Chemical and Engineering News*, April 15, 1991.

180. Baum, Rudy M. Research on buckminsterfullerene continues to proliferate. *Chemical and Engineering News* , June, 10, 1991.

181. Baum, Rudy and Dagani, Ron. Metals in fullerenes: laser method yields bulk samples. *Chemical and Engineering News*, September 2, 1991.

182. Baum, Rudy M. Systematic chemistry of $C_{60}$ beginning to emerge. *Chemical and Engineering News*, December 16, 1991.

183. Baum, Rudy. Metal interactions with fullerenes probed. *Chemical and*

*Engineering News*, April 27, 1992.

184. Baum, Rudy. First $C_{60}$-containing copolymer synthesized. *Chemical and Engineering News*, May 18, 1992.

185. Baum, Rudy M. Flood of fullerene discoveries continues unabated. *Chemical and Engineering News*, June 1, 1992.

186. Baum, Rudy M. More buckminsterfullerene derivatives prepared. *Chemical and Engineering News*, June 22, 1992.

187. Baum, Rudy. Sugar derivatives, new production methods among fullerene advances. *Chemical and Engineering News*, November 9, 1992.

188. Lindoy, Leonard F. (1992). $C_{60}$ chemistry expands. *Nature*, **357**, 443.

189. Krusic, P. J., Wasserman, E., Parkinson, B. A., Malone, B., and Holler Jr., E. A. (1991). Electron spin resonance study of the radical reactivity of $C_{60}$. *Journal of the American Chemical Society*, **113**, 6274.

190. Krusic, P. J., Wasserman, E., Keizer, P. N., Morton, J. R., and Preston, K. F. (1991). Radical reactions of $C_{60}$. *Science*, **254**, 1183.

191. Kovski, Alan (1990). Bucky balls: are they a new super lubricant material? *The Oil Daily*, December 6.

192. Taylor, Roger, Avent, Anthony G., Dennis, T. John, Hare, Jonathan P., Kroto, Harold W., and Walton, David R. M. (1992). No lubricants from fluorinated $C_{60}$. *Nature*, **355**, 27.

193. Selig, H., Lifshitz, C., Peres, T., Fischer, J. E., McGhie, A. R., Romanow, W. J., McCauley Jr, J. P., amd Smith, A.

B. (1991). Fluorinated fullerenes. *Journal of the American Chemical Society*, **113**, 5475.

194. Holloway, John H., Hope, Eric G., Taylor, Roger, Langley, G. John, Avent, Anthony G., Dennis, T. John, Hare, Jonathan P., Kroto, Harold W., and Walton, David R. M. (1991). Fluorination of buckminsterfullerene. *Chemical Communications*, 966.

195. Olah, George A., Bucsi, Imre, Lambert, Christian, Aniszfled, Robert, Trivedi, Nirupam J., Sensharma, Dilip K., and Prakash, G. K. Surya (1991). Chlorination and bromination of fullerenes. Nucleophilic methoxylation of polychlorofullerenes and their aluminium trichloride Catalysed Friedel-Crafts reaction with aromatics to polyarylfullerenes. *Journal of the American Chemical Society*, **113**, 9385.

196. Taylor, Roger, Holloway, John H., Hope Eric G., Avent, Anthony G., Langley, G. John., Dennis, T. John, Hare, Jonathan P., Kroto, Harold W., and Walton, David R. M. (1992). Nucleophilic substitution of fluorinated $C_{60}$. *Chemical Communications*, 665.

197. Taylor, Roger, Langley, G. John, Meidine, Mohamed F., Parsons, Jonathan P., Abdul-Sada, Ala'a K., Dennis, T. John, Hare, Jonathan P., Kroto, Harold W., and Walton, David R. M. (1992). Formation of $C_{60}Ph_{12}$ by electrophilic aromatic substitution. *Chemical Communications*, 667.

198. Birkett, Paul R., Hitchcock, Peter B., Kroto, Harold W., Taylor, Roger and Walton, David R. M. (1992). Preparation and characterization of $C_{60}Br_6$ and $C_{60}Br_8$. *Nature*, **357**, 479.

199. Suzuki, T., Li, Q., Khemani, K. C., Wudl, F., and Almarsson, Ö. (1991). Systematic inflation of buckminsterfullerene $C_{60}$: synthesis of diphenyl fulleroids $C_{61}$ to $C_{66}$. *Science*, **254**, 1186.

200. Wudl, F. (1992). The chemical properties of buckminsterfullerene ($C_{60}$) and the birth and infancy of fulleroids. *Accounts of Chemical Research*, **25**, 157.

201. Wudl, F., Hirsch, A., Khemani, K. C., Suzuki, T., Allemand, P. M., Kock, A., Eckert, H., Srdanov, G., and Webb, H. M. (1992). Survey of chemical reactivity of $C_{60}$, electrophile and dieno-polarophile par excellence. *Fullerenes*, Hammond, George S. and Kuck, Valerie J. (eds.). ACS Symposium Series 481, American Chemical Society.

202. Nagashima, Hideo, Nakaoka, Akihito, Saito, Yahachi, Kato, Masanao, Kawanishi, Teruhiko, and Itoh, Kenji (1992). $C_{60}Pd_n$: The first organometallic polymer of buckminsterfullerene. *Chemical Communications*, 377.

203. Fagan, Paul, J., Calabrese, Joseph, C., and Malone, Brian (1991). The chemical nature of buckminsterfullerene ($C_{60}$) and the characterization of a platinum derivative. *Science*, **252**, 1160.

204. Balch, Alan L., Catalano, Vincent J., and Lee, Joong W. (1991). Accumulating evidence for the selective reactivity of the 6-6 ring fusion of $C_{60}$. Preparation and structure of ($\eta^2$-$C_{60}$)Ir(CO)Cl($PPh_3$).$5C_6H_6$. *Inorganic Chemistry*, **30**, 3980.

205. Balch, Alan J., Catalano, Vincent J., Lee, Joong W., Olmstead, Marilyn M., and Parkin, Sean R. (1992). ($\eta^2$-$C_{70}$)Ir(CO)Cl($PPh_3$)$_2$: The synthesis and structure of an organometallic derivative of

a higher fullerene. *Journal of the American Chemical Society*, **113**, 8953.

206. Koefod, Robert S., Hudgens, Mark F., and Shapley, John R. (1991). Organometallic chemistry with buckminsterfullerene. Preparation and properties of an indenyliridium(I) complex. *Journal of the American Chemical Society*, **113**, 8957.

207. Fagan, Paul J., Calabrese, Joseph C., and Malone, Brian (1992). Metal complexes of buckminsterfullerene ($C_{60}$). *Accounts of Chemical Research*, **25**, 134.

208. Fagan, Paul J., Calabrese, Joseph C., and Malone, Brian (1992). The chemical nature of $C_{60}$ as revealed by the synthesis of metal complexes. *Fullerenes*, Hammond, George S. and Kuck, Valerie J. (eds.). ACS Symposium Series 481, American Chemical Society.

209. Taylor, Roger and Walton, David R. M. (1993). The chemistry of the fullerenes. *Nature*, **363**, 685.

210. Walton, D. R. M. Letter to the author. July 12, 1993.

211. Wudl, Fred. Letter to the author. July 8, 1993.

212. Kroto, Harold. Telephone interview with the author. July 11, 1993.

213. Guo, Ting, Jin, Changming, and Smalley, R. E. (1991). Doping bucky: formation and properties of boron-doped buckminsterfullerene. *Journal of Physical Chemistry*, **95**, 4948.

214. Chai, Yan, Guo, Ting, Jin, Changming, Haufler, Robert E., Chibante, L. P. Felipe, Fure, Jan, Wang, Lihong, Alford, J. Michael, and Smalley, Richard E. (1991). Fullerenes with metals inside. *Journal of Physical Chemistry*, **95**, 7564.

215. Johnson, Robert D., de Vries, Mattanjah S., Salem, Jesse,

Bethune, Donald S., and Yannoni, Constantino S. (1992). Electron paramagnetic resonance studies of lanthanum-containing $C_{82}$. *Nature*, **355**, 239.

216. Yannoni, Constantino S., Hoinkis, Mark, de Vries, Mattanjah, S., Bethune, Donald S., Salem, Jesse R., Crowder, Mark S., and Johnson, Robert D. (1992). Scandium clusters in fullerene cages. *Science*, **256**, 1191.

217. Smalley, R. E. (1992). Self-assembly of the fullerenes. *Accounts of Chemical Research*, **25**, 98.

218. Smalley, R. E. (1992). Doping the fullerenes. *Fullerenes*, Hammond, George S. and Kuck, Valerie J. (eds.). ACS Symposium Series 481, American Chemical Society.

219. Guo, Ting, Diener, M. D., Chai, Yan, Alford, M. J., Haufler, R. E., McClure, S. M., Ohno, T., Weaver, J. H., Scuseria, G. E., and Smalley, R. E. (1992). Uranium stabilization of $C_{28}$: a tetravalent fullerene. *Science*, **257**, 1661.

220. Kroto, H. W. (1992). ($T_d$) $C_{28}$: Fullerene-28 and tetravalent analogues. Preprint.

221. Saunders, Martin Jiménez-Vázquez, Hugo A., Cross, R. James, and Poreda, Robert J. (1993). Stable compounds of helium and neon: He @ $C_{60}$ and Ne @ $C_{60}$. *Science*, **259**, 1428.

222. Bethune, D. S., de Vries, M. S., Johnson, R. D., Salem, J. R., and Yannoni, C. S. (1993). Carbon-caged atoms: progress in endohedral fullerene research Preprint.

223. Asimov, Isaac (1978). *Asimov's guide to science* 1: *The physical sciences*, Penguin, London.

224. Hey, Tony and Walters, Patrick (1987). *The quantum universe*. Cambridge University Press.

225. Kittel, Charles (1976). *Introduction to solid state physics* (5th edn). John Wiley & Sons, New York.

226. Feynman, Richard P., Leighton, Ralph B., and Sands, Matthew (1965). *The Feynman lectures on physics*. Vol. Ⅲ. Addison-Wesley, Reading, Massachusetts.

227. Wolsky, Alan M., Giese, Robert F., and Daniels, Edward J. The new superconductors: prospects for applications. *Scientific American*, February, 1989.

228. Cava, Robert J. Superconductors beyond 1-2-3. *Scientific American*, August, 1990.

229. Carlson, Douglas, and Williams, Jack. Superconductors go organic. *New Scientist*, November 14, 1992.

230. Adrian, Frank J. and Cowan, Dwaine O. The new superconductors. *Chemical and Engineering News*, December 21, 1992.

231. Amato, Ivan (1993). New superconductors: a slow dawn. *Science*, **259**, 306.

232. Bishop, David J., Gammel, Peter L., and Huse, David A. Resistance in high-temperature superconductors. *Scientific American*, February, 1993.

233. Schilling, A., Cantoni, M., Guo, J. D., and Ott, H. R. (1993). Superconductivity above 130 K in the Hg-Ba-Ca-Cu-O system. *Nature*, **363**, 56.

234. Haddon, Robert C. Letter to the author. February, 9, 1993.

235. Haddon, Robert C. $LiC_{60}$: The next organic superconductor and the

first 3D organic metal. Poster for a presentation to the Materials Discussion Group, AT&T Bell Laboratories, October 18, 1990.

236. Haddon, R. C, Hebard, A. F., Rosseinsky, M. J., Murphy, D. W., Duclos, S. J., Lyons, K. B., Miller, B., Rosamilia, J. M., Fleming, R. M. Kortan, A. R. , Glarum, S. H., Makhija, A. V., Muller, A. J., Eick, R. H., Zahurak, S. M., Tycko, R., Dabbagh, G. , and Thiel, F. A. (1991). Conducting flims of $C_{60}$ and $C_{70}$ by alkalimetal doping. *Nature*, **350**, 320.

237. Hebard, A. F., Rosseinsky, M. J., Haddon, R. C., Murphy, D. W., Glarum, S. H., Palstra, T. T. M., Ramirez, A. P., and Kortan, A. R. (1991). Superconductivity at 18 K in potassium-doped $C_{60}$. *Nature*, **250**, 600.

238. Sleight, Arthur W. (1991). Sooty superconductors. *Nature*, **350**, 557.

239. Baum, Rudy. ACS Fullerene Symposium: $C_{60}$ superconductivity highlighted. *Chemical and Engineering News*, April 22, 1991.

240. Tanigaki, K., Ebbesen, T. W., Saito, S., Mizuki, J. , Tsai, J. S., Kubo, Y., and Kuroshima, S. (1991). Superconductivity at 33 K in $Cs_xRb_yC_{60}$. *Nature*, **352**, 222.

241. Iqbal, Zafar, Baughman, Ray H. , Ramakrishna, B. L., Khare, Sandeep, Murthy, N. Sanjeeva, Bornemann, Hans, J., and Morris, Donald E. (1991). Superconductivity at 45 K in Rb/Tl codoped $C_{60}$ and $C_{60}/C_{70}$ mixtures. *Science*, **254**, 826.

242. Iqbal, Z., Baughman, R. H., Khare, S., Murthy, N. S., Ramakrishna, B. L., Bornemann, H. J., and Morris, D. E.

(1992). Superconducting transition temperature of doped $C_{60}$: retraction. *Science*, **256**, 950.

243. Haddon, R. C. (1992). Electronic structure, conductivity and superconductivity of alkali metal doped $C_{60}$. *Accounts of Chemical Research*, **25**, 127.

244. Kuhn, Thomas S. (1970). *The structure of scientific revolutions*. (2nd edn). The University of Chicago Press, Chicago, Illinois.

245. Baggott, Jim. Serendipity and scientific progress. *New Scientist*, March 3, 1990.

246. Fowler, Patrick W. (1991). Three candidates for the structure of $C_{84}$. *Journal of the Chemical Society*, *Faraday Transactions*, **87**, 1945.

247. Manolopoulos, David E. (1991). Proposal of a chiral structure for the fullerene $C_{76}$. *Journal of the Chemical Society*, *Faraday Transactions*, **87**, 2861.

248. Fowler, Patrick W., Batten, Robin C., and Manolopoulos, David E. (1991). The higher fullerenes: a candidate for the structure of $C_{78}$. *Journal of the Chemical Society*, *Faraday Transactions*, **87**, 3103.

249. Baggott, Jim. Chemists predict structures of 'natural' fullerenes. *New Scientist*, October 26, 1991.

250. Fowler, Patrick. Letter to the author. September 20, 1991.

251. Manolopoulos, D. E. Note faxed to the author. September 30, 1991.

252. Diederich, François, Ettl, Roland, Rubin, Yves, Whetten, Robert L., Beck, Rainer, Alvarez, Marcos, Anz, Samir, Sensharma, Dilip, Wudl, Fred, Khemani, Kishan C., and Kock, Andrew (1991). The higher fullerenes: isolation and characterization of $C_{76}$, $C_{84}$, $C_{90}$, $C_{94}$, and $C_{70}O$, an oxide of $D_{5h}$-

$C_{70}$. Science, **252**, 548.

253. Ettl, Roland, Chao, Ito, Diederich, François and Whetten, Robert L. (1991). Isolation of $C_{76}$, a chiral ($D_2$) allotrope of carbon. *Nature*, **353**, 149.

254. Baum, Rudy. $C_{76}$ fullerene molecule determined to be chiral. *Chemical and Engineering News*, September 16, 1991.

255. Hawkins, Joel M. and Meyer, Axel (1993). Optically active carbon: kinetic resolution of $C_{76}$ by asymmetric osmylation. *Science*, **260**, 1918.

256. Baum, Rudy. $C_{76}$ enantiomers resolved by osmylation technique. *Chemical and Engineering News*, June 28, 1993.

257. Diederich, François and Whetten, Robert L. (1992). Beyond $C_{60}$: The higher fullerenes. *Accounts of Chemical Research*, **25**, 119.

258. Kikuchi, Koichi, Nakahara, Nobuo, Wakabayashi, Tomonari, Suzuki, Shinzo, Shiromaru, Haruo, Miyake, Yoko, Saito, Kazuya, Ikemoto, Isao, Kainosho, Masatsune, and Achiba, Yohji (1992). NMR characterization of isomers of $C_{78}$, $C_{82}$ and $C_{84}$. *Nature*, **357**, 142.

259. Iijima, Sumio (1991). Helical microtubules of graphitic carbon. *Nature*, **354**, 56.

260. Ebbesen, T. W. and Ajayan, P. M. (1992). Large-scale synthesis of carbon nanotubes. *Nature*, **358**, 220.

261. Dagani, Ron. Graphitic microtubules: bulk synthesis opens up research field. *Chemical and Engineering News*, July 20, 1992.

262. Dresselhaus, M. S. (1992). Down the straight and narrow. *Nature*, **358**, 195.

263. Bacon, Roger (1960). Growth, structure and properties of graphite whiskers. *Journal of Applied Physics*, **31**, 283.

264. Iijima, Sumio and Ichihashi, Toshinari (1993). Single-shell carbon nanotubes of 1-nm diameter. *Nature*, **363**, 603.

265. Bethune, D. S., Kiang, C. H., de Vries, M. S., Gorman, G., Savoy, R., Vazquez, J., and Beyers, R. (1993). Cobalt-catalyzed growth of carbon nanotubes with single-atomic-layer walls. *Nature*, **363**, 605.

266. Dagani, Ron. Carbon nanotubes: recipes found for simplest variety. *Chemical and Engineering News*, June 21, 1993.

267. Iijima, Sumio. Letter to the author. July 12, 1993.

268. Ugarte, Daniel (1992). Curling and closure of graphitic networks under electron beam irradiation. *Nature*, **359**, 707.

269. Kroto, H. W. (1992). Carbon onions introduce new flavour to fullerene studies. *Nature*, **359**, 670.

270. Baum, Rudy. Fullerenes broaden scientists' view of molecular structure. *Chemical and Engineering News*, January 4, 1993.

271. Ugarte, Daniel. Letters to the author. March 4 and May 4, 1993.

272. Ugarte, Daniel. Letter to the author. June 30, 1993.

273. Ugarte, Daniel (1993). Structure of carbon particles formed by curved graphene sheets (fullerenes, nanotubes): an electron microscopy study. Proceedings of ISSPIC 6, to be published in *Zeitschrift füir Physik*, *D*.

274. Ugarte, Daniel (1993). Morphology and structure of graphitic soot particles generated in arc-discharge $C_{60}$ production. Preprint.

275. Ugarte, Daniel (1993). Canonical structure of large carbon clusters:

$C_n > 100$. Preprint.

276. Ugarte, Daniel (1993). Formation mechanism of quasi-spherical carbon particles induced by electron bombardment. Preprint.

277. Ugarte, Daniel (1993). How to fill or empty a graphitic onion. Preprint.

278. Ruoff, Rodney S., Lorents, Donald C., Chan, Bryan, Malhotra, Ripudaman, and Subramoney, Shekhar (1993). Single crystal metals encapsulated in carbon nanoparticles. *Science*, **259**, 346.

279. Baum, Rudy. Metal encapsulated in carbon particles. *Chemical and Engineering News*, January 18, 1993.

280. Ross, Philip E. Faux fullerenes. *Scientific American*, February, 1993.

281. Ball, Philip (1993). New horizons in inner space. *Nature*, **361**, 297.

282. Ajayan, P. M. and Iijima, Sumio (1993). Capillarity-induced filling of carbon nanotubes. *Nature*, **361**, 333.

283. Baum, Rudy. Liquid lead fills carbon nanotubes. *Chemical and Engineering News*, February 8, 1993.

284. Tsang, S. C., Harris, P. J. F., and Green, M. L. H. (1993). Thinning and opening of carbon nanotubes by oxidation using carbon dioxide. *Nature*, **362**, 520.

285. Ajayan, P. M., Ebbesen, T. W., Ichihashi, T., Iijima, S., Tanigaki, K., and Hiura, H. (1993). Opening carbon nanotubes with oxygen and implications for filling. *Nature*, **362**, 522.

286. Ge, Maohui and Sattler, Klaus (1993). Vapor-condensation generation and STM analysis of fullerene tubes. *Science*, **260**, 515.

287. Dravid, V. P., Lin, X., Wang, Y., Wang, X. K., Yee, A., Ketterson, J. B., and Chang, R. P. H. (1993). Buckytubes and derivatives: Their growth and implications for buckyball formation. *Science*, **259**, 1601.

288. Leonosky, Thomas, Gonze, Xavier, Teter, Michael, and Elser, Veit (1992). Energetics of negatively curved graphitic carbon. *Nature*, **355**, 333.

289. Haufler, R. E., Chai, Y., Chibante, L. P. F., Conceicao, J., Jin, Changming, Wang, Lai-Sheng, Maruyama, Shigao, and Smalley, R. E. Carbon arc generation of $C_{60}$. Materials Research Society Symposium, Boston, November 29, 1990.

290. Heath, James R. (1992). Synthesis of $C_{60}$ from small carbon clusters. *Fullerenes*, Hammond, George S. and Kuck, Valerie J. (eds.). ACS Symposium Series 481, American Chemical Society.

291. Curl, Robert F. (1993). Collapse and growth. *Nature*, **363**, 14.

292. von Helden, Gert, Gotts, Nigel G., and Bowers, Michael T. (1993). Experimental evidence for the formation of fullerenes by collisional heating of carbon rings in the gas phase. *Nature*, **363**, 60.

293. Hunter, Joanna, Fye, James, and Jarrold, Martin F. (1993). Annealing $C_{60}^{+}$: Synthesis of fullerenes and large carbon rings. *Science*, **260**, 784.

294. Baum, Rudy M. Research suggests alternative route to fullerenes. *Chemical and Engineering News*, May 17, 1993.

295. Yeretzian, Chahan, Hansen, Klavs, Diederich, François and Whetten, Robert L. (1992). Coalescence reactions of fullerenes. *Nature*, **359**, 44.

296. McElvany, Stephen W., Callahan, John H., Ross, Mark M., Lamb, Lowell D., and Huffman, Donald R. (1993). Large odd-numbered carbon clusters from fullerene-ozone reactions. *Science*, **260**, 1632.

297. Howard, Jack B., McKinnon, Thomas, Makarovsky, Yakov, Lafleur, Arthur L., and Johnson, M. Elaine (1991). Fullerenes $C_{60}$ and $C_{70}$ in flames. *Nature*, **352**, 139.

298. Taylor, Roger, Parsons, Jonathan P., Avent, Anthony G., Rannard, Steven P., Dennis, T. John, Hare, Jonathan P., Kroto, Harold W., and Walton, David R. M. (1991). Degradation of $C_{60}$ by light. *Nature*, **351**, 277.

299. Busek, Peter R., Tsipursky, Semeon J., and Hettich, Robert (1992). Fullerenes from the geological environment. *Science*, **257**, 215.

300. Amato, Ivan (1992). A first sighting of buckyballs in the wild. *Science*, **257**, 167.

301. Daly, Terry K., Busek, Peter R., Williams, Peter, and Lewis, Charles F. (1993). Fullerenes from a fulgurite. *Science*, **259**, 1599.

302. Hare, J. P. and Kroto, H. W. (1992). A postbuckminsterfullerene view of carbon in the galaxy. *Accounts of Chemical Research*, **25**, 106.

303. de Vries, M. S., Wendt, H. R., Hunziker, H. E., Peterson, E. and Chang, S. (1993). High molecular weight polycyclic aromatic hydrocarbons, carbonaceous meteorites and fullerenes in interstellar space. *Geochimica and Cosmochimica Acta*, **57**, 933.

304. Becker, L., McDonald, G. D., and Bada, J. L. (1993). Carbon

onions in meteorites. *Nature*, **361**, 595.

305. de Heer, Walt A. and Ugarte, Daniel. (1993). Carbon onions produced by heat treatment of carbon soot and their relation to the 217.5 nm interstellar absorption feature. Preprint.

306. Moore, Stephen, Ondrey, Gerald and Samdani, Gulam. The shape of things to come? *Chemical Engineering*, July 1992.

307. Baum, Rudy M. Commercial uses of fullerenes slow to develop. *Chemical and Engineering News*, November 22, 1993.

308. Krätschmer, Wolfgang. Telephone interview with the author. May 18, 1994.

309. Clery, Daniel (1993). Patent dispute goes public. *Science*, **261**, 978.

310. Chibante, L. P. F., Thess, Andreas, Alford, J. M., Diener, M. D., and Smalley, R. E. (1993). Solar generation of the fullerenes. *Journal of Physical Chemistry*, **97**, 8696.

311. Fields, C. L., Pitts, J. R., Hale, M. J., Bingham, C., Lewandowski, A., and King, D. E. (1993). Formation of fullerenes in highly concentrated solar flux. *Journal of Physical Chemistry*, **97**, 8701.

312. Baum, Rudy. Fullerenes produced by harnessing sunlight. *Chemical and Engineering News*, August 30, 1993.

313. Saunders, Martin, Jiménez-Vázquez, Hugo A., Cross, R. James, Mroczkowski, Stanley, Freedberg, Darón I., and Anet, Frank A. L. (1994). Probing the interior of fullerenes by $^{3}He$ NMR spectroscopy of endohedral $^{3}He$ @ $C_{60}$ and $^{3}He$ @ $C_{70}$. *Nature*, **367**, 256.

314. Haddon, Robert C. (1994). From the outside in. *Nature*, **367**, 214.

See also Baum, Rudy. $^3$He NMR study looks at fullerene aromaticity. *Chemical and Engineering News*, February 28, 1994.

315. Haddon, R. C. (1993). Chemistry of the fullerenes: the manifestation of strain in a class of continuous aromatic molecules. *Science*, **261**, 1545.
316. Baum, Rudy M. Chemists increasingly adept at modifying, manipulating the fullerenes. *Chemical and Engineering News*, September 20, 1993.
317. Wudl, F., Sijbesma, Rint, Srdanov, Gordana, Wilkins, Charles L., and Castoro, J. A. (1993). *Journal of the American Chemical Society*, **115**, 6510.
318. Friedman, Simon H., Kenyon, George L., and DeCamp, Diane L. (1993). *Journal of the American Chemical Society*, **115**, 6506.
319. Hill, Craig L. and Schinazi, Raymond F. (1993). *Antimicrobial Agents and Chemotherapy*, **37**, 1707.
320. Baum, Rudy. Fullerene bioactivity: $C_{60}$ derivative inhibits AIDS viruses. *Chemical and Engineering News*, August 2, 1993.
321. Bethune, D. S., Johnson, R. D., Salem, J. R., de Vries, M. S., and Yannoni, C. S. (1993). Atoms in carbon cages: the structure and properties of endohedral fullerenes. *Nature*, **366**, 123.
322. Clemmer, David E., Shelimov, Konstantin B., and Jarrold, Martin F. (1994). Gas-phase self-assembly of endohedral metallofullerenes. *Nature*, **367**, 718.
323. Smalley, Rick. Telephone interview with the author. May 23, 1994.
324. Murry, Robert L. and Scuseria, Gustavo E. (1994). Theoretical evidence for a $C_{60}$ "window" mechanism. *Science*, **263**, 791.

325. Laguës, Michel, Xie, Xiao Ming, Tebbji, Hassan, Xu, Xiang Zhen, Mairet Vincent, Hatterer, Christophe, Beuran, Cristian, F., Deville-Cavellin, Catherine. (1993). Evidence suggesting superconductivity at 250 K in a sequentially deposited cuprate film. *Science*, **262**, 1850.

326. Dagani, Ron. Cuprate superconductivity: French team finds telltale signs at 250 K. *Chemical and Engineering News*, December 20, 1993. See also Of Meissner men, *The Economist*, January 22, 1994.

327. Yam, Philip. Current events. *Scientific American*, December, 1993.

328. Kao, Yi-Han, *et al*. (1993). *Solid State Communications*, **87**, 387.

329. Travis, John. (1993). Fullerene superconductors heat up. *Science*, **261**, 1392.

330. Ebbesen, T. W., Ajayan, P. M., Hiura, H., and Tanigaki, K. (1994). Purification of nanotubes. *Nature*, **367**, 519.

331. Subramoney, Shekar, Ruoff Rodney S., Lorents, Donald C., and Malhotra, Ripudman. (1993). Radial single-layer nanotubes. *Nature*, **366**, 637.

332. Baum, Rudy. "Sea-urchins" — another novel form of carbon. *Chemical and Engineering News*, January 3, 1994.

333. Wang, Ying. (1994). Encapsulation of palladium crystallites in carbon and the formation of wormlike nanostructures. *Journal of the American Chemical Society*, **116**, 397.

334. Hunter, Joanna M., Fye, James L., Roskamp, Eric J., and Jarrold, Martin F. (1994). Annealing carbon cluster ions: a mechanism for fullerene synthesis. *Journal of Physical Chemistry*, **98**, 1810.

335. Haggin, Joseph. Mechanism for fullerene formation proposed. *Chemical and Engineering News*, March 7, 1994. See also Bradley, David. How to make a buckyball — it's a wind up. *New Scientist*, April 23, 1994.

336. Heymann, Dieter, Chibante, L. P. Felipe, Brooks, Robert R., Wolbach, Wendy S., and Smalley, Richard E. Fullerenes in the K/T boundary layer. Manuscript submitted to *Science*, March 24, 1994.

337. di Brozolo, Filippo Radicati, Bunch, Theodore E., Fleming, Ronald H., and Macklin, John. (1994). Fullerenes in an impact crater on the LDEF spacecraft. *Nature*, **369**, 37.

338. Kroto, Harry. Telephone interview with the author. May 19, 1994.

339. Foing, B. H. and Ehrenfreund, P. (1994). Detection of two interstellar absorption bands coincident with spectral features of $C_{60}^{+}$. *Nature*, **369**, 296.

340. Kroto, Harold. (1994). Fullerene's faint fingerprint? *Nature*, **369**, 274.

341. Curl, Bob. Telephone interview with the author. May 6, 1994.

342. Heath, Jim. Telephone interview with the author. May 19, 1994.

343. O'Brien, Sean. Telephone interview with the author. May 19, 1994.

344. Huffman, Don. Telephone interview with the author. May 19, 1994.

345. Lamb, Lowell. Telephone interview with the author. May 19, 1994.

346. See *Physics World*, May 1994, p. 61.

**图书在版编目(CIP)数据**

完美的对称：富勒烯的意外发现/（英）巴戈特（Baggot, J.）著；
李涛，曹志良译.—上海：上海科技教育出版社，2012.11
（2022.6 重印）
（世纪人文系列丛书.开放人文）
ISBN 978-7-5428-5520-6

Ⅰ.①完… Ⅱ.①巴… ②李… ③曹… Ⅲ.①碳—通
俗读物 Ⅳ.①O613.71-49
中国版本图书馆 CIP 数据核字(2012)第 200900 号

责任编辑 潘 涛 郑晓林 伍慧玲
装帧设计 陆智昌 朱赢椿

**完美的对称——富勒烯的意外发现**
[英] 吉姆·巴戈特 著
李涛 曹志良 译

出版发行 上海科技教育出版社有限公司
(201101 上海市闵行区号景路 159 弄 A 座 8 楼)
网 址 www.sste.com www.ewen.co
印 刷 天津旭丰源印刷有限公司
开 本 635×965 mm 1/16
印 张 26.25
插 页 4
字 数 315000
版 次 2012 年 11 月第 1 版
印 次 2022 年 6 月第 2 次印刷
ISBN 978-7-5428-5520-6/N·857
图 字 09-2012-255 号
定 价 68.00 元

## 世纪人文系列丛书（2012年出版）

### 一、世纪文库

《中国南洋交通史》 冯承钧 撰 谢方 导读
《中国近代文学之变迁·最近三十年中国文学史》 陈子展 撰 徐志啸 导读
《中国传统思想总批判（附补编）》 蔡尚思 撰 李妙根 导读
《书林清话》 叶德辉 撰
《中国修辞学》 杨树达 著
《中国文字学概要·文字形义学》 杨树达 著
《中国民族史·中国民族演进史》 吕思勉 著
《中国封建社会》 瞿同祖 著
《神话与诗》 闻一多 著
《汉语方言地理学》 ［比利时］贺登崧 著 石汝杰 ［日］岩田礼 译
《论自由》 ［英］约翰·穆勒 著 徐大建 译
《人类与大地母亲——一部叙事体世界历史》 ［英］阿诺德·汤因比 著 徐波等 译 马小军 校
《新工业国》 ［美］约翰·肯尼思·加尔布雷思 著 嵇飞 译
《实用人类学》 ［德］康德 著 邓晓芒 译
《道德形而上学原理》 ［德］康德 著 苗力田 译
《神话研究十上）》 ［德］汉斯·布鲁门扫格 著 胡继华 译
《人的行动》 ［奥］路德维希·冯·米塞斯著 余晖 译

### 二、袖珍经典

### 三、世纪前沿

《历史的逻辑——社会理论与社会转型》 ［美］小威廉·休厄尔 著 朱联璧 费滢 译
《政权与斗争剧目》 ［美］查尔斯·蒂利 著 胡位钧 译
《大革命与现代文明》 ［以］S.N.艾森斯塔德 著 刘圣中 译
《复杂适应系统——社会生活计算模型导论》 ［美］约翰·米勒 斯科特·佩奇 著 隆云滔 译
《强制、资本和欧洲国家（公元990—1992年）》 ［美］查尔斯·蒂利 著 魏洪钟 译
《权力的批判——批判社会理论反思的几个阶段》 ［德］阿克塞尔·霍耐特 著 童建挺 译
《文化与权力——布尔迪厄的社会学》 ［美］戴维·斯沃茨著 陶东风 译

### 四、大学经典

《白香词谱》 ［清］舒梦兰 撰 丁如明 注评
《孙子兵法》 ［春秋］孙武 撰 ［三国］曹操 注 郭化若 校笺
《白话本国史》 吕思勉 著

### 五、开放人文

#### （一）插图本人文作品

#### （二）人物

《星云世界的水手——哈勃传》 ［美］盖尔·E·克里斯琴森 著 何妙福 朱保如 傅承启 译

#### （三）插图本外国文学名著

**（四）科学人文**

《千年难题——七个悬赏 1000000 美元的数学问题》［美］基思·德夫林 著　沈崇圣 译

《分子探秘——影响日常生活的奇妙物质》［英］约翰·埃姆斯利 著　刘晓峰 译

《技术的报复——墨菲法则和事与愿违》［美］爱德华·特纳 著　徐俊培　钟季康　姚时宗 译

《意识探秘——意识的神经生物学研究》［美］克里斯托夫·科赫 著　顾凡及　侯晓迪 译

《完美的对称——富勒烯的意外发现》［英］吉姆·巴戈特 著　李涛　曹志良 译

《师从天才——一个科学王朝的崛起》［美］罗伯特·卡尼格尔 著　江载芬　闫鲜宁　张新颖 译

《循环经济——迫在眉睫的生态问题》［法］让-克洛德·乐伟 著　王吉会　范晓虹 译